U0312181

面向"十二五"高职高专土木与建筑规划教材

建设施工组织与管理

陶红霞　倪万芳　主　编

清华大学出版社

北　京

内 容 简 介

本书结合我国高等职业院校教育特点，依据实际案例系统地介绍了施工组织与管理的理论和方法，主要包括施工组织概论、施工组织原理、施工管理、施工组织设计及施工管理软件应用等五个模块，并在必要的章节配有一定数量的思考题。

本书可以作为高等职业院校建筑类所有专业的教材、工程施工管理人员的参考用书，同时也可以作为建筑类执业资格考试人员的参考用书。

图书在版编目(CIP)数据

建设施工组织与管理/陶红霞，倪万芳主编. --北京：清华大学出版社，2014(2019.3 重印)
(面向"十二五"高职高专土木与建筑规划教材)
ISBN 978-7-302-35612-7

Ⅰ. ①建… Ⅱ. ①陶… ②倪… Ⅲ. ①建筑工程—施工组织—高等职业教育—教材 ②建筑工程—施工管理—高等职业教育—教材 Ⅳ. ①TU7

中国版本图书馆 CIP 数据核字(2014)第 042445 号

责任编辑：桑任松
封面设计：刘孝琼
责任校对：周剑云
责任印制：李红英

出版发行：清华大学出版社
　　　　　网　　　址：http://www.tup.com.cn, http://www.wqbook.com
　　　　　地　　　址：北京清华大学学研大厦 A 座　　　邮　　　编：100084
　　　　　社 总 机：010-62770175　　　　　　　　　邮　　　购：010-62786544
　　　　　投稿与读者服务：010-62776969, c-service@tup.tsinghua.edu.cn
　　　　　质量反馈：010-62772015, zhiliang@tup.tsinghua.edu.cn
　　　　　课件下载：http://www.tup.com.cn, 010-62791865
印 装 者：北京密云胶印厂
经　　　销：全国新华书店
开　　　本：185mm×260mm　　印　　张：14.5　　字　　数：349 千字
版　　　次：2014 年 5 月第 1 版　　　　　　印　　次：2019 年 3 月第 4 次印刷
定　　　价：30.00 元

产品编号：051196-01

建设施工组织与管理是建筑工程管理、工程造价、建筑工程技术等专业的主要专业课程之一。它是建筑工程项目自开工至竣工整个过程中的重要投入手段，对于提高建设工程项目的质量水平、安全文明施工管理水平、工程进度控制水平和工程建设投资效益等起着重要的保证作用，从而实现项目预期的工期、质量和成本目标。

本书针对其学科实践综合性强、涉及面广的特点，在教材内容编写过程中，注重理论联系实际，利用案例突出对实际问题的分析解决，具有系统完整、内容适用、可操作性强的特点，便于案例教学、实践教学，有利于对学生动手能力的培养。

本书针对项目教学法的要求，全书共设计了五个模块，每个模块义分为若干个单元，由浅入深地讲述了建设施工组织概论、建设施工组织原理(流水施工、网络技术)、建筑施工管理、施工组织设计、施工管理软件应用等内容。

本书由天津城市建设管理职业技术学院陶红霞、倪万芳任主编。模块一、模块二和模块三中的单元5由陶红霞编写，模块三中的单元4、模块四中的单元6、单元7、单元8中的8.1和8.2节由倪万芳编写，模块四中单元8的8.3至8.10节以及模块五由董春霞编写。全书由天津城市建设管理职业技术学院周雪教授和中国南通建筑工程总承包有限公司的高级工程师汤东健主审。

本书在编写过程中参考了大量的相关著作和论文，并从中得到了很多启发，在此对所有参考文献的作者表示诚挚的谢意。

由于编者水平有限，本书中如有不妥和错误之处，恳请同行专家、学者和读者批评指正。

编　者

模块一 绪 论

模块二 建设施工组织原理

模块三 建设施工管理

模块四　施工组织设计

模块五 施工管理软件

模块一　绪　论

导入案例

　　某工程有 A、B、C 三个施工过程，每个施工过程划分为四个施工段，设 $t_A = 2$ 天，$t_B = 4$ 天，$t_C = 3$ 天，人数分别为 20 人、30 人、15 人，试分别按依次施工、平行施工、流水施工绘制施工进度计划。

　　通过本模块的学习，我们将能够解决案例中的实际工作问题。

单元 1　建设工程施工组织概论

内容提要

本单元主要介绍基本建设的概念和内容，阐述基本建设程序及其相互间的关系；根据建筑产品及其生产的特点，叙述施工组织的复杂性和编制施工组织设计的必要性；介绍施工组织的概念、分类及作用；阐述组织施工的基本原则，施工准备工作及原始资料的调查分析。

技能目标

- 了解基本建设的含义及其构成，掌握基本建设程序的主要阶段(环节)。
- 了解建筑产品及其生产特点与施工组织的关系，明确施工组织设计的基本任务、作用、分类及编制原则。
- 熟悉施工组织的原则及施工准备工作内容。

随着建筑技术的发展和进步，建筑产品的施工生产已成为一项综合而复杂的系统工程。无论是在规模上还是在功能上，它们有的高耸入云，有的跨度巨大，有的深入水下，这就给施工带来了许多复杂和困难的问题。做好施工准备工作，进行拟建工程的实地勘测和调查，获得有关数据的第一手资料，这对于拟定一个先进合理、切合实际的施工组织设计是非常必要的。如何在施工季节和环境、工期的长短、工人的水平和数量、机械装备程度、材料供应情况、构件生产方式、运输条件等众多因素的影响下，选出最优、最可行的方案，是施工人员在开始施工之前必须解决的问题，也是本单元学习的重点内容。

1.1　基本建设概述

【学习目标】

了解基本建设概念及我国基本建设活动应遵循的基本程序。

1.1.1　基本建设的含义及分类

1. 基本建设的含义

基本建设是国民经济各部门、各单位新增固定资产的一项综合性的经济活动，它通过新建、扩建、改建和重建工程等投资活动来完成。基本建设是国民经济的组成部分。国民经济各部门都有基本建设经济活动，包括：建设项目的投资决策，建设布局，技术决策，环保、工艺流程的确定，设备选型，生产准备以及对工程建设项目的规划、勘察、设计和施工等活动。有计划、有步骤地进行基本建设，对于扩大社会再生产、提高人民物质文化生活水平和增强国防实力具有重要意义。基本建设的具体作用表现在：为国民经济各部门提供生产能力；影响和改变各产业部门内部、各部门之间的构成和比例关系；使全国生产力的配置更趋合理；用先进的技术改造国民经济；为社会提供住宅、文化设施、市政设施等；为解决社会重大问题提供物质基础。

2. 基本建设的分类

从全社会角度来看，基本建设是由多个建设项目组成的。基本建设项目一般是指在一个总体设计或初步设计范围内，由一个或几个有内在联系的单位工程组成，在经济上实行统一核算，行政上有独立组织形式，实行统一管理的建设单位。凡属于整体进行建设的主体工程和附属配套工程、供水供电工程等，均应作为一个工程建设项目，不能将其按地区或施工承包单位划分为若干个工程建设项目。此外，也不能将不属于一个整体设计范围内的工程，按各种方式归算为一个工程建设项目。

建设项目可以按不同标准分类。

1) 按建设性质分类

基本建设项目可分为新建项目、扩建项目、改建项目、迁建项目和恢复项目。

(1) 新建项目：指根据国民经济和社会发展的近远期规划，按照规定的程序立项，从无到有的建设项目。现有企业、事业和行政单位一般没有新建项目，只有当新增加的固定资产价值超过原有全部固定资产价值(原值)3 倍以上时，才可算新建项目。

(2) 扩建项目：指企业为扩大生产能力或新增效益而增建的生产车间或工程项目，以及事业和行政单位增建业务用房等。

(3) 改建项目：指为了提高生产效率，改变产品方向，提高产品质量以及综合利用原材料等而对原有固定资产或工艺流程进行技术改造的工程项目。

(4) 迁建项目：指现有企、事业单位为改变生产布局、考虑自身的发展前景或出于环境保护等其他特殊要求，搬迁到其他地点进行建设的项目。

(5) 恢复(重建)项目：指原固定资产因自然灾害或人为灾害等原因已全部或部分报废，又在原地投资重新建设的项目。

基本建设项目按其性质分为上述五类，一个基本建设项目只能有一种性质，在项目按总体设计全部建成之前，其建设性质是始终不变的。

2) 按投资作用分类

基本建设项目按其投资在国民经济各部门中的作用，分为生产性建设项目和非生产性建设项目。

(1) 生产性建设项目：指直接用于物质生产或直接为物质生产服务的建设项目，包括工业建设、农业建设、基础设施建设、商业建设等。

(2) 非生产性建设项目：指用于满足人民物质和文化、福利需要的建设和非物质生产部门的建设，包括办公用房、居住建筑、公共建筑、其他建设等。

3) 按建设项目建设总规模和投资的多少分类

按照国家规定的标准，基本建设项目划分为大型、中型、小型三类。对工业项目来说，基本建设项目按项目的设计生产能力或总投资额划分。其划分项目等级的原则为：按批准的可行性研究报告(或初步设计)所确定的总设计能力或投资总额的大小，依据国家颁布的

《基本建设项目大中小型划分标准》进行分类。即，生产单一产品的项目，一般以产品的设计生产能力划分；生产多种产品的项目，一般按照其主要产品的设计生产能力划分；产品分类较多，不易分清主次，难以按产品的设计能力划分时，按其投资额划分。按生产能力划分的建设项目，以国家对各行各业的具体规定作为标准；按投资额划分的基本建设项目，能源、交通、原材料部门投资额达到 5000 万元以上为大中型建设项目，其他部门和非工业建设项目投资额达到 3000 万元以上为大中型建设项目。对于非工业项目，基本建设项目按项目的经济效益或总投资额划分。

4) 按行业性质和特点划分

根据工程建设的经济效益、社会效益和市场需求等基本特性，可以将其划分为竞争性项目、基础性项目和公益性项目三种。

(1) 竞争性项目：主要指投资效益比较高、竞争性比较强的一般建设项目。

(2) 基础性项目：主要指具有自然垄断性、建设周期长、投资额大而收益低的基础设施和需要政府重点扶持的一部分基础工业项目，以及直接增强国力的符合经济规模的支柱产业项目。

(3) 公益性项目：主要包括科技、文教、卫生、体育和环保等设施，公、检、法等司法机关以及政府机关、社会团体办公设施，国防建设等。

1.1.2　基本建设程序

基本建设程序是基本建设项目从策划、选择、评估、决策、设计、施工、竣工验收到投入生产或交付使用的整个建设过程中，各项工作必须遵循的先后工作次序。基本建设程序是经过大量实践工作所总结出来的工程建设过程中客观规律的反映，是工程项目科学决策和顺利进行的重要保证。按照我国现行规定，一般大中型工程项目的建设程序可以分为以下几个阶段，如图 1.1 所示。

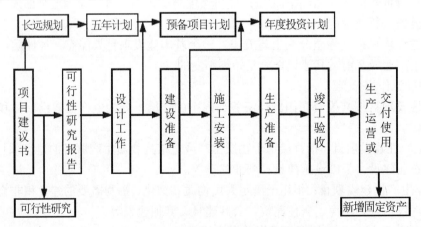

图 1.1　大中型及限额以上基本建设项目程序简图

1. 项目建议书阶段

项目建议书是由业主单位提出的要求建设某一项目的建议性文件，是对工程项目建设的轮廓设想。项目建议书的主要作用是推荐一个项目，论述其建设的必要性、建设条件的可行性和获利的可能性，根据国民经济中长期发展规划和产业政策，由审批部门审批，并据此开展可行性研究工作。

项目建议书的内容视项目的不同而有繁有简，但一般应包括以下几方面内容。

(1) 建设项目提出的必要性和依据。

(2) 产品方案、拟建规模和建设地点的初步设想。

(3) 资源情况、建设条件、协作关系等的初步分析。

(4) 投资估算和资金筹措设想。

(5) 经济效益和社会效益初步估计。

项目建议书按要求编制完成后，应根据建设规模分别报送有关部门审批。项目建议书经审批后，就可以进行详细的可行性研究工作了，但并不表示项目非上不可，项目建议书并不是项目的最终决策。

2. 可行性研究阶段

可行性研究的主要作用是对项目在技术上是否可行和经济上是否合理进行科学的分析和论证，在评估论证的基础上，由审批部门对项目进行审批。经批准的可行性研究报告是进行初步设计的依据。可行性研究报告的主要内容因项目性质的不同而有所不同，但一般应包括以下内容。

(1) 项目的背景和依据。

(2) 需求预测及拟建规模、产品方案、市场预测和确定依据。

(3) 技术工艺、主要设备和建设标准。

(4) 资源、原料、动力、运输、供水及公用设施情况。

(5) 建厂条件、建设地点、厂区布置方案、占地面积。

(6) 项目设计方案及协作配套条件。

(7) 环境保护、规划、抗震、防洪等方面的要求及相应措施。

(8) 建设工期和实施进度。

(9) 生产组织、劳动定员和人员培训。

(10) 投资估算和资金筹措方案。

(11) 财务评价和国民经济评价。

(12) 经济评价和社会效益分析。

可行性研究阶段经批准后，建设项目才算正式"立项"。

3. 设计阶段

设计是对拟建工程的实施在技术上和经济上所进行的全面而详尽的安排，即建设单位委托设计单位，按照可行性研究报告的有关要求，按建设单位提出的技术、功能、质量等要求来对拟建工程进行图纸方面的详细说明。它是基本建设计划的具体化，同时也是组织施工的依据。按我国现行规定，对于重大工程项目要进行三段设计：初步设计、技术设计和施工图设计。中小型项目可按两段设计进行：初步设计和施工图设计。有的工程项目技术较复杂时，可把初步设计的内容适当加深到扩大初步设计。

(1) 初步设计是根据批准的可行性研究报告和比较准确的设计基础资料所做的具体

实施方案。目的是为了阐明在指定的地点、时间和投资控制数额内，拟建工程在技术上的可能性和经济上的合理性，并通过对工程项目所做出的基本技术经济规定，编制项目总概算。

(2) 技术设计是根据初步设计和更详细的调查研究资料，进一步解决初步设计中的重大技术问题，如工艺流程、建筑结构、设备选型及数量确定等，并修正总概算。

(3) 施工图设计是根据批准的扩大初步设计或技术设计的要求，结合现场实际情况，完整地表现建筑物外形、内部空间分割、结构体系、构造状况以及建筑群的组成和周围环境的配合。它还包括各种运输、通信、管道系统、建筑设备的设计。在工艺方面，应具体确定各种设备的型号、规格及各种非标准设备的制造加工过程。在施工图设计阶段应编制施工图预算。

4. 建设准备阶段

项目在开工前要切实做好各项准备工作，其主要内容如下。

(1) 征地、拆迁和场地平整。

(2) 完成施工用水、电、道路等畅通工作。

(3) 组织设备、材料订货。

(4) 准备必要的施工图纸。

(5) 组织施工招标，择优选定施工单位。

5. 施工安装阶段

工程项目经批准开工建设，项目即进入了施工阶段。项目新开工时间，是指工程建设项目设计文件中规定的任何一项永久性工程第一次正式破土开槽开始施工的日期。施工安装活动应按照工程设计要求、施工合同条款及施工组织设计，在保证工程质量、工期、成本及安全、环保等目标的前提下进行，达到竣工验收标准后，由施工单位移交给建设单位。

6. 生产准备阶段

对于生产性工程建设项目而言，生产准备是项目投产前由建设单位进行的一项重要工作。它是衔接建设和生产的桥梁，是项目建设转入生产经营的必要条件。生产准备工作的内容根据项目或企业的不同，其要求也各不相同，但一般应包括以下内容。

(1) 招收和培训生产人员。

(2) 组织准备。

(3) 技术准备。

(4) 物资准备。

7. 竣工验收阶段

当工程项目按设计文件的规定内容和施工图纸的要求建完后，便可组织验收。竣工验收是工程建设过程的最后一环，是投资成果转入生产或使用的标志，也是全面考核基本建设成果、检验设计和工程质量的重要步骤。工程项目竣工验收、交付使用，应达到下列标准。

(1) 生产性项目和辅助公用设施已按设计要求建完，能满足要求。

(2) 主要工艺设备已安装配套，经联动负荷试车合格，形成生产能力，能够生产出设计文件规定的产品。

(3) 职工宿舍和其他必要的生产福利设施，能适应投产初期的需要。

(4) 生产准备工作能适应投产初期的需要。

(5) 环境保护设施、劳动安全卫生设施、消防设施已按设计要求与主体工程同时建成使用。

1.1.3　建设项目的组成

根据国家《建筑工程施工质量验收标准》(GB 50300—2001)规定，工程建设项目可分为单位工程、分部工程、分项工程和检验批。

1. 单位工程

具备独立施工条件并能形成独立使用功能的建筑物及构筑物为一个单位工程。工业建设项目(如各个独立的生产车间、实验大楼等)、民用建筑(如学校的教学楼、食堂、图书馆等)都可以称为一个单位工程。单位工程是工程建设项目的组成部分，一个工程建设项目有时可以仅包括一个单位工程，也可以包括许多单位工程。从施工的角度看，单位工程就是一个独立的交工系统，在工程建设项目总体施工部署和管理目标的指导下，形成自身的项目管理方案和目标，按其投资和质量的要求，如期建成交付生产和使用。对于建设规模较大的单位工程，还可将其能形成独立使用功能的部分划分为若干子单位工程。由于单位工程的施工条件具有相对的独立性，因此，一般要单独组织施工和竣工验收。单位工程体现了工程建设项目的主要建设内容，是新增生产能力或工程效益的基础。

2. 分部工程

分部工程是按单位工程的专业性质、建筑部位划分的，是单位工程的进一步分解。一般工业与民用建筑可划分为地基与基础工程、主体结构工程、装饰装修工程、屋面工程，其相应的建筑设备安装工程由给水、排水及采暖、建筑电气、通风与空调工程、电梯安装工程等组成。当分部工程较大或较复杂时，可按材料种类、施工特点、施工程序、专业系统及类别等划分为若干子分部工程。如主体结构又可分为混凝土结构、砌体结构、钢结构、木结构等子分部工程。

3. 分项工程

分项工程是分部工程的组成部分，一般是按主要工种、材料、施工工艺、设备类别等进行划分。例如模板工程、钢筋工程、混凝土工程、砖砌体工程等。分项工程是建筑施工生产活动的基础，也是计量工程用工用料和机械台班消耗的基本单元。分项工程既有其作业活动的独立性，又有相互联系、相互制约的整体性。

4. 检验批

分项工程可由一个或若干检验批组成，检验批可根据施工及质量控制和专业验收需要

按楼层、施工段、变形缝等进行划分。

1.2 建筑产品及其生产的特点

【学习目标】

了解建筑产品的特点和建筑产品生产的特点。

建筑产品是建筑施工的最终成果。建筑产品多种多样，但归纳起来有体形庞大、整体难分、不能移动等特点，这些特点就决定了建筑产品生产与一般的工业产品生产不同，只有对建筑产品及其生产的特点进行研究，才能更好地组织建筑产品的生产，保证产品的质量。

1.2.1 建筑产品的特点

与一般工业产品相比，建筑产品具有自己的特点。

1. 建筑产品的固定性

建筑产品是按照使用要求在固定地点兴建的，建筑产品的基础与作为地基的土地直接联系，因而建筑产品在建造中和建成后是不能移动的，建筑产品建在哪里就在哪里发挥作用。在有些情况下，一些建筑产品本身就是土地不可分割的一部分，如油气田、桥梁、地铁、水库等。固定性是建筑产品与一般工业产品的最大区别。

2. 建筑产品的多样性

建筑产品一般是由设计和施工部门根据建设单位(业主)的委托，按特定的要求进行设计和施工的。由于对建筑产品的功能要求多种多样，因而对每一个建筑产品的结构、造型、空间分割、设备配置、内外装饰都有具体要求。即使功能要求相同，建筑类型相同，但由于地形、地质等自然条件不同以及交通运输、材料供应等社会条件不同，在建造时施工组织、施工方法也存在差异。建筑产品的这种多样性特点决定了建筑产品不能像一般工业产品那样进行批量生产。

3. 建筑产品的体积庞大

建筑产品是生产与生活的场所，要在其内部布置各种生产与生活必需的设备与用具，因而与其他工业产品相比，建筑产品的体型庞大，占有广阔的空间，排他性很强。因其体积庞大，建筑产品对城市的形成影响很大，城市必须控制建筑区位、面积、层高、层数、密度等，建筑必须服从城市规划的要求。

4. 建筑产品的高值性

能够发挥投资效用的任一项建筑产品，在其生产过程中都会耗用大量的材料、人力、机械及其他资源，不仅实物形体庞大，而且造价高昂，动辄数百万、数千万、数亿元人民币，特大的工程项目其工程造价可达数十亿、百亿元人民币。建筑产品的高值性也使其工程造价关系到各方面的重大经济利益，同时也会对宏观经济产生重大影响。拿住宅来看，根据国际经验，每套社会住宅房价约为工资收入者年平均总收入的 6～10 倍，或相当于家庭 3～6 年的总收入。由于住宅是人们的生活必需品，因此建筑领域是一个政府经常介入的领域，如建立公积金制度等。

1.2.2　建筑产品生产的特点

1. 建筑产品生产的流动性

建筑产品生产的流动性有两层含义。

首先，由于建筑产品是在固定地点建造的，生产者和生产设备要随着建筑物建造地点的变更而流动，相应材料、附属生产加工企业、生产和生活设施也经常迁移，使建筑生产费用增加。同时，由于建筑产品的生产现场和规模都不固定，需求变化大，因此要求建筑产品生产者在生产时遵循弹性组织原则。

另一层含义指，由于建筑产品固定在土地上，与土地相连，在生产过程中，产品固定不动，人、材料、机械设备围绕着建筑产品移动，要从一个施工段移到另一个施工段，从房屋的一个部位转移到另一个部位。许多不同的工种，在同一对象上进行作业，不可避免地会产生施工空间和时间上的矛盾。这就要求有一个周密的施工组织设计，使流动的人、机、物等互相协调配合，做到连续、均衡施工。

2. 建筑产品生产的单件性

建筑产品的多样性决定了建筑产品生产的单件性。每项建筑产品都是按照建设单位的要求进行设计与施工的，都有其相应的功能、规模和结构特点，所以工程内容和实物形态都具有个别性、差异性。而工程所处的地区、地段不同更增强了建筑产品的差异性，同一类型工程或标准设计，在不同的地区、季节及现场条件下，施工准备工作、施工工艺和施工方法不尽相同，所以建筑产品只能是单件生产，而不能按通用定型的施工方案重复生产。

这一特点就要求施工组织设计编制者考虑设计要求、工程特点、工程条件等因素，制定出可行的施工组织方案。

3. 建筑产品的生产过程具有综合性

建筑产品的生产首先由勘察单位进行勘测，设计单位设计，建设单位进行施工准备，建安工程施工单位进行施工，最后经过竣工验收交付使用。所以建安工程施工单位在生产过程中，要和业主、金融机构、设计单位、监理单位、材料供应部门、分包等单位配合协作。由于生产过程复杂，协作单位多，是一个特殊的生产过程，这就决定了其生产过程具有很强的综合性。

4. 建筑产品生产受外部环境影响较大

建筑产品体积庞大，使建筑产品不具备在室内生产的条件，一般都要求露天作业，其生产受到风、霜、雨、雪、温度等气候条件的影响；建筑产品的固定性决定了其生产过程会受到工程地质、水文条件变化的影响，以及地理条件和地域资源的影响。这些外部影响

对工程进度、工程质量、建造成本等都有很大影响。这一特点要求建筑产品生产者要提前进行原始资料调查，制定合理的季节性施工措施、质量保证措施、安全保证措施等，科学组织施工，使生产有序进行。

5. 建筑产品生产过程具有连续性

建筑产品不能像其他许多工业产品一样可以分解为若干部分同时生产，而必须在同一固定场地上按严格程序连续生产，上一道工序不完成，下一道工序不能进行。建筑产品是持续不断的劳动过程的成果，只有全部生产过程完成，才能发挥其生产能力或使用价值。一个建设工程项目从立项到投产使用要经历五个阶段，即设计前的准备阶段(包括项目的可行性研究和立项)、设计阶段、施工阶段、使用前准备阶段(包括竣工验收和试运行)和保修阶段。这是一个不可间断的、完整的周期性生产过程，它要求在生产过程中各阶段、各环节、各项工作必须有条不紊地组织起来，在时间上不间断、空间上不脱节；要求生产过程的各项工作必须合理组织、统筹安排，遵守施工程序，按照合理的施工顺序科学地组织施工。

6. 建筑产品的生产周期长

建筑产品的体积庞大决定了建筑产品生产周期长。有的建筑项目，少则 1～2 年，多则 3～4 年、5～6 年，甚至 10 年以上。因此它必须长期大量占用和消耗人力、物力和财力，要到整个生产周期完结，才能出产品。故应科学地组织建筑生产，不断缩短生产周期，尽快提高投资效果。

由上可知，建筑产品与其他工业产品相比，有其独具的一系列技术经济特点，现代建筑施工已成为一项十分复杂的生产活动，这就对施工组织与管理工作提出了更高的要求，表现在以下方面。

(1) 建筑产品的固定性和其生产的流动性，构成了建筑施工中空间上的分布与时间上排列的主要矛盾。建筑产品具有体积庞大和高值性的特点，这就决定了在建筑施工中要投入大量的生产要素(劳动力、材料、机具等)，同时为了迅速完成施工任务，在保证材料、物资供应的前提下，最好有尽可能多的工人和机具同时进行生产。而建筑产品的固定性又决定了在建筑生产过程中，各种工人和机具，只能在同一场所的不同时间，或在同一时间的不同场所进行生产活动。要顺利进行施工，就必须正确处理这一主要矛盾。在编制施工组织设计时要通盘考虑，优化施工组织，合理组织平行、交叉、流水作业，使生产要素按一定的顺序、数量和比例投入，使所有的工人、机具各得其所，各尽其能，实现时间、空间的最佳利用，以达到连续、均衡施工。

(2) 建筑产品具有多样性和复杂性，每一个建筑物或建筑群的施工准备工作、施工工艺方法、施工现场布置等均不相同。因此在编制施工组织设计时必须根据施工对象的特点和规模、地质水文、气候、机械设备、材料供应等客观条件，从运用先进技术、提高经济效益出发，做到技术和经济统一，选择合理的施工方案。

(3) 建筑施工具有生产周期长、综合性强、技术间歇性强、露天作业多、受自然条件影响大、工程性质复杂等特点，进一步增加了建筑施工中矛盾的复杂性，这就要求施工组织设计要考虑全面，事先制定相应的技术、质量、安全、节约等保证措施，避免质量安全事故，确保安全生产。

(4) 在建筑施工中，需要组织各种专业的建筑施工单位和不同工种的工人，组织数量众多的各类建筑材料、制品和构配件的生产、运输、储存和供应工作，组织各种施工机械设备的供应、维修和保养工作。同时，还要组织好施工临时供水、供电、供热、供气以及安排生产和生活所需的各种临时设施。其间的协作配合关系十分复杂。这要求在编制施工组织设计时要照顾施工的各个方面和各个阶段的联系配合问题，合理安排资源供应，精心规划施工平面布置，合理部署施工现场，实现文明施工，降低工程成本，实现投资效益最大化。

总之，由于建筑产品及其生产的特点，要求每个工程开工之前，应根据工程的特点和要求，结合工程施工的条件和程序，编制出拟建工程的施工组织设计。建筑施工组织设计应按照基本建设程序和客观施工规律的要求，从施工全局出发，研究施工过程中带有全局性的问题。施工组织设计包括确定开工前的各项准备工作，选择施工方案，安排劳动力和各种技术物资的组织与供应，安排施工进度以及规划和布置现场等。施工组织设计用以全面安排和正确指导施工的顺利进行，在达到工期短、质量优、成本低的目标。

1.3　施工组织设计

【学习目标】

了解施工组织设计的概念及其分类。

1.3.1　施工组织设计的概念及作用

1. 施工组织设计的概念

施工组织设计是规划和指导拟建工程从工程投标、签订承包合同、施工准备到竣工验收全过程的一个综合性的技术经济文件，是对拟建工程在人力和物力、时间和空间、技术和组织等方面所作的全面合理的安排，是工程设计和施工的桥梁。作为指导拟建工程项目的全局性文件，施工组织设计既要体现拟建工程的设计和使用要求，又要符合建筑施工的客观规律。它应尽量适应施工过程的复杂性和具体施工项目的特殊性，通过科学、经济、合理的规划安排，使工程项目能够连续、均衡、协调地进行施工，满足工程项目对工期、质量、投资方面的各项要求。

2. 施工组织设计的作用

施工组织设计是用以指导施工组织与管理、施工准备与实施、施工控制与协调、资源的配置与使用等全面性的技术经济文件，是对施工活动的全过程进行科学管理的重要手段。其作用具体表现在以下方面。

(1) 施工组织设计是施工准备工作的重要组成部分，同时又是做好施工准备工作的依据和保证。

(2) 施工组织设计是根据工程的各种具体条件拟定的施工方案、施工顺序、劳动组织和技术组织措施等，是指导开展紧凑、有序施工活动的技术依据。

(3) 施工组织设计所提出的各项资源需要量计划,直接为组织材料、机具、设备、劳动力需要量的供应和使用提供数据。

(4) 通过编制施工组织设计,可以合理利用和安排为施工服务的各项临时设施,可以合理地部署施工现场,确保文明施工、安全施工。

(5) 通过编制施工组织设计,可以将工程的设计与施工、技术与经济、施工全局性规律和局部性规律、土建施工与设备安装、各部门之间、各专业之间有机结合,统一协调。

(6) 通过编制施工组织设计,可分析施工中的风险和矛盾,及时研究解决问题的对策、措施,从而提高了施工的预见性,减少了盲目性。

(7) 施工组织设计是统筹安排施工企业生产投入与产出过程的关键和依据。工程产品的生产和其他工业产品的生产一样,都是按要求投入生产要素,通过一定的生产过程,最后生产出成品,而中间转换的过程离不开管理。施工企业也是如此,从承接工程任务开始到竣工验收交付使用为止的全部施工过程的计划、组织和控制的基础就是科学的施工组织设计。

(8) 施工组织设计可以指导投标与签订工程承包合同,并作为投标书的内容和合同文件的一部分。

1.3.2 施工组织设计的分类

施工组织设计是一个总的概念,根据工程项目的类别、工程规模、编制阶段、编制对象和范围的不同,在编制的深度和广度上也有所不同。

1. 按施工组织设计阶段和作用的不同分类

根据工程施工组织设计阶段和作用的不同,工程施工组织设计可以划分为两类:一类是投标前编制的施工组织设计(简称标前设计),另一类是签订工程承包合同后编制的施工组织设计(简称标后设计)。

2. 按施工组织设计的工程对象范围分类

按施工组织设计的工程对象范围分类,可分为施工组织总设计、单位工程施工组织设计及分部(分项)工程施工组织设计。

1) 施工组织总设计

施工组织总设计是以整个建设项目或民用建筑群为对象编制的,用以指导整个工程项目施工全过程的各项施工活动的全局性、控制性文件。它是对整个建设项目的全面规划,涉及范围较广,内容比较概括。施工组织总设计一般在初步设计或扩大初步设计被批准之后,由总承包企业的总工程师负责,会同建设、设计和分包单位的工程师共同编制。施工组织总设计用于确定建设总工期、各单位工程开展的顺序及工期、主要工程的施工方案、各种物资的供需计划、全工地性暂设工程及准备工作、施工现场的布置等工作,同时它也是施工单位编制年度施工计划和单位工程施工组织设计的依据。

2) 单位工程施工组织设计

单位工程施工组织设计是以一个单位工程(一个建筑物或构筑物,一个交工系统)为编制对象，用以指导其施工全过程的各项施工活动的局部性、指导性文件。它是施工单位年度施工计划和施工组织总设计的具体化，用以直接指导单位工程的施工活动，是施工单位编制作业计划和制定季、月、旬施工计划的依据。单位工程施工组织设计一般在施工图设计完成后，在拟建工程开工之前，由工程项目的技术负责人负责编制。单位工程施工组织设计，根据工程规模、技术复杂程度不同，其编制内容的深度和广度亦有所不同。对于简单单位工程，施工组织设计一般只编制施工方案并附以施工进度和施工平面图，即"一案、一图、一表"。

3) 分部(分项)工程施工组织设计

分部(分项)工程施工组织设计也叫分部(分项)工程施工作业设计。它是以分部(分项)工程为编制对象，用以具体实施其分部(分项)工程施工全过程的各项施工活动的技术、经济和组织的实施性文件。一般对于工程规模大、技术复杂、施工难度大或采用新工艺、新技术施工的建筑物或构筑物，在编制单位工程施工组织设计之后，常需对某些重要的又缺乏经验的分部(分项)工程再深入编制专业工程的具体施工设计。例如深基础工程、大型结构安装工程、高层钢筋混凝土主体结构工程、无黏结预应力混凝土工程、定向爆破、冬雨期施工、地下防水工程等。分部(分项)工程作业设计一般在单位工程施工组织设计确定了施工方案后，由施工队(组)技术人员负责编制，其内容具体、详细、可操作性强，是直接指导分部(分项)工程施工的依据。

施工组织总设计、单位工程施工组织设计和分部(分项)工程施工组织设计，是同一工程项目，不同广度、深度和作用的三个层次。

1.4 施工组织的原则

【学习目标】

了解组织施工应遵循的原则。

1. 贯彻执行国家关于基本建设的各项制度，坚持基本建设程序

我国关于基本建设的制度有：对基本建设项目必须实行严格的审批制度；施工许可制度；从业资格管理制度；招标投标制度；总承包制度；发承包合同制度；工程监理制度；建筑安全生产管理制度；工程质量责任制度；竣工验收制度等。这些制度为建立和完善建筑市场的运行机制、加强建筑活动的实施与管理提供了重要的法律依据，必须认真贯彻执行。建设程序，是指建设项目从决策、设计、施工到竣工验收整个建设过程中的各个阶段及其先后顺序。各个阶段有着不容分割的联系，但不同的阶段有不同的内容，既不能相互代替，也不许颠倒或跳跃。实践证明，凡是坚持建设程序，基本建设就能顺利进行，就能充分发挥投资的经济效益；反之，违背了建设程序，就会造成施工混乱，影响质量、进度和成本，甚至给建设工作带来严重的危害。因此，坚持建设程序，是工程建设顺利进行的有力保证。

2. 严格遵守国家和合同规定的工程竣工及交付使用期限

对总工期较长的大型建设项目，应根据生产或使用的需要，安排分期分批建设、投产或交付使用，以期早日发挥建设投资的经济效益。在确定分期分批施工的项目时，必须注意使每期交工的项目可以独立地发挥效用，即主要项目同有关的辅助项目应同时完工，可以立即交付使用。

3. 合理安排施工程序和顺序

建筑产品的特点之一是产品的固定性，这使得建筑施工各阶段工作始终在同一场地上进行。没有前一段的工作，后一段就不可能进行，即使它们之间交叉搭接地进行，也必须严格遵守一定的程序和顺序。施工程序和顺序反映了客观规律的要求，其安排应符合施工工艺，满足技术要求，有利于组织立体交叉、流水作业，有利于为后续工程施工创造良好的条件，有利于充分利用空间、争取时间。

4. 尽量采用国内外先进施工技术，科学地确定施工方案

先进的施工技术是提高劳动生产率、改善工程质量、加快施工进度、降低工程成本的主要途径。在选择施工方案时，要积极采用新材料、新设备、新工艺和新技术，努力为新结构的推行创造条件；要注意结合工程特点和现场条件，使技术的先进适用性和经济合理性相结合，还要符合施工验收规范、操作规程的要求和遵守有关防火、安保及环卫等规定，确保工程质量和施工安全。

5. 采用流水施工方法和网络计划技术安排进度计划

在编制施工进度计划时，应从实际出发，采用流水施工方法组织均衡施工，以达到合理使用资源、充分利用空间、争取时间的目的。网络计划技术是当代计划管理的有效方法，采用网络计划技术编制施工进度计划，可使计划逻辑严密、层次清晰、关键问题明确，同时便于对计划方案进行优化、控制和调整，并有利于电子计算机在计划管理中的应用。

6. 贯彻工厂预制和现场预制相结合的方针，提高建筑工业化程度

建筑技术进步的重要标志之一是建筑工业化，在制订施工方案时必须注意根据地区条件和构件性质，通过技术经济比较，恰当地选择预制方案或现场浇筑方案。确定预制方案时，应贯彻工厂预制与现场预制相结合的方针，努力提高建筑工业化程度，但不能盲目追求装配化程度的提高。

7. 充分发挥机械效能，提高机械化程度

机械化施工可加快工程进度，减轻劳动强度，提高劳动生产率。为此，在选择施工机械时，应充分发挥机械的效能，并使主导工程的大型机械如土方机械、吊装机械能连续作业，以减少机械台班费用；同时，还应使大型机械与中小型机械相结合，机械化与半机械化相结合，扩大机械化施工范围，实现施工综合机械化，以提高机械化施工程度。

8. 加强季节性施工措施，确保全年连续施工

为了确保全年连续施工，减少季节性施工的技术措施费用，在组织施工时，应充分了

解当地的气象条件和水文地质条件。尽量避免把土方工程、地下工程、水下工程安排在雨期和洪水期施工；避免把混凝土现浇结构安排在冬期施工；高空作业、结构吊装则应避免在风季施工。对那些必须在冬雨期施工的项目，则应采用相应的技术措施，既要确保全年连续施工、均衡施工，更要确保工程质量和施工安全。

9. 合理地部署施工现场，尽可能地减少暂设工程

在编制施工组织设计及现场组织施工时，应精心地进行施工总平面图的规划，合理地部署施工现场，节约施工用地；尽量利用正式工程、原有建筑物及已有设施，以减少各种临时设施；尽量利用当地资源，合理安排运输、装卸与储存作业，减少物资运输量，避免二次搬运。

习　题

1. 什么是基本建设程序？它有哪些主要阶段？为什么要坚持基本建设程序？
2. 建筑产品及其生产具有哪些特点？
3. 工程建设项目如何分类？
4. 施工组织设计有几种类型？其基本内容有哪些？
5. 叙述施工组织设计的作用。

模块二　建设施工组织原理

导入案例

　　某工程划分为 A、B、C、D 四个施工过程，分四个施工段组织流水施工，各施工过程的流水节拍分别为 $t_A=3$ 天，$t_B=4$ 天，$t_C=5$ 天，$t_D=3$ 天；施工过程 B 完成后需有 2 天的技术和组织间歇时间。试求各施工过程之间的流水步距及该工程的工期。

单元 2　流水施工原理

内容提要

本章主要介绍施工组织的方式，流水施工的概念、分类和表达方式；重点阐述流水施工参数及确定、流水施工组织的基本方式，并结合实例说明流水施工组织方式在实践中的应用步骤和方法，以及流水施工的评价方法。

技能目标

- 了解流水施工的分类、概念及流水施工的评价方法。
- 熟悉施工组织的方式及特点、流水施工在实际中应用的步骤和方法。
- 掌握流水施工的主要参数及确定方法。
- 掌握等节奏流水、成倍流水和无节奏流水的组织方法。

2.1　流水施工的概念

【学习目标】

了解流水施工的概念、方式及各自的特点。

流水施工方式是建筑安装工程施工最有效、最科学的组织方法，是实际施工组织中最常用的一种方式。

2.1.1　施工组织的基本方式

建设项目施工组织的基本方式有顺序施工、平行施工和流水施工三种，这三种方式各有特点，适用的范围各异。我们将围绕一个案例对三种施工方式做简单讨论。

2.1.2　顺序施工

顺序施工也称依次施工，是按照建筑工程内部各分项、分部工程内在的联系和必须遵循的施工顺序，不考虑后续施工过程在时间和空间上的相互搭接，而依照顺序组织施工的方式。顺序施工往往是前一个施工过程完成后，下一个施工过程才开始，一个工程全部完成后，另一个工程的施工才开始。如图 2.1 所示，某工程有五个施工过程，每个过程分三段，每个过程需要一个专业队伍完成，组织顺序施工，A 过程三段完成后进行 B 过程的三段施工，以此类推，完成全部五个施工过程需要工期 21 天。

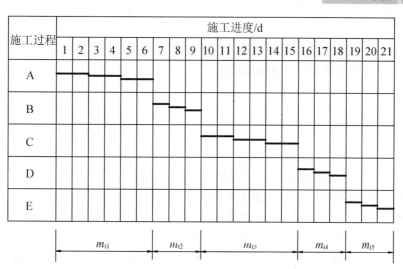

图 2.1 顺序施工进度

(1) 特点：同时投入的劳动资源较少，组织简单，材料供应单一；但劳动生产率低，工期较长，难以在短期内提供较多的产品，不能适应大型工程的施工。

(2) 适用：工作面有限、规模小、工期要求不紧的工程。

2.1.3 平行施工

平行施工是将一个工作范围内的相同施工过程同时组织施工，完成以后再同时进行下一个施工过程的施工方式。平行施工的特点是最大限度地利用了工作面，工期最短；但在同一时间内需提供的相同劳动资源成倍增加，这给实际施工管理带来了一定的难度，因此，只有在工程规模较大或工期较紧的情况下采用才是合理的。

图 2.2 中，每个施工过程的三个施工段安排三个相应的专业队伍，同时施工齐头并进，同时完工。按照这样的方式组织施工，其具体安排如图 2.2 所示，由图可知工期为 7 天。

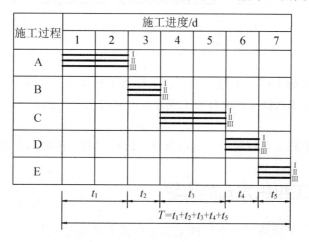

图 2.2 平行施工进度

(1) 特点：工期短，充分利用工作面。但专业工作队数目成倍增加，劳动力投入大，现场临时设施增加，物资资源消耗集中，这些情况都会带来不良的经济效果。

(2) 适用：工期要求紧、大规模的建筑群。

2.1.4　流水施工

流水施工是把若干个同类型建筑或一幢建筑在平面上划分成若干个施工区段(施工段)，组织若干个在施工工艺上有密切联系的专业班组相继进行施工，依次在各施工区段上重复完成相同的工作内容，不同的专业队伍利用不同的工作面尽量组织平行施工的施工组织方式。

上例中同一个施工过程组织一个专业队伍在三个施工段上顺序施工，如 A 过程组织一个专业队伍，第一段完成干第二段，第二段完成干第三段，保证作业队伍连续施工，不出现窝工现象。不同的施工过程组织专业队伍尽量搭接平行施工，即充分利用上一施工工程的队伍作业完成留出的工作面，尽早进行组织平行施工，按照这种方式组织施工，其具体安排如图 2.3 所示，工期为 13 天。

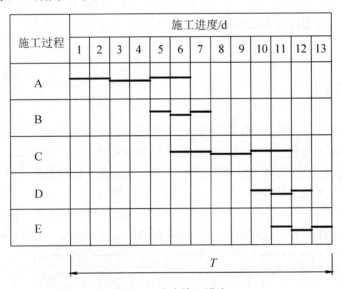

图 2.3　流水施工进度

(1) 特点：流水施工综合了顺序施工和平行施工的优点，工期介于顺序施工和平行施工之间，各专业队伍依次施工，没有窝工现象，不同的施工专业队伍充分利用空间(工作面)平行施工。

(2) 适用：流水施工是建筑施工中最合理、最科学的一种组织方式，适合所有工程。

2.1.5　三种施工组织方式的比较

由上面分析知，顺序施工、平行施工和流水施工是施工组织的三种基本方式，其特点及适用的范围不尽相同，三者的比较见表 2.1。

表 2.1 三种组织施工方式比较

方　式	工　期	资源投入	评　价	适用范围
顺序施工	最长	投入强度低	劳动力投入少，资源投入不集中，有利于组织工作。现场管理工作相对简单，可能会产生窝工现象	规模较小，工作面有限的工程适用
平行施工	最短	投入强度最大	资源投入集中，现场组织管理复杂，不能实现专业化生产	工程工期紧迫，资源有充分的保证及工作面允许情况下可采用
流水施工	较短，介于顺序施工与平行施工之间	投入连续均衡	结合了顺序施工与平行施工的优点，作业队伍连续，充分利用工作面，是较理想的组织施工方式	一般项目均可适用

2.1.6　流水施工的表达、特点及经济性

1. 流水施工的表达

流水施工的表示方法，一般有横道图、垂直图表和网络图三种，其中最直观且易于接受的是横道图。

横道图即甘特图(Gantt chart)，是建筑工程中安排施工进度计划和组织流水施工时常用的一种表达方式，横道图的形式如图 2.1～图 2.3 所示。

1) 横道图的形式

横道图中的横向表示时间进度，纵向表示施工过程或专业施工队编号。图中的横道线条的长度表示计划中的各项工作(施工过程、工序或分部工程、工程项目等)的作业持续时间，图中的横道线条所处的位置则表示各项工作的作业开始和结束时刻以及它们之间相互配合的关系，横道线上的序号如Ⅰ、Ⅱ、Ⅲ等表示施工项目或施工段号。

2) 横道图的特点

(1) 能够清楚地表达各项工作的开始时间、结束时间和持续时间，计划内容排列整齐有序，形象直观。

(2) 能够按计划和单位时间统计各种资源的需求量。

(3) 使用方便，制作简单，易于掌握。

(4) 不容易分辨计划内部工作之间的逻辑关系，一项工作的变动对其他工作或整个计划的影响不能清晰地反映出来。

(5) 不能表达各项工作之间的重要性，计划任务的内在矛盾和关键工作不能直接从图中反映出来。

2. 流水施工的特点

建筑生产流水施工的实质是：由生产作业队伍并配备一定的机械设备，沿着建筑的水平方向或垂直方向，用一定数量的材料在各施工段上进行生产，使最后完成的产品成为建

筑物的一部分，然后再转移到另一个施工段上去进行同样的工作，所空出的工作面，由下一施工过程的生产作业队伍采用相同形式继续进行生产。如此不断进行，确保了各施工过程生产的连续性、均衡性和节奏性。

建筑生产的流水施工有如下主要特点。

(1) 生产工人和生产设备从一个施工段转移到另一施工段，代替了建筑产品的流动。

(2) 建筑生产的流水施工既在建筑物的水平方向流动(平面流水)，又沿建筑物的垂直方向流动(层间流水)。

(3) 在同一施工段上，各施工过程保持了顺序施工的特点，不同施工过程在不同的施工段上又最大限度地保持了平行施工的特点。

(4) 同一施工过程保持了连续施工的特点，不同施工过程在同一施工段上尽可能保持连续施工。

(5) 单位时间内生产资源的供应和消耗基本较均衡。

3. 流水施工的经济性

流水施工的连续性和均衡性方便了各种生产资源的组织，使施工企业的生产能力可以得到充分的发挥，使劳动力、机械设备得到合理的安排和使用，提高了生产的经济效果，具体归纳为以下几点。

(1) 便于施工中的组织与管理。由于流水施工的均衡性，因而避免了施工期间劳动力和其他资源使用过分集中，有利于资源的组织。

(2) 施工工期比较理想。由于流水施工的连续性，保证各专业队伍连续施工，减少了间歇，充分利用工作面，可以缩短工期。

(3) 有利于提高劳动生产率。由于流水施工实现了专业化的生产，为工人提高技术水平、改进操作方法以及革新生产工具创造了有利条件，因而改善了工作的劳动条件，促进了劳动生产率的不断提高。

(4) 有利于提高工程质量。专业化的施工提高了工人的专业技术水平和熟练程度，为推行全面质量管理创造了条件，有利于保证和提高工程质量。

(5) 能有效降低工程成本。由于工期缩短、劳动生产率提高、资源供应均衡，各专业施工队连续均衡作业，减少了临时设施数量，从而可以节约人工费、机械使用费、材料费和施工管理费等相关费用，有效地降低了工程成本。

2.2 流水施工的基本参数

【学习目标】

了解流水施工参数的概念，掌握计算方法。

2.2.1 概述

流水施工参数是影响流水施工组织节奏和效果的重要因素，是用以表示流水施工在工艺流程、时间安排及空间布局方面开展状态的参数。在施工组织设计中，一般把流水施工参数分为三类，即工艺参数、空间参数和时间参数。具体分类如图 2.4 所示。

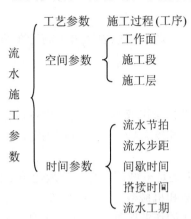

图 2.4　流水施工分类

2.2.2　工艺参数

1. 含义

工艺参数是指一组流水过程中所包含的施工过程(工序)数。任何一个建筑工程都由许多施工过程所组成。每一个施工过程的完成，都必须消耗一定量的劳动力、建筑材料，需要建筑设备、机具相配合，并且需消耗一定的时间和占有一定范围的工作面。因此施工过程是流水施工中最主要的参数，其数量和工程量的多少是计算其他流水参数的依据。

2. 施工过程数的确定

施工过程所包含的施工内容，既可以是分项工程或者分部工程，也可以是单位工程或者单项工程。施工过程数量用 n 来表示，它的多少与建筑的复杂程度以及施工工艺等因素有关。

依据工艺性质不同，施工过程可以分为三类。

(1) 制备类施工过程。制备类施工过程是指为加工建筑成品半成品或为提高建筑产品的加工能力而形成的施工过程，如钢筋的成型、构配件的预制以及砂浆和混凝土的制备过程。

(2) 运输类施工过程。运输类施工过程是指把建筑材料、成品半成品和设备等运输到工地或施工操作地点而形成的施工过程。

(3) 砌筑安装类施工过程。砌筑安装类施工过程是指在施工对象的空间上，进行建筑产品最终加工而形成的施工过程，例如砌筑工程、浇筑混凝土工程、安装工程和装饰工程等施工过程。

在组织施工现场流水施工时，砌筑安装类施工过程占据主要地位，直接影响工期的长短，因此必须列入施工进度计划表。

由于制备类施工过程和运输类施工过程一般不占有施工对象的工作面，不影响工期，因而一般不列入流水施工进度计划表。

2.2.3　空间参数

空间参数是指在组织流水施工时，用以表达流水施工在空间上开展状态的参数，主要包括工作面、施工段和施工层。

1. 工作面

工作面是指安排专业工人进行操作或者布置机械设备进行施工所需的活动空间。工作面根据专业工种的计划产量定额和安全施工技术规程确定，反映了工人操作、机械运转在空间布置上的具体要求。

在施工作业时，无论是人工还是机械都需有一个最佳的工作面，才能发挥其最佳效率。最佳工作面对应安排的施工人数和机械数是最多的。它决定了某个专业队伍的人数及机械数的上限，直接影响到某个工序的作业时间，因而工作面确定是否合理直接关系到作业效率和作业时间。

2. 施工段

1）施工段的概念

施工段是指将施工对象在平面上划分为若干个劳动量大致相等的施工区段，在流水施工中，用 m 来表示施工段的数目。

2）划分施工段的原则

划分施工段是为组织流水施工提供必要的空间条件。其作用在于某一施工过程能集中施工力量，迅速完成一个施工段上的工作内容，及早空出工作面为下一施工过程提前施工创造条件，从而保证不同的施工过程能同时在不同的工作面上进行施工。

在同一时间内，一个施工段只容纳一个专业施工队施工，不同的专业施工队在不同的施工段上平行作业，所以，施工段数量的多少，将直接影响流水施工的效果。合理划分施工段，一般应遵循以下原则。

（1）各施工段的劳动基本相等，以保证流水施工的连续性、均衡性和有节奏性，各施工段劳动量相差不宜超过 10%～15%。

（2）应满足专业工种对工作面的空间要求，以发挥人工、机械的生产作业效率，因而施工段不宜过多，最理想的情况是平面上的施工段数与施工过程相等。

（3）有利于结构的整体性，施工段的界限应尽量与结构的变形缝一致。

（4）当施工对象有层间关系且分层又分段时，划分施工段数尽量满足下式要求：

$$mA \geqslant n \tag{2-1}$$

式中：A——参加流水施工的同类型建筑的幢数；

$\quad\quad\ m$——每幢建筑平面上所划分的施工段数；

$\quad\quad\ n$——参加流水施工的施工过程数或作业班组总数。

当 $Am=n$ 时，每一施工过程或作业班组既能保证连续施工，又能使所划分的施工段不至空闲，是最理想的情况，有条件时应尽量采用。

当 $Am>n$ 时，每一施工过程或作业班组能保证连续施工，但所划分的施工段会出现空闲，这种情况也是允许的。实际施工时有时为满足某些施工过程技术间歇的要求，有意让工作面空闲一段时间反而更趋合理。

当 $Am<n$ 时，作业班组不能连续施工而会出现窝工现象，一般情况下应力求避免。但有时当施工对象规模较小，确实不可能划分较多的施工段时，可与同工地或同一部门内的其他相似的工程组织成大流水，以保证施工队伍连续作业，不出现窝工现象。

3. 施工层

对于多层的建筑物、构筑物，应既分施工段，又分施工层。

施工层是指为组织多层建筑物的竖向流水施工，将建筑物划分为在垂直方向上的若干区段，用 r 来表示施工层的数目。通常以建筑物的结构层作为施工层，有时为方便施工，也可以按一定高度划分一个施工层。例如单层工业厂房砌筑工程一般按 1.2～1.4m(即一个脚手架的高度)划分为一个施工层。

2.2.4　时间参数

1. 流水节拍

1) 定义

流水节拍是指一个施工过程(或作业队伍)在一个施工段上作业持续的时间，用 t 表示，其大小受投入的劳动力、机械及供应量的影响，也受施工段大小的影响。

2) 流水节拍的计算

根据资源的实际投入量计算，其计算式如下：

$$t_i = \frac{Q_i}{S_i R_i a} = \frac{Q_i Z_i}{R_i a} = \frac{P_i}{R_i a} \tag{2-2}$$

式中：t_i——流水节拍；

　　　Q_i——施工过程在一个施工段上的工程量；

　　　S_i——完成该施工过程的产量定额；

　　　Z_i——完成该施工过程的时间定额；

　　　R_i——参与该施工过程的工人数或施工机械台数；

　　　P_i——该施工过程在一个施工段上的劳动量；

　　　a——每天工作班次。

【例 2.1】某土方工程施工，工程量为 352.94m³，分三个施工段，采用人工开挖，每段的工程量相等，每班工人数为 15 人，一个工作班次挖土，已知劳动定额为 0.51 工日/m³，试求该土方施工的流水节拍。

解： 由 $t = \frac{QZ}{aRm}$ 得 $t = \frac{352.94 \times 0.51}{1 \times 15 \times 3} = 4$ (天)

该土方施工的流水节拍为 4 天。

3) 根据施工工期确定流水节拍

流水节拍的大小对工期有直接影响，通常在施工段数不变的情况下，流水节拍越小，工期就越短。当施工工期受到限制时，就应从工期要求反求流水节拍，然后用公式(2-2)求

得所需的人数或机械数，同时检查最小工作面是否满足要求及人工机械供应的可行性。若检查发现按某一流水节拍计算的人工数或机械数不能满足要求，供应不足，则可采取延长工期从而增加大流水节拍以减少人工、机械的需求量，以满足实际的资源限制条件。若工期不能延长则可增加资源供应量或采取一天多班次(最多三次)作业以满足要求。

2. 流水步距

1) 定义

指相邻两施工过程(或作业队伍)先后投入流水施工的时间间隔，一般用 K 表示。

2) 确定流水步距应考虑的因素

流水步距应根据施工工艺、流水形式和施工条件来确定，在确定流水步距时应尽量满足以下要求。

(1) 始终保持两个施工过程间的顺序施工，即在一个施工段上，前一施工过程完成后，下一施工过程方能开始。

(2) 任何作业班组在各施工段上必须保持连续施工。

(3) 前后两施工过程的施工作业应能最大限度地组织平行施工。

3. 间歇时间

1) 技术间歇(Z_1)

在流水施工中，除了考虑两相邻施工过程间的正常流水步距外，有时应根据施工工艺的要求考虑工艺间合理的技术间歇时间(Z_1)。如混凝土浇筑完成后应进行养护一段时间后才能进行下一道工艺，这段养护时间即为技术间歇，它的存在会使工期延长。

2) 组织间歇(Z_2)

组织间歇时间(Z_2)是指施工中由于考虑施工组织的要求，两相邻的施工过程在规定的流水步距以外增加必要的时间间隔，以便施工人员对前一施工过程进行检查验收，并为后续施工过程做出必要的技术准备工作等。如基础混凝土浇筑并养护后，施工人员必须进行主体结构轴线位置的弹线等。

4. 组织搭接时间

组织搭接时间(C)是指施工中由于考虑组织措施等原因，在可能的情况下，后续施工过程在规定的流水步距以内提前进入该施工段进行施工，这样工期可进一步缩短，施工更趋合理。

5. 流水工期

流水工期(T)是指一个流水施工中，从第一个施工过程(或作业班组)开始进入流水施工，到最后一个施工过程(或作业班组)施工结束所需的全部时间。

2.3 流水施工的基本组织方式

【学习目标】

掌握流水施工的几种方式及其应用。

为了适应不同施工项目施工组织的特点和进度计划安排的要求，根据流水施工的特点可以将流水施工分成不同的种类进行分析和研究。

2.3.1　流水施工的分类

1. 按流水施工的组织范围划分

1）分项工程流水施工

分项工程流水施工又称为内部流水施工，是指组织分项工程或专业工种内部的流水施工。由一个专业施工队，依次在各个施工段上进行流水作业。例如，浇筑混凝土这一分项工程内部组织的流水施工。分项工程流水施工是范围最小的流水施工。

2）分部工程流水施工

分部工程流水施工又称为专业流水施工，是指组织分部工程中各分项工程之间的流水施工。由几个专业施工队各自连续地完成各个施工段的施工任务，施工队之间流水作业。

3）单位工程流水施工

单位工程流水施工又称为综合流水施工，是指组织单位工程中各分部工程之间的流水施工。

4）群体工程流水施工

群体工程流水施工又称为大流水施工，是指组织群体工程中各单项工程或单位工程之间的流水施工。

2. 按施工工程的分解程度划分

1）彻底分解流水施工

彻底分解流水施工是指将工程对象分解为若干施工过程，每一施工过程对应的专业施工队均由单一工种的工人及机具设备组成。采用这种组织方式，其特点在于各专业施工队任务明确、专业性强，便于熟练施工，能够提高工作效率，保证工程质量。但由于分工较细，对每个专业施工队的协调配合要求较高，给施工管理增加了一定的难度。

2）局部分解流水施工

局部分解流水施工是指划分施工过程时，考虑专业工种的合理搭配或专业施工队的构成，将其中部分的施工过程不彻底分解而交给多工种协调组成的专业施工队来完成施工。局部分解流水施工适用于工作量较小的分部工程。

3. 按照流水施工的节奏特征划分

根据流水施工的节奏特征，流水施工可划分为有节奏流水施工和无节奏流水施工，有节奏流水施工又可分为等节拍流水施工和异节拍流水施工，其分类关系及组织流水方式如图 2.5 所示。

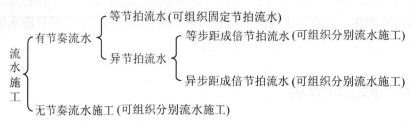

图 2.5 按流水节拍特征分类

2.3.2 等节拍流水施工组织

等节拍流水施工也叫全等节拍流水或固定节拍流水,是指在组织流水施工时,各施工过程在各施工段上的流水节拍全部相等。等节奏流水有以下基本特征:施工过程本身在各施工段上的流水节拍都相等;各施工过程的流水节拍彼此都相等;当没有平行搭接和间歇时,流水步距等于流水节拍。

等节拍流水施工根据流水步距的不同有下列两种情况。

1. 等节拍等步距流水施工

等节拍等步距流水施工即各流水步距值均相等,且等于流水节拍值的一种流水施工方式。各施工过程之间没有技术与组织间歇时间($Z=0$),也不安排相邻施工过程在同一施工段上的搭接施工($C=0$)。有关参数计算如下。

1) 流水步距的计算

这种情况下的流水步距都相等且等于流水节拍,即 $K=t$。

2) 流水工期的计算

因为
$$\sum K_{i,i+1} = (n-1)t , \quad T_n = mt \tag{2-3}$$

所以
$$T = \sum K_{i,i+1} + T_n$$
$$= (n-1)t + mt = (m+n-1)t \tag{2-4}$$

式中:T ——流水施工的工期;

$\quad m$ ——施工段数;

$\quad n$ ——参加流水施工的施工过程数或作业班组总数;

$\quad t$ ——流水节拍;

$\quad K$ ——流水步距。

2. 等节拍不等步距流水施工

等节拍不等步距流水施工即各施工过程的流水节拍全部相等,但各流水步距不相等(有的步距等于节拍,有的步距不等于节拍)。这是由于各施工过程之间,有的需要有技术与组织间歇时间,有的可以安排搭接施工所致。有关参数计算如下。

1) 流水步距的计算

这种情况下的流水步距 $\quad K_{i,i+1} = t_i + (Z_1 + Z_2 - C)$。 $\tag{2-5}$

2) 流水工期的计算

因为　　　$\sum K_{i,\,i+1}=(n-1)t+\sum Z_1+\sum Z_2-\sum C \quad T_n=mt$　　　(2-6)

所以　　　$T=(n-1)t+\sum Z_1+\sum Z_2-\sum C+mt$　　　(2-7)

$\qquad\quad =(m+n-1)t+\sum Z_1+\sum Z_2-\sum C$

式中：T ——流水施工的工期；

$\qquad m$ ——施工段数；

$\qquad n$ ——参加流水施工的施工过程数或作业班组总数；

$\qquad t$ ——流水节拍；

$\qquad K$ ——流水步距。

$\sum Z_1$，$\sum Z_2$，$\sum C$——技术间歇、组织间歇、组织搭接时间之和。

【例 2.2】某输配电工程有甲、乙、丙、丁四个施工过程，分为两个施工段，各个施工过程的流水节拍均为 3d，乙过程完成后，停 2d 才能进行丙过程，请组织流水施工。

解：由已知条件知，各施工过程的流水节拍均相等，可以组织固定节拍流水施工，流水步距 $k=t=3$ 天，$Z_1=2$ 天。

① 计算流水步距：

$$K_{i,i+1}=t_i+(Z_1+Z_2-C)$$
$$K_{甲,\,乙}=3+0-0=3(\text{d})$$
$$K_{乙,\,丙}=3+2-0=5(\text{d})$$
$$K_{丙,\,丁}=3+0-0=3(\text{d})$$

② 计算流水施工工期：

$$T=(m+n-1)t+\sum Z_1+\sum Z_2-\sum C$$
$$=(2+4-1)\times3+2-0$$
$$=17(\text{d})$$

③ 用横线图绘制流水施工进度计划，见图 2.6。

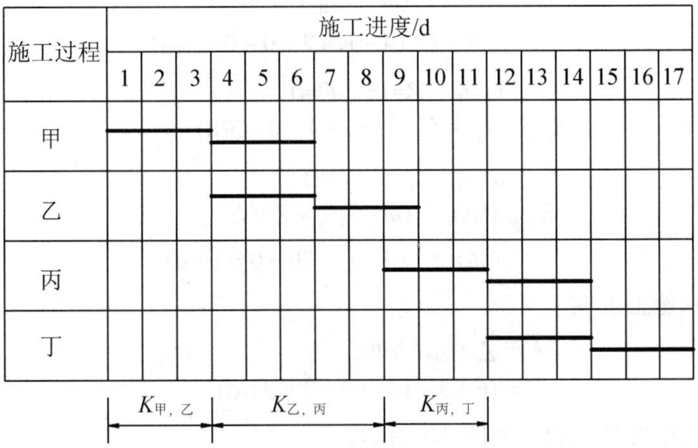

施工过程	施工进度/d																
	1	2	3	4	5	6	7	8	9	10	11	12	13	14	15	16	17
甲																	
乙																	
丙																	
丁																	

图 2.6　施工进度横道图

2.3.3　异节奏流水施工

在组织流水施工时常常遇到这样的问题：如果某施工过程要求尽快完成，或某施工过程的工程量过少，这种情况下，这一施工过程的流水节拍就小；如果某施工过程由于工作面受限制，不能投入较多的人力或机械，这一施工过程的流水节拍就大。这就出现了各施工过程的流水节拍不能相等的情况，这时可组织异节奏流水施工。

1. 异节拍流水施工

异节拍流水施工指同一施工过程在各个施工段的流水节拍相等，不同施工过程之间的流水节拍不一定相等的流水施工方式。

1) 特征

(1) 同一施工过程流水节拍相等，不同施工过程流水节拍不一定相等。

(2) 各个施工过程之间的流水步距不一定相等。

2) 异节拍流水步距的确定

$$K_{i,i+1} = t_i + Z - C(当 t_i \leqslant t_{i+1})$$

$$K_{i,i+1} = mt_i - (m-1)t_{i+1} + Z - C(当 t_i > t_{i+1})$$

3) 异节拍流水施工工期的计算

$$T_L = \sum K_{i,i+1} + T_n = \sum K_{i,i+1} + mt_n$$

【例 2.3】 某工程划分为 A、B、C、D 四个施工过程，分为四个施工段，各施工过程的流水节拍分别为：t_A=3d，t_B=2d，t_C=5d，t_D=2d，B 施工过程完成后需有 1d 的技术间歇时间。试求各施工过程之间的流水步距及该工程的工期。

解：

(1) 计算流水步距：$K_{A,B}$、$K_{B,C}$、$K_{C,D}$

$$t_A > t_B \quad Z=0 \quad C=0$$

$$K_{A,B} = mt_A - (m-1)t_B + Z - C$$

$$= 4 \times 3 - (4-1) \times 2 + 0 - 0 = 6(d)$$

$$t_B < t_C \quad Z=1d \quad C=0$$

$$K_{B,C} = t_B + Z - C = 2 + 1 - 0 = 3(d)$$

$$t_C > t_D \quad Z=0 \quad C=0$$

$$K_{C,D} = mt_C - (m-1)t_D + Z - C$$

$$= 4 \times 5 - (4-1) \times 20 - 0 = 14(d)$$

(2) 计算流水施工工期

$$T = \sum K_{i,i+1} + mt_n$$

$$= (6+3+14) + 4 \times 2 = 31(d)$$

(3) 绘制施工进度计划表，如图 2.7 所示。

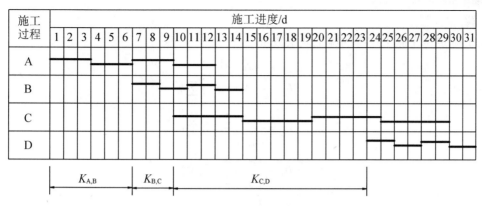

图 2.7　异节拍流水施工横道图

2. 成倍节拍流水施工

当各施工过程在同一施工段上的流水节拍彼此不等而存在最大公约数时，为加快流水施工速度，可按最大公约数的倍数确定每个施工过程的专业工作队，这样便构成了一个工期最短的成倍节拍流水施工方案。

1) 成倍节拍流水施工的特点

(1) 同一施工过程在各施工段上的流水节拍彼此相等，不同的施工过程在同一施工段上的流水节拍彼此不同，但互为倍数关系。

(2) 流水步距彼此相等，且等于流水节拍的最大公约数。

(3) 各专业工作队都能够保证连续施工，施工段没有空闲。

(4) 专业工作队数大于施工过程数，即 $n' > n$。

2) 流水步距的确定

$$K_{i,\,i+1} = K_b = t_{min} \tag{2-8}$$

式中：K_b——成倍节拍流水步距，取流水节拍的最大公约数，即所有流水节拍最小值。

3) 每个施工过程的施工队组确定

$$b_i = \frac{t_i}{K_b} \qquad n' = \sum b_i \tag{2-9}$$

式中：b_i——某施工过程所需施工队组数；

n'——专业施工队组总数目。

4) 施工段的划分

(1) 不分施工层时，可按划分施工段的原则确定施工段数，一般取 $m = n'$。

(2) 分施工层时，每层的最少施工段数可按式(2-10)确定

$$m = n' + \frac{\sum Z_1 + \sum Z_2 + \sum Z_3 - \sum C}{K} \tag{2-10}$$

5) 流水施工工期

$$T = (m + n' - 1)K_b + \sum(Z_1 + Z_2 - C) \tag{2-11}$$

【例 2.4】某工程有 A、B、C、D 四个施工过程，$m=6$，流水节拍分别为：$t_A=2d$，$t_B=6d$，$t_C=4d$，$t_D=2d$，试组织成倍节拍流水施工。

解:

(1) 确定每个施工过程的施工队组数量

$$t_{min}=2d$$

$$b_i = \frac{t_i}{K_b} \qquad n' = \sum b_i$$

$$b_A = \frac{t_A}{t_{min}} = \frac{2}{2} = 1(个)$$

$$b_B = \frac{t_B}{t_{min}} = \frac{6}{2} = 3(个)$$

$$b_C = \frac{t_C}{t_{min}} = \frac{4}{2} = 2(个)$$

$$b_D = \frac{t_D}{t_{min}} = \frac{2}{2} = 1(个)$$

施工班组总数 $\qquad n' = \sum b_i = 1 + 3 + 2 + 1 = 7(个)$

(2) 流水步距 $\qquad K_{i,i+1} = t_{min} = 2(d)$

(3) 流水施工工期为 $\qquad T = (m + n' - 1)t_{min}$

$$=(6+7-1)\times 2=24(d)$$

根据计算的流水参数绘制施工进度计划表, 如图 2.8 所示。

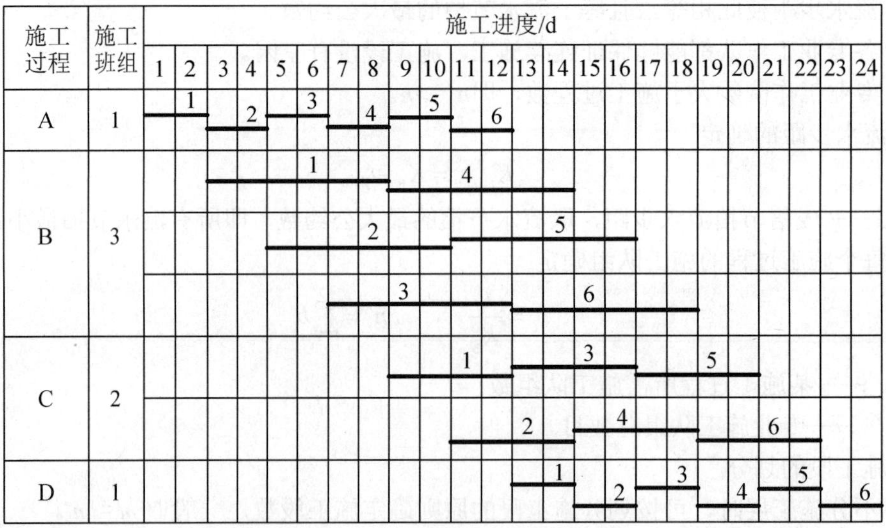

施工过程	施工班组	施工进度/d
A	1	
B	3	
C	2	
D	1	

图 2.8 成倍节拍流水施工横道图

2.3.4 无节奏流水施工

无节奏流水施工又称分别流水施工, 是指同一施工过程在各施工段上的流水节拍不全相等, 不同的施工过程之间流水节拍也不相等的一种流水施工方式。这种组织施工的方式, 在进度安排上比较自由、灵活, 是实际工程组织施工最普遍、最常用的一种方法。

1. 无节奏流水施工的特点

(1) 同一施工过程在各施工段上的流水节拍有一个以上不相等。

(2) 各施工过程在同一施工段上的流水节拍也不尽相等。

(3) 保证各专业队(组)连续施工，施工段上可以有空闲。

(4) 施工队组数 n' 等于施工过程数 n。

2. 流水步距的计算

组织无节奏流水施工时，为保证各施工专业队(组)连续施工，关键在于确定适当的流水步距，常用的方法是"累加数列、错位相减、取大差值"。就是将每一施工过程在各施工段上的流水节拍累加成一个数列，两个相邻施工过程的累加数列错一位相减，在几个差值中取一个最大的，即是这两个相邻施工过程的流水步距，这种方法称为最大差法。由于这种方法是由潘特考夫斯基首先提出的，故又称为潘特考夫斯基法。这种方法简捷、准确，便于掌握。

3. 流水工期的计算

无节奏流水施工的工期可按下式计算：

$$T = \sum K_{i,i+1} + T_n + \sum (Z_1 + Z_2 - C) \tag{2-12}$$

式中：$\sum K_{i,i+1}$——流水步距之和。

【例2.5】某工程有四个施工过程，分四个施工段，流水节拍如下表所示，计算流水步距和工期。

施工过程 \ 施工段	1	2	3	4
A	4	2	1	4
B	2	3	2	3
C	2	3	2	3
D	1	4	3	1

解：

(1) 计算流水步距(累加斜减取大差法)

① 求 $B_{A,B}$

$$
\begin{array}{r}
4\ \ 6\ \ 7\ \ 11 \\
-\quad 2\ \ 5\ \ 7\ \ 10 \\
\hline
4\ \ 4\ \ 2\ \ 4\ -10
\end{array}
\qquad K_{A,B}=4(d)
$$

② 求 $B_{B,C}$

$$
\begin{array}{r}
2\ \ 5\ \ 7\ \ 10 \\
-\quad 2\ \ 5\ \ 7\ \ 10 \\
\hline
2\ \ 3\ \ 2\ \ 3\ -10
\end{array}
\qquad K_{B,C}=3(d)
$$

③ 求 $B_{C,D}$

$$
\begin{array}{cccc}
2 & 5 & 7 & 10 \\
- \quad 1 & 5 & 8 & 9 \\
\hline
2 & 4 & 2 & 2 -9
\end{array}
$$
$K_{C,D}=4(d)$

(2) 流水施工工期计算

$$T = \sum K_{i,i+1} + T_n = (4+3+4) + (1+4+3+1) = 11 + 9 = 20(d)$$

绘制施工进度图,如图 2.9 所示。

施工过程	施工进度/d

施工过程	1	2	3	4	5	6	7	8	9	10	11	12	13	14	15	16	17	18	19	20
A		1				2	3			4										
B						1		2			3		4							
C								1		2			3			4				
D												1			2			3		4

图 2.9　无节奏流水施工横道图

习　题

1. 施工组织有哪三种方式?各自有什么特点?

2. 流水施工组织有哪些要点?

3. 流水施工组织有哪些主要参数?各自的含义及确定方法。

4. 流水施工按节奏划分可分几类?它的适用范围如何?

5. 工程外墙装修工程有水刷石、陶瓷锦砖(马赛克)、干粘石三种装饰内容,在一个流水段上的工程量分别为 40m², 85m², 124m²;采用的劳动定额分别为 3.6m²/工日、0.435 工日/m²、4.2m²/工日。求各装饰分项的劳动量;此墙共有 5 段,如每天工作一班每班 12 人做,则装饰工程的工期为多少天?

6. 某工程墙体工程量为 1026m³,采用的产量定额为 1.04m³/工日,一班制施工,要求 30 天内完成。求:(1)砌墙所需的劳动工日数;(2)砌墙每天所需的施工人数。

7. 某四层砖混结构,基础需 40 天,主体墙需 240 天,屋面防水层需 10 天,现每层均匀分两段,一个结构层为两个施工层,则基础、主体墙及屋面防水层的节拍各为多少?

8. 试绘制某二层现浇钢筋混凝土楼盖工程的流水施工进度表。已知:框架平面尺寸为 17.4m×144m,沿长度方向每隔 48m 留一道伸缩缝;且知 $t_{楼}=4$ 天,$t_{筋}=2$ 天,$t_{混凝土}=2$ 天,混凝土浇好后在其上立模需 2 天养护(层间间歇)。

9. 有一幢四层砖混结构的主体工程分砌砖、浇圈梁、搁板三个施工过程，它们的节拍均为 6 天，圈梁需 3 天养护。如分 3 段能否组织有节奏流水施工，组织此施工则需分几段，工期为多少？画出横道图。

10. 根据下表所给数据组织无节奏流水(两种方法)，绘制横道图，并作必要的计算。

	I	II	III	IV
一	3	2	4	2
二	5	3	5	1
三	2	2	3	4
四	4	2	2	3

11. 某工程由 A、B、C、D 四个施工过程组成，划分两个施工层组织流水施工。施工过程 B 完成后需养护一天 C 才能施工，且层间技术间歇为 1 天，流水节拍均为 1 天。为了保证工作队连续作业，试确定施工段数，计算工期，绘制流水施工进度。

单元 3　网络技术原理

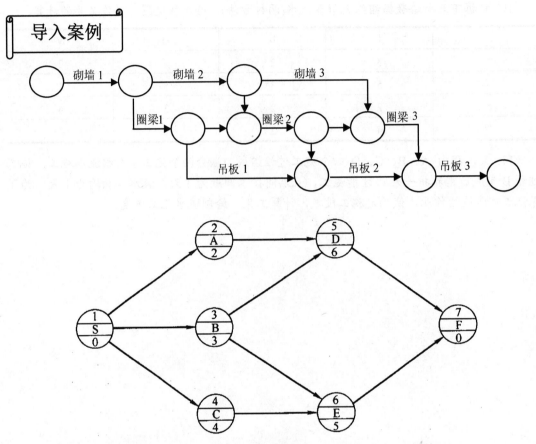

通过本单元的学习，我们将能够掌握案例中的两种网络计划图的基本特点和表示方法。

内容提要

本单元主要介绍网络计划的基本概念、网络图的绘制方法、网络计划的编制、双代号网络计划时间参数的计算方法。

技能目标

● 了解网络计划的基本原理及分类，熟悉双代号网络图的构成，工作之间常见的逻辑关系。
● 掌握双代号网络图的绘制。
● 掌握双代号网络计划参数计算。

3.1　网络计划概述

【学习目标】

了解网络计划的概念及分类。

网络计划技术是 20 世纪 50 年代后期发展起来的一种科学管理方法。编制网络计划首先应熟悉网络计划的基本原理、网络计划的分类、网络图的基本知识与网络计划的基本概念等。

3.1.1　网络计划的基本原理

工程组织施工中，常用的进度计划表达形式有两种：横道图与网络计划。横道图计划的优点是编制容易、简单、明了、直观、易懂。因为有时间坐标，各项工作的施工起讫时间、作业持续时间、工作进度、总工期以及流水作业的情况等都表示得清楚明确，一目了然。对人力和资源的计算也便于据图叠加。它的缺点主要是不能明确地反映出各项工作之间错综复杂的逻辑关系，不便于对各工作进行提前或拖延的影响分析及动态控制，不能明确地反映出影响工期的关键工作和关键线路，不便于进度控制人员抓住主要矛盾，不能反映出非关键工作所具有的机动时间，不能明确反映计划的潜力所在，特别是不便于计算机的利用。这些缺点的存在，对改进和加强施工管理工作是不利的。

网络计划能够明确地反映出各项工作之间错综复杂的逻辑关系。通过网络计划时间参数的计算，可以找出关键工作和关键线路；通过网络计划时间参数的计算，可以明确各项工作的机动时间；网络计划可以利用计算机进行计算。

网络计划的基本原理是：首先应用网络图的形式来表达一项工程中各项工作之间错综复杂的相互关系及其先后顺序；然后通过计算找出计划中的关键工作及关键线路，接着通过不断地改进网络计划，寻求最优方案并付诸实施；最后在计划执行过程中进行有效的监测和控制，以达到合理使用资源、优质、高效、低耗地完成预定的工作。

建设工程施工项目网络计划安排的流程：调查研究确定施工顺序及施工工作组成；理顺施工工作的先后关系并用网络图表示；计算或计划施工工作所需持续时间；制订网络计划；不断优化、控制、调整。因此网络计划技术不仅是一种科学的管理方法，同时也是一种科学的动态控制方法。

3.1.2　网络计划的分类

1. 按性质分类

根据工作、工作之间的逻辑关系以及工作持续时间是否确定的性质，网络计划可分为肯定型网络计划和非肯定型网络计划。

1) 肯定型网络计划(Deterministic network)

工作、工作之间的逻辑关系以及工作持续时间都肯定的网络计划称肯定型网络计划。肯定型网络计划包括关键线路法网络计划和搭接网络计划法。

(1) 关键线路法(Critical path method，CPM)：计划中所有工作都必须按既定的逻辑关系全部完成，且对每项工作只估定一个肯定的持续时间的网络计划技术称关键线路法网络计划，如图 3.1 所示。

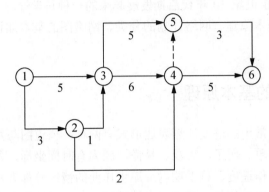

图 3.1　某网络计划

(2) 搭接网络计划法(Multi-dependency network)：网络计划中，前后工作之间可能有多种顺序关系的肯定型网络计划称搭接网络计划法，如图 3.2 所示。

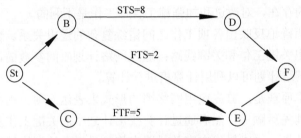

图 3.2　某搭接网络图

2) 非肯定型网络计划(Undeterministic network)

工作、工作之间的逻辑关系和工作持续时间三者中任一项或多项不肯定的网络计划称非肯定型网络计划。非肯定型网络计划包括计划评审技术、图示评审技术、决策网络计划法和风险评审技术。

(1) 计划评审技术(Program evaluation and review technique，PERT)：计划中所有工作都必须按既定的逻辑关系全部完成，但工作的持续时间不肯定，应进行时间参数估算，并对按期完成任务的可能性做出评价的网络计划技术称计划评审技术。

(2) 图示评审技术(Graphical evaluation and review rechnique，GERT)：计划中工作和工作之间的逻辑关系都具有不肯定性质，且工作持续时间也不肯定，而按随机变量进行分析的网络计划技术称图示评审技术。

(3) 决策网络计划法(Decision network，DN)：计划中某些工作是否进行，要依据上一步工作执行结果作决策，并估计相应的任务完成时间及其实现概率的网络计划技术为决策网络计划法。

(4) 风险评审技术(Venture evaluation and review technique，VERT)：对工作、工作之间的逻辑关系和工作持续时间都不肯定的计划，可同时就费用、时间、效能三方面作综合分析，并对可能发生的风险作概率估计的网络计划技术为风险评审技术。

2. 按目标分类

按计划目标的多少，网络计划可分为单目标网络计划和多目标网络计划。

(1) 单目标网络计划(Single-destination network)。

只有一个终点节点的网络计划称单目标网络计划。

(2) 多目标网络计划(Multi-destination network)。

终点节点不止一个的网络计划称多目标网络计划。

3. 按层次分类

根据网络计划的工程对象不同和使用范围大小不同，网络计划可分为分级网络计划、总网络计划和局部网络计划。

(1) 分级网络计划(Hierarchial network)。

根据不同管理层次的需要而编制的范围大小不同、详略程度不同的网络计划称为分级网络计划。

(2) 总网络计划(Major network)。

以整个计划任务为对象编制的网络计划称为总网络计划。

(3) 局部网络计划(Subnet work)。

以计划任务的某一部分为对象编制的网络计划称为局部网络计划。

4. 按表达方式分类

根据计划时间的表达不同，网络计划可分为时标网络计划和非时标网络计划。

(1) 时标网络计划(Time-coordinate network)。

以时间坐标为尺度绘制的网络计划称为时标网络计划，如图 3.3 所示。

(2) 非时标网络计划(Non standard-coordinate network)。

不按时间坐标绘制的网络计划称为非时标网络计划，如图 3.1 所示。

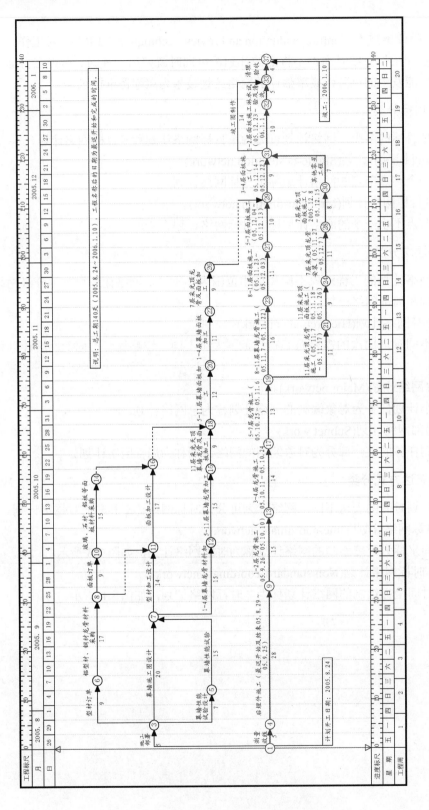

图 3.3　某时标网络计划

3.1.3 网络图的逻辑关系

逻辑关系(Logical relations)是指工作进行时客观上存在的一种相互制约或者相互依赖的关系，也就是工作之间的先后顺序关系。在表示工程施工计划的网络图中，根据施工工艺和施工组织的要求，逻辑关系包括工艺逻辑关系和组织逻辑关系。逻辑关系应正确反映各项工作之间的相互依赖、相互制约关系，这也是网络图与横道图的最大不同之处。各工作之间的逻辑关系表示是否正确，是网络图能否反映实际情况的关键，也是网络计划实施的重要依据。

1. 工艺逻辑关系

工艺逻辑关系(Process relations)是生产性工作之间由工艺技术决定的，非生产性工作之间由程序决定的先后顺序关系。如图 3.4 所示，挖土 1→垫层 1→基础 1→回填 1；挖土 2→垫层 2→基础 2→回填 2 为工艺逻辑关系。

2. 组织逻辑关系

组织逻辑关系(Organizational relation)是工作之间由于组织安排需要或资源调配需要而规定的先后顺序关系。如图 3.4 所示，挖土 1→挖土 2；垫层 1→垫层 2；基础 1→基础 2；回填 1→回填 2 为组织逻辑关系。

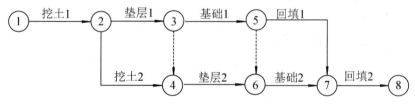

图 3.4 某基础工程网络计划

3. 虚工作

虚工作不是一项具体的工作，它既不消耗时间，也不消耗资源，在双代号网络图中仅表示一种逻辑关系。虚工作常用的表示方法如图 3.5 所示。

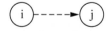

图 3.5 虚工作的表示方法

虚工作在双代号网络图中具有特殊的作用，如基础工程开挖，施工过程依次为挖土、混凝土垫层、混凝土基础、回填土 4 个施工过程，施工段数为 2，如图 3.4 所示。图 3.6 是张错误的网络图，该图表明：③号节点表示第二施工段的挖土(挖土 2)与第一施工段的基础(基础 1)有逻辑关系；同样④号节点表明第二施工段垫层(垫层 2)与第一施工段的回填土(回填 1)有逻辑关系。事实上，挖土 2 与基础 1、垫层 2 与回填 1 均没有逻辑关系。因此，为了正确表达这种逻辑关系而引入虚工作，形成如图 3.4 所示的网络图，图 3.4 正确表达了各工作之间的逻辑关系。

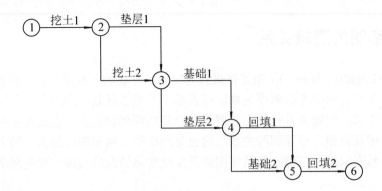

图 3.6 错误的网络图

4. 工作的先后关系与中间节点的双重性

1) 紧前工作(Front closely activity)

紧前工作是紧排在本工作(被研究的工作)之前的工作。

2) 紧后工作(Back closely activity)

紧后工作是紧排在本工作之后的工作。

3) 平行工作(Concurrent activity)

与本工作同时进行的工作称平行工作。

4) 先行工作(Preceding activity)

自起点节点至本工作之前各条线路上的所有工作为先行工作。

5) 后续工作(Succeeding activity)

本工作之后至终点节点各条线路上的所有工作为后续工作。

6) 起始工作(Start activity)

没有紧前工作的工作称起始工作。

7) 结束工作(End activity)

没有紧后工作的工作称结束工作。

如图 3.7 所示，i-j 工作为本工作，h-i 工作为 i-j 工作的紧前工作，j-k 工作为 i-j 工作的紧后工作，i-j 工作之前的所有工作的先行工作，i-j 工作之后的所有工作为后续工作。

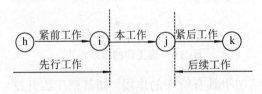

图 3.7 工作的先后关系

3.1.4 双代号网络图

网络图是由箭线和节点组成，用来表示工作流程的有向、有序的网状图。网络图中，按节点和箭线所代表的含义不同，可分为双代号网络图和单代号网络图，其中双代号网络图在我国建筑行业应用较多。

双代号网络图由若干表示工作的箭线和节点组成，其中每一项工作都用一根箭线和箭线两端的两个节点来表示，箭线两端节点的号码即代表该箭线所表示的工作，"双代号"的名称由此而来(比如图 3.1 即为双代号网络图)。双代号网络图的基本三要素为箭线、节点和线路。

1. 箭线

在双代号网络图中，一条箭线与其两端的节点表示一项工作。箭线表达的内容有以下几个方面。

(1) 一条箭线表示一项工作或表示一个施工过程。根据网络计划的性质和作用的不同，工作既可以是一个简单的施工过程，如挖土、垫层、支模板、绑扎钢筋、浇注混凝土等分项工程或者基础工程、主体工程、装修工程等分部工程，也可以是一项复杂的工程任务，如教学楼土建工程中的单位工程或者教学楼工程等单项工程。如何确定一项工作的大小范围取决于所绘制的网络计划的控制性或指导性作用。

(2) 一条箭线表示一项工作所消耗的时间。一般而言，每项工作的完成都要消耗一定的时间和资源，如砌砖墙、绑扎钢筋、浇混凝土等；也存在只消耗时间而不消耗资源的工作，如混凝土养护、砂浆找平层干燥等技术间歇，有时可以作为一项工作考虑。双代号网络图的工作名称或代号写在箭线上方，完成该工作的持续时间写在箭线的下方，如图 3.8 所示。

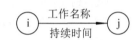

图 3.8　双代号网络图示意

(3) 在无时间坐标的网络图中，箭线的长度不代表时间的长短。原则上讲，箭线的形状怎么画都行，箭线可以画成直线、折线或斜线，但不得中断，箭线尽可能以水平直线为主且必须满足网络图的绘制规则。在有时间坐标的网络图中，其箭线的长度必须根据完成该项工作所需时间长短绘制。

(4) 箭线的方向表示工作进行的方向，箭尾表示工作的开始，箭头表示工作的结束。

2. 节点

网络图中箭线端部的圆圈或其他形状的封闭图形就是节点。在双代号网络图中，它表示工作之间的逻辑关系。节点表示的内容有以下几个方面。

(1) 节点表示前面工作结束和后面工作开始的瞬间，所以节点不需要消耗时间和资源。

(2) 箭线的箭尾节点表示该工作的开始，箭线的箭头节点表示该工作的结束。

(3) 根据节点在网络图中的位置不同可以分为起点节点、终点节点和中间节点。起点节点是网络图的第一个节点，表示一项任务的开始。终点节点是网络图的最后一个节点，表示一项任务的完成。除起点节点和终点节点以外的节点称为中间节点，中间节点具有双重的含义，既是前面工作的箭头节点，也是后面工作的箭尾节点。如图 3.1 所示，①号节点为起点节点；⑥号节点为终点节点；②号节点表示 1-2 工作的结束，也表示 2-3 工作、2-4 工作的开始。

3. 线路

网络图中从起始节点开始，沿箭线方向连续通过一系列箭线和节点，最后到达终点节点的通路称为线路。如图 3.1 所示的网络计划中线路有：①→③→⑤→⑥、①→③→④→

⑤→⑥、①→③→④→⑥、①→②→③→⑤→⑥、①→②→③→④→⑤→⑥、①→②→③→④→⑥、①→②→④→⑤→⑥、①→②→④→⑥等 8 条线路。

4. 关键线路与关键工作

1) 关键线路和非关键线路

在关键线路(CPM)法(含双代号网络图)中，线路上总持续时间最长的线路为关键线路。如图 3.1 所示，线路①→③→④→⑥总持续时间最长，即为关键线路。关键线路是工作控制的重点线路。关键线路用双线或红线标示，关键线路的总持续时间就是网络计划的工期。

在网络计划中，关键线路至少一条，而且在计划执行过程中，关键线路还会发生转变。不是关键线路的线路为非关键线路。如图 3.1 所示，线路①→②→③→④→⑤→⑥、①→②→③→④→⑥、①→②→③→⑤→⑥、①→②→④→⑤→⑥和①→②→④→⑥均为非关键线路。

2) 关键工作和非关键工作

关键线路上的工作称为关键工作，是施工中重点控制对象，关键工作的实际进度拖后一定会对总工期产生影响。不是关键工作就是非关键工作。非关键工作有一定的机动时间。

关键线路上的工作一定没有非关键工作；非关键线路上至少有一个工作是非关键工作，有可能有关键工作，也可能没有关键工作。

如图 3.1 所示，①→③、③→④、④→⑥等是关键工作，①→②、②→③、③→⑤、②→④、⑤→⑥等是非关键工作。

3.2 双代号网络图的绘制

【学习目标】

掌握双代号网络图的绘制原则、方法及参数计算。

3.2.1 绘制双代号网络图的基本原则

双代号网络图是反映各工作之间先后顺序的网状图，是双代号网络计划的基础。双代号网络图应按规则进行绘制。

(1) 双代号网络图必须表达正确的逻辑关系。

① A 完成后，进行 B 和 C，表达方式如图 3.9 所示。

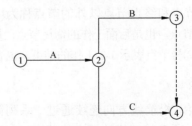

图 3.9　网络图逻辑关系表达示例 1

② A、B 完成后，进行 C 和 D，表达方式如图 3.10 所示。

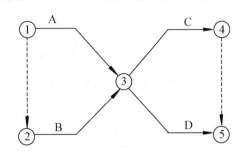

图 3.10　网络图逻辑关系表达示例 2

③ A、B 完成后，进行 C，表达方式如图 3.11 所示。

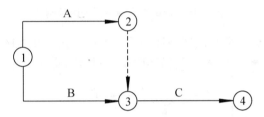

图 3.11　网络图逻辑关系表达示例 3

④ A 完成后，进行 C，A、B 完成后，进行 D，表达方式如图 3.12 所示。

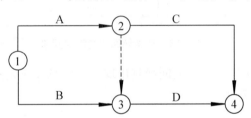

图 3.12　网络图逻辑关系表达示例 4

⑤ A、B 完成后，进行 D；A、B、C 完成后，进行 E；D、E 完成后，进行 F，表达方式如图 3.13 所示。

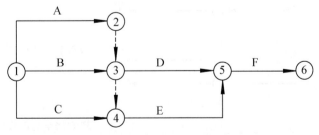

图 3.13　网络图逻辑关系表达示例 5

⑥ A、B 活动分为三个施工段：A_1 完成后进行 A_2、B_1，A_2 完成后进行 A_3；A_2 及 B_1 完成后进行 B_2，A_3 及 B_2 完成后进行 B_3。表达方式如图 3.14 所示。

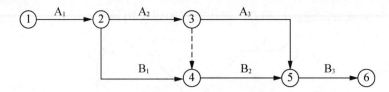

图 3.14　网络图分段施工逻辑关系表达示例

⑦　A 完成后，进行 B；B、C 完成后，进行 D，表达方式如图 3.15 所示。

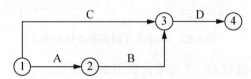

图 3.15　网络图逻辑关系表达示例 6

(2)　双代号网络图中，严禁出现循环回路，表达方式如图 3.16 所示。
图中②──→④──→⑤──→③是循环回路，网络图绘制错误。

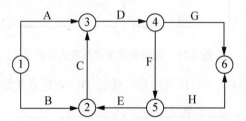

图 3.16　有循环回路的错误网络

(3)　双代号网络图中，在节点之间严禁出现带双向箭头或无箭头的连线，它会导致工作顺序不明确，如图 3.17 所示。

图 3.17　有双向箭头的错误网络

(4)　严禁出现没有箭头节点或没有箭尾节点的箭线，如图 3.18 所示。

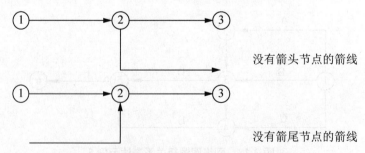

图 3.18　没有箭头节点或没有箭尾节点的错误网络

(5)　一条箭线只能代表一个施工过程，一条箭线箭头节点的编号必须大于箭尾节点编号，一张网络图节点编号顺序一般是从左至右，从上到下进行编号，节点编号不能重复，按自然数从小到大编号，也可以跳号，两个代号只能代表一个施工过程，如图 3.19 所示。

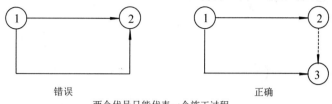

图 3.19　网络图示例 1

(6)　当双代号网络图的某些节点有多条外向箭线或多条内向箭线时，在保证一项工作应只有唯一的一条箭线和相应的一对节点编号表示的前提下，可使用母线法绘图(不多用)，如图 3.20 所示。

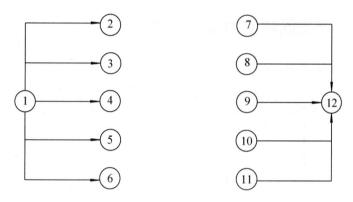

图 3.20　网络图示例 2

(7)　绘制网络图时，箭线不宜交叉，当交叉不可避免时，可用过桥法或指向法，如图 3.21 所示。

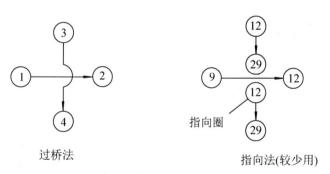

图 3.21　网络图示例 3

(8)　双代号网络图中只有一个起点节点，在不分期完成任务的网络图中，只有一个终点节点，而其他所有节点均应是中间节点，如图 3.22 所示。

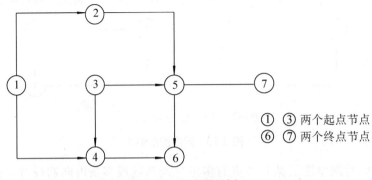

① ③ 两个起点节点
⑥ ⑦ 两个终点节点

图 3.22　网络图示例 4

3.2.2　双代号施工网络图的排列方法

(1)　工艺顺序按水平方向排列，如图 3.23 所示。

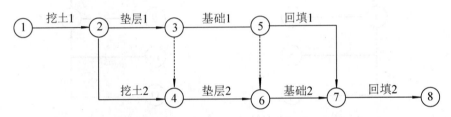

图 3.23　工艺顺序按水平方向排列的网络

(2)　施工段按水平方向排列，如图 3.24 所示。

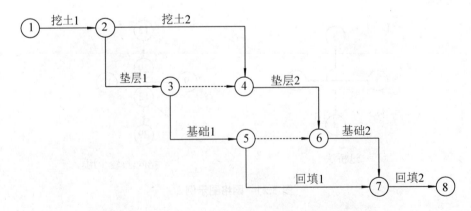

图 3.24　施工段按水平方向排列的网络

3.2.3 绘制网络图应注意的问题

(1) 层次分明、重点突出。

(2) 构图形式要简捷、易懂(如图 3.25 所示)。

(3) 正确应用虚箭线(如图 3.26 所示)。

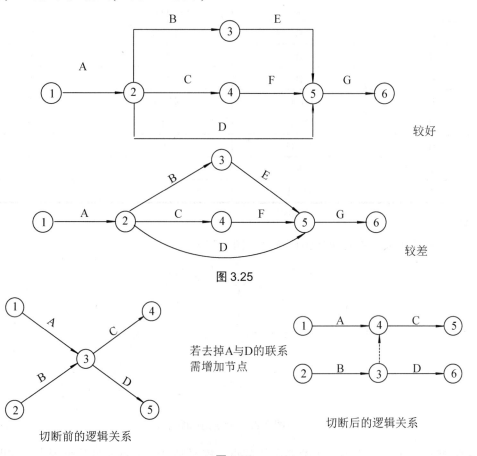

图 3.25

图 3.26

3.2.4 双代号网络图的绘制方法

1. 绘制步骤

(1) 编制各工作之间的逻辑关系表。

(2) 按逻辑关系表连接各工作之间的箭线,绘制网络图的草图,注意逻辑关系的正确和虚工作的正确使用。

(3) 整理成正式的网络图。

2. 双代号网络图绘制实例

根据下表中的逻辑关系，绘制双代号网络图并进行节点编号。

施工过程	紧前工作	紧后工作	持续时间(周)
A	—	B	3
B	A	C、D、E	2
C	B	F、G	6
D	B	F	5
E	B	G	3
F	C、D	H、I	2
G	C、E	H	7
H	F、G	J	4
I	F	J	5
J	H、I	—	4

解:

(1) 根据逻辑关系绘制网络图草图，如图 3.27 所示。

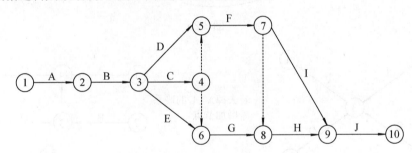

图 3.27　网络图草图

(2) 整理成正式网络图：去掉多余的节点，横平竖直，节点编号从小到大，如图 3.28 所示。

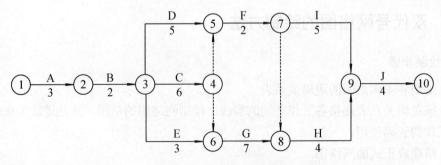

图 3.28　正式网络图

3.2.5　双代号网络计划

网络计划是在网络图上加注各项工作的时间参数而成的进度计划。双代号网络计划的编制和时间参数的计算常采用工作计算法、节点计算法、标号法和时标网络计划。

1. 计算网络计划时间参数的目的

(1) 通过计算时间参数，可以确定工期。

(2) 通过计算时间参数，可以确定关键线路、关键工作、非关键线路和非关键工作。

(3) 通过计算时间参数，可以确定非关键工作的机动时间(时差)。

2. 网络计划的时间参数

1) 工作持续时间(duration)(D_{i-j})

是指一项工作或施工过程从开始到完成所需的时间。

2) 工作最早时间参数

最早时间参数表明本工作与紧前工作的关系，如果本工作要提前的话，不能提前到紧前工作未完成之前，就整个网络图而言，最早时间参数受到开始节点的制约，计算时，从开始节点出发，顺着箭线用加法。

(1) 最早开始时间(earliest start time)(ES_{i-j})：在紧前工作约束下，工作有可能开始的最早时刻。

(2) 最早完成时间(earliest finish time)(EF_{i-j})：在紧前工作约束下，工作有可能完成的最早时刻。

3) 工作最迟时间参数

最迟时间参数表明本工作与紧后工作的关系，如果本工作要推迟的话，不能推迟到紧后工作最迟必须开始之后，就整个网络图而言，最迟时间参数受到紧后工作和结束节点的制约，计算时从结束节点出发，逆着箭线用减法。

(1) 最迟开始时间(lastest start time)(LS_{i-j})：在不影响任务按期完成或要求的条件下，工作最迟必须开始的时刻。

(2) 最迟完成时间(lastest finish time)(LF_{i-j})：在不影响任务按期完成或要求的条件下，工作最迟必须完成的时刻。

4) 时差

(1) 总时差(total float)(TF_{i-j})：总时差是指不影响紧后工作最迟开始时间所具有的机动时间，或不影响工期前提下的机动时间。

(2) 自由时差(free float)(FF_{i-j})：自由时差是指在不影响紧后工作最早开始时间的前提下工作所具有的机动时间。

5) 工期

工期是指完成一项任务所需要的时间，在网络计划中工期一般有以下三种。

(1) 计算工期(calculated project duration)(T_c)：计算工期是根据网络计划计算而得的工期，用 T_c 表示。

(2) 要求工期(required project duration)(T_r)：要求工期是根据上级主管部门或建设单位的要求而定的工期，用 T_r 表示。

(3) 计划工期(planed project time)(T_p)：计划工期是根据要求工期和计算工期所确定的作为实施目标的工期，用 T_p 表示。

当规定了要求工期时，计划工期不应超过要求工期，即

$$T_p \leqslant T_r \tag{3-1}$$

当未规定要求工期时，可令计划工期等于计算工期，即

$$T_p = T_c \tag{3-2}$$

3．工作时间参数的表示

最早可能开始时间：$ES_{i\text{-}j}$

最早可能完成时间：$EF_{i\text{-}j}$

最迟必须开始时间：$LS_{i\text{-}j}$

最迟必须完成时间：$LF_{i\text{-}j}$

总时差：$TF_{i\text{-}j}$

自由时差：$FF_{i\text{-}j}$

工作持续的时间：$D_{i\text{-}j}$。

如图 3.29 所示，反映 i-j 工作的时间参数。

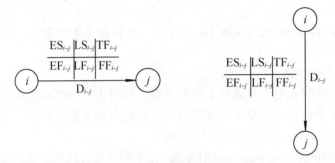

图 3.29　工作时间参数的表达

4．计算网络图各种时间参数

计算方法有分析计算法、图上计算法、表上计算法、矩阵计算法、点算法等。

图上计算法是根据分析计算法的计算公式，在图上直接计算的一种较常用的方法。下面以图 3.30 所示的网络图为例说明其各项工作时间参数的具体计算步骤。

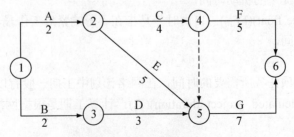

图 3.30　双代号网络图

1) 计算各工作的最早开始时间和最早完成时间 ES_{i-j} 和 EF_{i-j}

(1) 计算各工作的最早时间 ES_{i-j}。

$$ES_{i-j} = \max\{ES_{h-i} + D_{n-i}\} \tag{3-3}$$

第一项工作的最早开始时间为零。计算结果标注在箭线上方的第一行第一格内。

(2) 计算各工作最早完成时间 EF_{i-j}。

工作最早完成时间为工作 $i-j$ 的最早开始时间加其作业时间，即

$$EF_{i-j} = ES_{i-j} + D_{i-j} \tag{3-4}$$

计算结果标注在箭线上方第二行第一格内。

如图 3.30 所示的网络图中，各工作最早开始时间和最早完成时间计算如下：

$$EF_{1-2} = 0,$$
$$EF_{1-3} = 0,$$
$$EF_{2-4} = ES_{2-5} = ES_{1-2} + D_{1-2} = 0 + 2 = 2,$$
$$EF_{3-5} = ES_{1-3} + D_{1-3} = 0 + 2 = 2,$$
$$EF_{4-5} = ES_{4-6} = ES_{2-4} + D_{2-4} = 2 + 4 = 6,$$

$$EF_{5-6} = \max \begin{cases} ES_{2-5} + D_{2-5} = 2 + 5 = 7 \\ EF_{3-5} + D_{3-5} = 2 + 3 = 5 \\ EF_{4-5} + D_{4-5} = 6 + 0 = 0 \end{cases} \text{取最大值为7}$$

$$EF_{1-2} = ES_{1-2} + D_{1-2} = 0 + 2 = 2$$
$$EF_{1-3} = ES_{1-3} + D_{1-3} = 0 + 2 = 2$$
$$EF_{2-4} = ES_{2-4} + D_{2-4} = 2 + 4 = 6$$
$$EF_{2-5} = ES_{2-5} + D_{2-5} = 2 + 5 = 7$$
$$EF_{3-5} = ES_{3-5} + D_{3-5} = 2 + 3 = 5$$
$$EF_{4-5} = ES_{4-5} + D_{4-5} = 6 + 0 = 6$$
$$EF_{5-6} = ES_{5-6} + D_{5-6} = 7 + 7 = 14$$
$$EF_{4-6} = ES_{4-6} + D_{4-6} = 6 + 5 = 11$$

各工作最早开始时间和最早完成时间的计算结果如图 3.31 所示。

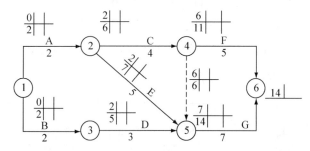

图 3.31　某网络计划最早时间的计算结果

2) 确定网络计划的计划工期

网络计划的计划工期应按公式(3-1)或公式(3-2)进行计算。在本例中，假设未规定要求工期时，网络计划的计划工期应等于计算工期，即以网络计划的终点节点为完成节点的各

个工作的最早完成时间的最大值。如图 3.31 所示，网络计划的计划工期为：

$$T_p = T_c = \max[EF_{5-6}, EF_{4-6}] = \max[14, 11] = 14$$

3) 计算各工作的最迟完成时间和最迟开始时间

(1) 计算各工作最迟完成时间 LF_{i-j}。

对所有进入终点节点的没有紧后工作的工作，最迟完成时间如下。

当工期无要求时，最后一项工作的最迟完成时间等于计算工期。

$$LF_{i-n} = T_p \tag{3-5}$$

$$LF_{i-j} = \min\left\{LF_{j-k} - t_{j-k}\right\} \tag{3-6}$$

计算结果标注在箭线上方第二行第二格内。

(2) 计算各工作的最迟开始时间 LS_{i-j}。

$$LS_{i-j} = LF_{i-j} - D_{i-j} \tag{3-7}$$

计算结果标注在箭线上方第一行第二格内。

如图 3.30 所示的网络图中，各工作的最迟完成时间和最迟开始时间计算如下：

$$LF_{5-6} = LF_{4-6} = T_p = 14$$

$$LF_{4-5} = LF_{2-5} = LF_{3-5} = LF_{5-6} - D_{5-6} = 14 - 7 = 7$$

$$LF_{2-4} = \min\begin{cases} LF_{4-5} - D_{4-5} = 7 - 0 = 7 \\ LF_{4-6} - D_{4-6} = 14 - 5 = 9 \end{cases} \text{取小值为7}$$

$$LF_{1-3} = LF_{3-5} - D_{3-5} = 7 - 3 = 4$$

$$LF_{1-2} = \min\begin{cases} LF_{2-4} - D_{2-4} = 7 - 0 = 7 \\ LF_{2-5} - D_{2-5} = 7 - 5 = 9 \end{cases} \text{取小值为2}$$

$$LS_{1-2} = LF_{1-2} - D_{1-2} = 2 - 2 = 0$$

$$LS_{1-3} = LF_{1-3} - D_{1-3} = 4 - 2 = 2$$

$$LS_{2-4} = LF_{2-4} - D_{2-4} = 7 - 4 = 3$$

$$LS_{2-5} = LF_{2-5} - D_{2-5} = 7 - 5 = 2$$

$$LS_{3-5} = LF_{3-5} - D_{3-5} = 7 - 3 = 4$$

$$LS_{4-5} = LF_{4-5} - D_{4-5} = 7 - 0 = 7$$

$$LS_{4-6} = LF_{4-6} - D_{4-6} = 14 - 5 = 9$$

$$LS_{5-6} = LF_{5-6} - D_{5-6} = 14 - 7 = 7$$

各工作最迟开始时间和最迟完成时间的计算结果如图3.32所示。

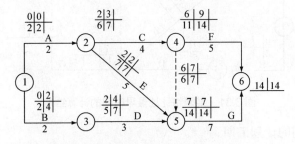

图 3.32　某网络计划最迟时间的计算结果

4) 各工作总时差的计算

(1) 总时差的计算方法。

总时差的计算公式为：

$$TF_{i\text{-}j} = LS_{i\text{-}j} - ES_{i\text{-}j} \tag{3-8}$$

或

$$TF_{i\text{-}j} = TF_{i\text{-}j} - EF_{i\text{-}j} \tag{3-9}$$

计算结果标注在箭线上方第一行第三格内。

图 3.30 中，工作的总时差计算如下，总时差计算结果如图 3.33 所示。

$$TF_{1-2} = LS_{1-2} - ES_{1-2} = 0 - 0 = 0$$
$$TF_{1-3} = LS_{1-3} - ES_{1-3} = 2 - 0 = 2$$
$$TF_{2-4} = LS_{2-4} - ES_{2-4} = 3 - 2 = 1$$
$$TF_{2-5} = LS_{2-5} - ES_{2-5} = 2 - 2 = 0$$
$$TF_{3-5} = LS_{3-5} - ES_{3-5} = 4 - 2 = 2$$
$$TF_{4-5} = LS_{4-5} - ES_{4-5} = 7 - 6 = 1$$
$$TF_{4-6} = LS_{4-6} - ES_{4-6} = 9 - 6 = 3$$
$$TF_{5-6} = LS_{5-6} - ES_{5-6} = 7 - 7 = 0$$

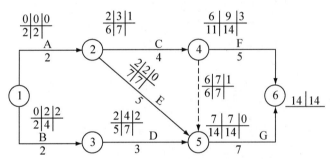

图 3.33　某网络计划总时差的计算结果

(2) 关于总时差的结论。

① 关键工作的确定。

根据 T_p 与 T_c 的大小关系，关键工作的总时差可能出现三种情况。

当 $T_p = T_c$ 时，关键工作的 TF=0；

当 $T_p > T_c$ 时，关键工作的 TF 均大于 0；

当 $T_p < T_c$ 时，关键工作的 TF 有可能出现负值(不科学)。

关键工作是施工过程中重点控制对象，根据 T_p 与 T_c 的大小关系及总时差的计算公式，总时差最小的工作为关键工作。

图 3.33 中，当 $T_p = T_c$ 时，关键工作的 TF=0，即工作①→②、工作②→⑤、工作⑤→⑥等是关键工作。

② 关键线路的确定。

在双代号网络图中，关键工作的连线为关键线路；

在双代号网络图中，当 $T_p = T_c$ 时，TF=0 的工作相连的线路为关键线路；

在双代号网络图中，总时间持续最长的线路是关键线路，其数值为计算工期。

图 3.33 中，关键线路为①→②→⑤→⑥。

③ 关键线路随着条件变化会发生转移。

定性分析：关键工作拖延，则工期拖延。因此，关键工作是重点控制对象。

定量分析：关键工作拖延时间即为工期拖延时间；但关键工作提前，则工期提前时间不大于该提前值。如关键工作拖延10天，则工期延长10天；关键工作提前10天，则工期提前不大于10天。

关键线路的条数：网络计划至少有一条关键线路，也可能有多条关键线路。随着工作时间的变化，关键线路也会发生变化。

5) 各工作自由时差的计算

(1) 自由时差计算公式。

根据自由时差概念，不影响紧后工作最早开始的前提下，自由时差的计算公式为：

$$FF_{i-j} = ES_{j-k} - EF_{i-j} \tag{3-10}$$

或

$$FF_{i-j} = ES_{j-k} - ES_{i-j} - D_{i-j} \tag{3-11}$$

计算结果标注在箭线上方第二行第三格内。

各工作自由时差的计算如下：

$$FF_{1-2} = ES_{2-4} - ES_{1-2} - D_{1-2} = 2 - 0 - 2 = 0$$
$$FF_{1-3} = ES_{3-5} - ES_{1-3} - D_{1-3} = 2 - 0 - 2 = 0$$
$$FF_{2-4} = ES_{4-6} - ES_{2-4} - D_{2-4} = 6 - 2 - 4 = 0$$
$$FF_{2-5} = ES_{5-6} - ES_{2-5} - D_{2-5} = 7 - 2 - 5 = 0$$
$$FF_{3-5} = ES_{5-6} - ES_{3-5} - D_{3-5} = 7 - 2 - 3 = 2$$
$$FF_{4-5} = ES_{5-6} - ES_{4-5} - D_{4-5} = 7 - 6 - 0 = 1$$
$$FF_{4-6} = T_p - ES_{4-6} - D_{4-6} = 14 - 6 - 5 = 3$$
$$FF_{5-6} = T_p - ES_{5-6} - D_{5-6} = 14 - 7 - 7 = 0$$

计算结果如图 3.34 所示。

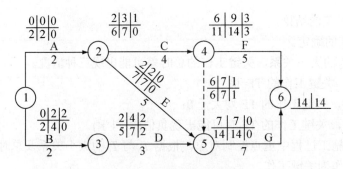

图 3.34 自由时差计算结果

(2) 自由时差的性质。

① 自由时差是线路总时差的分配，一般自由时差小于等于总时差，即

$$FF_{i-j} \leqslant TF_{i-j} \tag{3-12}$$

② 在一般情况下，非关键线路上各工作的自由时差之和等于该线路上可供利用的总时

差的最大值。

③ 自由时差仅本工作可以利用，不属于线路所共有。

习　　题

1. 什么是网络图？什么是网络计划？

2. 什么是逻辑关系？虚工作的作用是什么？举例说明。

3. 双代号网络图绘制规则有哪些？

4. 一般网络计划要计算哪些时间参数？简述各参数的符号。

5. 什么是总时差？什么是自由时差？两者有何关系？

6. 什么是关键线路？对于双代号网络计划和单代号网络计划如何判断关键线路？

7. 简述双代号网络计划中工作计算法的计算步骤。

8. 已知工作之间的逻辑关系如下列各表所示，试绘制双代号网络图。

1)

工　作	A	B	C	D	E	F	G
紧前工作	C、D	E、G	—	—	—	D、G	—

2)

工　作	A	B	C	D	E	G	H	I	J
紧前工作	E	H、A	J、G	H、I、A	—	H、A	—	—	E

9. 根据下述横道图绘制双代号网络计划。

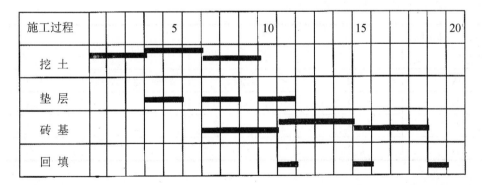

10. 采用图上计算法计算下图中的 ES_{i-j}、EF_{i-j}、LS_{i-j}、LF_{i-j}、TF_{i-j}、FF_{i-j} 参数，并找出关键线路。

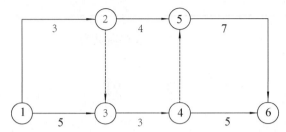

11. 某工程项目的基础工程分为三个施工段，每个施工过程只有一个施工班组，每个班组尽可能早地投入施工。其原始资料见下表。

某工程原始资料

施工过程 ＼ 施工段	一	二	三
挖土	3	3	3
垫层	2	2	3
基础	4	4	3
回填	2	2	3

(1) 根据上表绘制流水施工计划及网络计划图；

(2) 描述总时差和自由时差的概念，并进行计算；

(3) 什么叫关键工作和关键线路；

(4) 找出关键线路。

12. 某项目由四个施工过程组成，分别由 A、B、C、D 四个专业工作队完成，在平面上划分成四个施工段，每个专业工作队在各施工段上的流水节拍如下表所示，试确定相邻专业工作队之间的流水步距，并计算出工期。

施工过程 ＼ 施工段	I	II	III	IV
A	4	2	3	2
B	3	4	3	4
C	3	2	2	3
D	2	2	1	2

模块三　建设施工管理

导入案例

　　某工程位于某市建设路北侧，东、西均有建筑物，总建筑面积 13 518.66m²，局部地下室为水泵房，其面积 126.53m²，建筑物高度 42.6m，主楼 10 层，附属用房 5 层，框架结构。基础采用钻孔混凝土灌注桩，外墙采用 390mm 加气混凝土砌块，填充墙采用厚 190mm 和厚 90mm 加气混凝土砌块，内外墙装饰均为涂料。屋面采用 SBS120 防水卷材两层。本地区夏季主导风向东南风，最高气温 41.8℃；冬季主导风向西北风，最低气温 -16.7℃；最大风力 7～8 级；雨季时期为 7、8 月份；地表有 50cm 耕土层，以下为砂质黏土，地下水深度 -18m。施工用砖、砂、石子等地方材料由施工单位备料并运到施工现场；钢材、木材、水泥由建设单位申报指标，交施工单位组织备料，负责运到现场。本工程拟定于 2008 年 8 月 1 日正式开工，2009 年 11 月 30 日完工。请思考根据这些原始资料，本工程开工前，都需要做些什么？

单元4 施 工 准 备

内容提要

本单元主要内容包括施工之前所需要做的准备工作，包括：施工责任制度的建立，收集资料，调查资料，施工物资、人员、机械等准备。

技能目标

- 了解施工准备工作的基本任务。
- 熟悉施工准备的内容。
- 了解施工原始资料的调查。

4.1　建立施工责任制度

【学习目标】

了解施工准备工作的内容。

由于施工工作范围广，涉及专业工种和专业人员多，现场情况复杂以及施工周期长，因此，必须在项目内实行严格的责任制度，使施工工作中的人、财、物合理的流动，保证施工工作的顺利进行。在编制了施工工作计划以后，就要按计划将责任明确到有关部门甚至个人，以便按计划要求完成工作。各级技术负责人在工作中应负的责任，应予以明确，以便推动和促进各部门认真做好各项工作。

4.2　做好施工现场准备工作

施工准备工作是为拟建工程的施工创造必要的技术、物资条件，统筹安排施工力量和部署施工现场，确保工程施工顺利进行。它是建设程序中的重要环节，不仅存在于开工之前，而且贯穿在整个施工过程之中。

现代的建筑施工是一项十分复杂的生产活动，它不但需要耗用大量的人力物力，还要处理各种复杂的技术问题，也需要协调各种协作配合关系。如果事先缺乏统筹安排和准备，则势必会造成某种混乱，使施工无法正常进行。而全面细致地做好施工准备工作，对于调动各方面的积极因素，合理组织人力、物力，加快施工进度，提高工程质量，节约建设资金，提高经济效益，都起着重要的作用。

4.2.1　施工准备工作的基本任务

(1) 取得工程施工的法律依据，包括城市规划、环卫、交通、电力、消防、市政、公用事业等部门批准的法律依据。

(2) 通过调查研究，分析掌握工程特点、要求和关键环节。

(3) 调查分析施工地区的自然条件、技术经济条件和社会生活条件。

(4) 从计划、技术、物资、劳动力、设备、组织、场地等方面为施工创造必备的条件，以保证工程顺利开工和连续进行。

(5) 预测可能发生的变化，提出应变措施，做好应变准备。

4.2.2　施工准备工作的内容

一般工程的准备工作可归纳为六部分内容。

(1) 调查收集原始资料。本部分内容将在 4.1.3 小节详细阐述，此处不再赘述。

(2) 技术资料准备。主要内容：熟悉和会审图纸，编制施工图预算，编制施工组织设计。

(3) 施工现场准备。主要内容：清除障碍物，搞好三通一平，测量放线，搭设临时设施。

(4) 物资准备。主要内容：主要材料的准备，地方材料的准备，模板、脚手架的准备，施工机械、机具的准备。

(5) 施工人员、组织准备。主要内容：研究施工项目组织管理模式，组建项目经理部；规划施工力量的集结与任务安排，建立健全质量管理体系和各项管理制度；完善技术检测措施；落实分包单位，审查分包单位资质，签订分包合同。

(6) 季节施工准备。主要内容：拟订和落实冬、雨期施工措施。

每项工程施工准备工作的内容，视该工程本身及其具备的条件而有所不同。只有按照施工项目的规划来确定准备工作的内容，并拟订具体的、分阶段的施工准备工作实施计划，才能充分地为施工创造一切必要的条件。

4.2.3　施工准备工作的分类

1) 按工程所处施工阶段分类

按工程所处施工阶段分类，施工准备可分为开工前的施工准备和工程作业条件的施工准备。

(1) 开工前的施工准备：指在拟建工程正式开工前所进行的一切施工准备，目的是为工程正式开工创造必要的施工条件。它带有全局性和总体性。没有这个阶段工程就不能顺利开工，更不能连续施工。

(2) 工程作业条件的施工准备：指开工之后，为某一单位工程、某个施工阶段或某个分部(分项)工程所做的施工准备工作。它具有局部性和经常性。一般来说，冬、雨期施工准备都属于这种施工准备。

2) 按准备工作范围分类

按准备工作范围分类，施工准备可分为全场性施工准备、单位工程施工条件准备、分部(分项)工程作业条件准备。

(1) 全场性施工准备：以整个建设项目或建筑群为对象所进行的统一部署的施工准备工作。它不仅要为全场性的施工活动创造有利条件，而且要兼顾单位工程施工条件的准备。

(2) 单位工程施工条件准备：以一个建筑物或构筑物为施工对象而进行的施工条件准备，不仅为该单位工程在开工前做好一切准备，而且也要为分部(分项)工程的作业条件做好施工准备工作。

当单位工程的施工准备工作完成，具备开工条件后，项目经理部应申请开工，递交开工报告，报审批后方可开工。实行建设监理的工程，企业还应将开工报告送监理工程师审批，由监理工程师签发开工通知书，在限定时间内开工，不得拖延。

单位工程应具备的开工条件如下。

① 施工图纸已经会审并有记录。

② 施工组织设计已经审核批准并已进行交底。

③ 施工图预算和施工预算已经编制并审定。

④ 施工合同已签订，施工证照已经审批办好。

⑤ 现场障碍物已清除。

⑥ 场地已平整，施工道路、水源、电源已接通，排水沟渠畅通，能满足施工需要。

⑦ 材料、构件、半成品和生产设备等已经落实并能陆续进场，保证连续施工的需要。

⑧ 各种临时设施已经搭设，能满足施工和生活的需要。

⑨ 施工机械、设备的安排已落实，先期使用的已运入现场、已试运转并能正常使用。

⑩ 劳动力安排已经落实，可以按时进场。

⑪ 现场安全守则、安全宣传牌已建立，安全、防火的必要设施已具备。

(3) 分部(分项)工程作业条件准备：以一个分部(分项)工程为施工对象而进行的作业条件准备。由于对某些施工难度大、技术复杂的分部(分项)工程，需要单独编制施工作业设计，应对其所采用的施工工艺、材料、机具、设备及安全防护设施等分别进行准备。

4.3　施工现场原始资料的调查

原始资料是工程设计及施工组织设计的重要依据之一。原始资料的调查主要是对工程条件、工程环境特点和施工条件等施工技术与组织的基础资料进行调查，以此作为施工准备工作的依据。原始资料调查工作应有计划、有目的地进行，且事先要拟定明确、详细的调查提纲，不能调查的范围、内容、要求等，应根据拟建工程的规模、性质、复杂程度、工期及对当地熟悉了解程度而定。

原始资料调查内容一般包括建设场址的勘察和技术经济资料的调查。

4.3.1 建设场址勘察

建设场址勘察主要是了解建设地点的地形、地貌、地质、水文、气象以及场址周围环境和障碍物情况等，勘察结果一般可作为确定施工方法和技术措施的依据。

1) 地形、地貌勘察

这项调查要求提供工程的建设规划图、区域地形图(1/10 000～1/25 000)、工程位置地形图(1/1000～1/2000)、该地区城市规划图、水准点及控制桩的位置、现场地形地貌特征、勘察高程及高差等。对地形简单的施工现场，一般采用目测和步测；对场地地形复杂的，可用测量仪器进行观测，也可向规划部门、建设单位、勘察单位等进行调查。这些资料可作为选择施工用地、布置施工总平面图、场地平整及土方量计算、了解障碍物及其数量的依据。

2) 工程地质勘察

工程地质勘察的目的是为了查明建设地区的工程地质条件和特征，包括地层构造、土层的类别及厚度、土的性质、承载力及地震级别等。应提供的资料有：钻孔布置图；工程地质剖面图；土层类别、厚度；土壤物理力学指标，包括天然含水量、孔隙比、塑性指数、渗透系数、压缩试验及地基土强度等；地层的稳定性、断层滑块、流砂；最大冻结深度；地基土破坏情况等。工程地质勘察资料可为选择土方工程施工方法、地基土的处理方法以及基础施工方法提供依据。

3) 水文地质勘察

水文地质勘察所提供的资料主要有如下两方面。

(1) 地下水文资料：地下水最高、最低水位及时间，包括水的流速、流向、流量；地下水的水质分析及化学成分分析；地下水对基础有无冲刷、侵蚀影响等。所提供资料有助于选择基础施工方案、选择降水方法以及拟定防止侵蚀性介质的措施。

(2) 地面水文资料：临近江河湖泊距工地的距离；洪水、平水、枯水期的水位、流量及航道深度；水质分析；最大最小冻结深度及结冻时间等。调查目的在于为确定临时给水方案、施工运输方式提供依据。

4) 气象资料的调查

气象资料一般可向当地气象部门进行调查，调查资料作为确定冬、雨期施工措施的依据。气象资料包括如下几方面。

(1) 降雨、降雪资料：全年降雨量、降雪量；一日最大降雨量；雨期起止日期；年雷暴日数等。

(2) 气温资料：年平均、最高、最低气温；最冷、最热月及逐月的平均温度。

(3) 风向资料：主导风向、风速、风的频率；大于或等于 8 级风全年天数，并应将风向资料绘成风玫瑰图。

5) 周围环境及障碍物的调查

这项调查包括施工区域现有建筑物、构筑物、沟渠、水井、树木、土堆、电力架空线路、地下沟道、人防工程、上下水管道、埋地电缆、煤气及天然气管道、地下杂填垒积坑、枯井等。

这些资料要通过实地踏勘，并向建设单位、设计单位等调查取得，可作为布置现场施工平面的依据。

4.3.2 技术经济资料调查

技术经济调查的目的，是为了查明建设地区地方工业、资源、交通运输、动力资源、生活福利设施等地区经济因素，获取建设地区技术经济资料，以便在施工组织中尽可能利用地方资源为工程建设服务，同时也可作为选择施工方法和确定费用的依据。

1) 建设地区的能源调查

能源一般指水源、电源、气源等。能源资料可向当地城建、电力、燃气供应部门及建设单位等进行调查，主要用作选择施工用临时供水、供电和供气的方式，提供经济分析比较的依据。调查内容主要有：施工现场用水与当地水源连接的可能性、供水距离、接管距离、地点、水压、水质及水费等资料；利用当地排水设施排水的可能性、排水距离、去向等；可供施工使用的电源位置、引入工地的路径和条件，可以满足的容量、电压及电费；建设单位、施工单位自有的发变电设备、供电能力；冬季施工时附近蒸汽的供应量、接管条件和价格；建设单位自有的供热能力；当地或建设单位可以提供的煤气、压缩空气、氧气的能力及它们至工地的距离等。

2) 建设地区的交通调查

交通运输方式一般有铁路、公路、水路、航空等。交通资料可向当地铁路、交通运输和民航等管理局的业务部门进行调查。收集交通运输资料是调查主要材料及构件运输通道的情况，包括道路、街巷、途经的桥涵宽度、高度，允许载重量和转弯半径限制等资料。有超长、超高、超宽或超重的大型构件、大型起重机械和生产工艺设备需整体运输时，还要调查沿途架空电线、天桥的高度，并与有关部门商议大件运输对正常交通产生干扰的路线、时间及解决措施。所收集资料主要用作组织施工运输业务、选择运输方式、提供经济分析比较的依据。

3) 主要材料及地方资源情况调查

这项调查的内容包括三大材料(钢材、木材和水泥)的供应能力、质量、价格、运费情况；地方资源如石灰石、石膏石、碎石、卵石、河砂、矿渣、粉煤灰等能否满足建筑施工的要求；开采、运输和利用的可能性及经济合理性。这些资料可向当地计划、经济等部门进行调查，作为确定材料的供应计划、加工方式、储存和堆放场地及建造临时设施的依据。

4) 建筑基地情况

主要调查建设地区附近有无建筑机械化基地、机械租赁站及修配厂；有无金属结构及配件加工厂；有无商品混凝土搅拌站和预制构件厂等。这些资料可用作确定构配件、半成品及成品等货源的加工供应方式、运输计划和规划临时设施。

5) 社会劳动力和生活设施情况

包括当地能提供的劳动力人数、技术水平、来源和生活安排；建设地区已有的可供施工期间使用的房屋情况；当地主副食、日用品供应、文化教育、消防治安、医疗单位的基本情况以及能为施工提供的支援能力。这些资料是制订劳动力安排计划、建立职工生活基地、确定临时设施的依据。

6) 参加施工的各单位能力调查

主要调查施工企业的资质等级、技术装备、管理水平、施工经验、社会信誉等有关情况。这些可作为了解总、分包单位的技术及管理水平，选择分包单位的依据。

在编制施工组织设计时，为弥补原始资料的不足，有时还可借助一些相关的参考资料来作为编制依据，如冬雨期参考资料、机械台班产量参考指标、施工工期参考指标等。这些参考资料可利用现有的施工定额、施工手册、施工组织设计实例或通过平时施工实践活动来获得。

习　　题

1. 工程项目施工准备工作的基本任务是什么？
2. 施工准备工作的内容包括哪些？
3. 单位工程应具备的开工条件有哪些？

单元5 施 工 管 理

导入案例

某建筑企业通过投标获得某住宅楼工程的施工任务，为了圆满完成合同所签订的施工内容，拟建立施工项目经理部。若该项目经理部由项目经理、技术负责人、施工员、安全员、质检员、资料员、技术员、材料员、测量员和造价员各一名组成，请分析该项目经理部采用哪种组织机构形式比较合适。

内容提要

本单元的主要内容包括施工现场管理、施工技术管理、资源管理、安全生产、文明施工、现场环境保护、季节性施工和建设工程文件资料的管理。

技能目标

- 了解施工现场管理的内容。
- 了解资源管理、安全生产、文明施工的措施。
- 了解冬期施工、雨期施工的措施。
- 了解建设工程文件及土建工程施工文件的内容。

5.1 施工技术管理

【学习目标】

掌握施工管理工作的具体内容。

为保证工程质量目标，必须重视施工技术，施工技术管理因而就显得非常重要，必须按规定做好相关施工技术管理工作。

5.1.1 设计交底与图纸会审

设计交底由建设单位负责组织，由设计单位向施工单位和承担施工阶段监理任务的监理单位等相关参建单位进行交底。图纸会审由建设单位负责组织施工单位、监理单位、设计单位等相关的参建单位参加。

设计交底与图纸会审的通常做法是，设计文件完成后，设计单位将设计图纸移交建设单位，建设单位发给承担施工监理的监理单位和施工单位。由建设单位负责组织参建各方进行图纸会审，并整理成会审问题清单，在设计交底前一周交设计单位。设计交底一般以

会议形式进行，先进行设计交底，由设计单位介绍设计意图、结构特点、施工要求、技术措施和有关注意事项，后转入图纸会审问题解释，通过设计、监理、施工三方或参建多方研究协商，确定存在的图纸和各种技术问题的解决方案。设计交底应在施工开始前完成。

图纸会审的主要内容如下。

(1) 设计图纸与说明是否齐全，有无分期供图的时间表。

(2) 设计地震烈度是否符合当地要求。

(3) 几个设计单位共同设计的图纸相互间有无矛盾；专业图纸之间、平立剖面图之间有无矛盾。

(4) 总平面与施工图的几何尺寸、平面位置及标高等是否一致。

(5) 防火、消防是否满足相关的要求。

(6) 建筑结构与各专业图纸是否有矛盾；结构图与建筑图尺寸是否一致。

(7) 建筑图、结构图、水电施工图表达是否清楚，是否符合制图标准。

(8) 材料来源有无保证，能否代换；施工图中所要求的新材料、新工艺应用有无问题。

(9) 工艺管道、电器线路、设备装置等布置是否合理。

(10) 施工安全、环境卫生有无保证。

5.1.2　编制施工组织设计

在施工之前，对拟建工程对象从人力、资金、施工方法、材料、机械这五方面在时间、空间上作科学合理的安排，使施工能安全生产、文明施工，从而达到优质、低耗地完成建筑产品，这种用来指导施工的技术经济文件称为施工组织设计。施工组织设计按用途分为标前施工组织设计和标后施工组织设计。其中标前施工组织设计为投标前编制的施工组织设计，标后施工组织设计是签订合同后编制的施工组织设计。因此，标前施工组织设计由公司经营部门编制，标后施工组织设计由施工项目部门编制。

5.1.3　作业技术交底

1. 作业技术交底的作用和内容

施工承包单位做好技术交底，是取得好的施工质量的条件之一。为此，每一分项工程开始实施前均要进行交底。作业技术交底是对施工组织设计或施工方案的具体化，是更细致、明确、具体的技术实施方案，是工序施工或分项工程施工的具体指导文件。技术交底的内容包括施工方法、质量要求、验收标准、施工过程中需注意的问题和可能出现意外的措施及应急方案。技术交底紧紧围绕与具体施工有关的操作者、机械设备、使用的材料、构配件、工艺、施工方法、施工环境、具体管理措施等方面进行。交底要明确做什么、谁来做、如何做、作业标准和要求、什么时间完成等问题。

2. 作业技术交底的种类

施工企业的作业技术交底一般分三级：公司技术负责人对工区技术交底、工区技术负责人对施工队技术交底和施工队技术负责人对班组工人技术交底。施工现场的作业技术交

底主要是施工队技术负责人对班组工人技术交底，是技术交底的核心，其内容主要如下。

（1）施工图的具体要求，包括建筑、结构、水、暖、电、通风等专业的细节，如设计要求中的重点部位的尺寸、标高、轴线，预留孔洞、预埋件的位置、规格、大小、数量等，以及各专业、各图样之间的相互关系。

（2）施工方案实施的具体技术措施、施工方法。

（3）所有材料的品种、规格、等级及质量要求。

（4）混凝土、砂浆、防水、保温等材料或半成品的配合比和技术要求。

（5）按照施工组织的有关事项，说明施工顺序、施工方法、工序搭接等。

（6）落实工程的有关技术要求和技术指标。

（7）提出确保质量、安全、节约的具体要求和措施。

（8）设计修改、变更的具体内容和应注意的关键部位。

（9）成品保护项目、种类、办法。

（10）在特殊情况下，应知应会应注意的问题。

3．技术交底的方式

施工现场技术交底的方式主要有书面交底、会议交底、口头交底、挂牌交底、样板交底及模型交底等几种，每种方式的特点及适用范围如表 5.1 所示。

表 5.1　交底方式及特点

交底方式	特点及适用
书面交底	把交底的内容写成书面形式，向下一级有关人员交底，交底人与接受人在弄清交底内容之后，分别在交底书上签字，再进一步向下一级落实交底内容。这种交底方式内容明确，责任到人，事后有据可查。因此，交底效果较好，是一般工地最常用的交底方式
会议交底	通过召集有关人员举行会议，向与会者传达交底的内容，对多工种同时交叉施工的项目，应让各工种有关人员同时参加会议，除各专业技术交底外，还要把施工组织者的组织部署和协作意图交代给与会者。会议交底除了会议主持人能够把交底内容向与会者交底外，与会者也可以通过讨论、问答等方式对技术交底的内容予以补充、修改、完善
口头交底	适用于人员较少，操作时间短，工作内容较简单的项目
挂牌交底	将交底的内容、质量要求写在标牌上，挂在施工现场。这种方式适用于操作内容固定，操作人员固定的分项工程。如混凝土搅拌站，常将各种材料的用量写在标牌上。这种挂牌交底方式可使操作者抬头可见，时刻注意
样板交底	对于有些质量和外观感觉要求较高的项目，为使操作者对质量指标要求和操作方法、外观要求有直观的感性认识，可组织操作水平较高的工人先做样板，其他工人现场观摩，待样板做成且达到质量和外观要求后，供他人以此为样板施工。这种交底方式通常在装饰质量和外观要求较高的项目上采用
模型交底	对于技术较复杂的设备基础或建筑构件，为使操作者加深理解，常做成模型进行交底

5.1.4　质量控制点的设置

1. 质量控制点的概念

质量控制点是指为了保证作业过程质量而确定的重点控制对象、关键部位或薄弱环节。设置质量控制点是保证达到施工质量要求的必要前提，在拟定质量控制工作计划时，应予以详细地考虑，并以制度来保证落实。对于质量控制点，一般要事先分析可能造成质量问题的原因，再针对原因制定对策和措施进行预控。

承包单位在工程施工前应根据施工过程质量控制的要求，列出质量控制点明细表，表中详细地列出各质量控制点的名称或控制内容、检验标准及方法等，提交监理工程师审查批准后，在此基础上实施质量预控。

2. 选择质量控制点的一般原则

质量控制点的对象涉及面广，可能是技术要求高、施工难度大的结构部位，也可能是影响质量的关键工序、操作或某一环节。总之，不论是结构部位，还是影响质量的关键工序、操作、施工顺序、技术、材料、机械、自然条件、施工环境等，均可作为质量控制点来控制。概括地说，应当选择那些质量难度大、对质量影响大或者是发生质量问题时危害大的对象作为质量控制点。质量控制点应在以下部位中选择。

(1) 施工过程中的关键工序或环节以及隐蔽工程，例如，预应力结构的张拉工序，钢筋混凝土结构中的钢筋架立。

(2) 施工中的薄弱环节，或质量不稳定的工序、部位或对象，例如地下防水层施工。

(3) 对后续工程施工或对后续工序质量或安全有重大影响的工序、部位或对象，例如预应力结构中的预应力钢筋质量、模板的支撑与固定等。

(4) 采用新技术、新工艺、新材料的部位或环节。

(5) 施工上无足够把握的、施工条件困难的或技术难度大的工序或环节，例如复杂曲线模板的放样等。

显然，是否设置为质量控制点，主要视其质量特性影响的大小、危害程度及其质量保证的难度大小而定。表 5.2 为建筑工程质量控制点设置的一般位置示例。

表 5.2　质量控制点的设置位置

分项工程	质量控制点
工程测量定位	标准轴线桩、水平桩、定位轴线、标高
地基、基础(含设备基础)	基坑(槽)尺寸、标高、土质、地基承载力、基础垫层标高、基础位置、尺寸、标高、预留洞孔、预埋件的位置、规格、数量、杯底弹线
砌体	砌体轴线、皮数杆、砂浆配合比、预留孔洞、预埋件的位置、规格、数量、砌体排列
模板	位置、尺寸、标高、预留洞孔尺寸、位置、预埋件的位置、模板强度及稳定性、模板内部清理及润湿情况
钢筋混凝土	水泥品种、强度等级、砂石质量、混凝土配合比、外加剂比例、混凝土振捣、钢筋品种、规格、尺寸、搭接长度、钢筋焊接、预留洞、孔及预埋件规格、数量、尺寸、位置、预制构件吊装或出场(脱模)强度、吊装位置、标高、支承长度、焊接长度

续表

分项工程	质量控制点
吊装	吊装设备起重能力、吊具、索具、地锚
钢结构	翻样图、放大样
焊接	焊接条件、焊接工艺
装修	视具体情况而定

5.1.5　技术复核工作

凡涉及施工作业技术活动基准和依据的技术工作，都应该严格进行专人负责的复核性检查，以避免基准失误给整个工程带来难以补救或全局性的危害。例如：工程的定位、轴线、标高，预留孔洞的位置和尺寸，预埋件，管线的坡度，混凝土配合比，变电、配电位置，高低压进出口方向、送电方向等。技术复核是承包单位履行的技术工作责任，其复核结果应报送监理工程师复验确认后，才能进行后续相关的施工。监理工程师应把技术复验工作列入监理规划质量控制计划中，并将其看作是一项经常性工作任务，贯穿于整个施工过程中。

常见的施工测量复核如下。

(1) 民用建筑的测量复核。建筑物定位测量、基础施工测量、墙体皮数杆检测、楼层轴线检测、楼层间高层传递检测等。

(2) 工业建筑测量复核。厂房控制网测量、桩基施工测量、柱模轴线与高程检测、厂房结构安装定位检测、动力设备基础与预埋螺栓检测。

(3) 高层建筑测量复核。建筑场地控制测量、基础以上的平面与高程控制、建筑物的垂直检测、建筑物施工过程中的沉降变形观测等。

(4) 管线工程测量复核。管网或输配电线路定位测量、地下管线施工检测、架空管线施工检测、多管线交汇点高程检测等。

5.1.6　隐蔽工程验收

隐蔽工程验收是指将被其后续工程(工序)施工所隐蔽的分项、分部工程，在隐蔽前所进行的检查验收。它是对一些已完分项、分部工程质量的最后一道检查，由于检查对象就要被其他工程覆盖，给以后的检查整改造成障碍，故显得尤为重要。它是质量控制的一个关键过程。验收的一般程序如下。

(1) 隐蔽工程施工完毕，承包单位按有关技术规程、规范、施工图纸先进行自检，自检合格后，填写《报验申请表》，附上相应的工程检查证(或隐蔽工程检查记录)及有关材料证明、试验报告、复试报告等，报送项目监理机构。

(2) 监理工程师收到报验申请后首先对质量证明资料进行审查，并在合同规定的时间内到现场检查(检测或核查)，承包单位的专职质检员及相关施工人员应随同一起到现场检查。

(3) 经现场检查，如符合质量要求，监理工程师在《报验申请表》及工程检查证(或隐蔽工程检查记录)上签字确认，准予承包单位隐蔽、覆盖，进入下一道工序施工。如经现场检查发现不合格，监理工程师签发"不合格项目通知"，责令承包单位整改，整改后自检合格再报监理工程师复查。

5.1.7 成品保护

1. 成品保护的含义

所谓成品保护一般是指在施工过程中有些分项工程已经完成，而其他一些分项工程尚在施工，或者是在其分项工程施工过程中某些部位已完成，而其他部位正在施工，在这种情况下，承包单位必须负责对已完成部分采取妥善措施予以保护，以免因成品缺乏保护或保护不善而造成操作损坏或污染，影响工程整体质量。因此，承包单位应制定成品保护措施，使所完工程在移交之前保证完整、不被污染或损坏，从而达到合同文件规定的或施工图纸等技术文件所要求的移交质量标准。

2. 成品保护的一般措施

根据需要保护的建筑产品的特点不同，可以分别对成品采取"防护"、"覆盖"、"封闭"等保护措施，以及合理安排施工顺序来达到保护成品的目的。

(1) 防护：针对被保护对象的特点采取各种防护的措施。例如，对清水楼梯踏步可以采取护棱角铁上下连接固定；对于进出口台阶可垫砖或方木搭脚手板供人通过的方法来保护台阶；对于门口易碰部位，可以钉上防护条或槽型盖铁保护；门扇安装后可加楔固定等。

(2) 包裹：将被保护物包裹起来，以防损伤或污染。例如，对镶面大理石柱可用立板包裹捆扎保护；铝合金门窗可用塑料布包扎保护等。

(3) 覆盖：用表面覆盖的办法防止堵塞或损伤。例如，对地漏、落水口排水管等安装后可以覆盖，以防止异物落入而被堵塞；预制水磨石或大理石楼梯可用木板覆盖加以保护；地面可用锯末、苫布等覆盖以防止喷浆等污染；其他需要防晒、保温养护等项目也应采取适当的防护措施。

(4) 封闭：采取局部封闭的办法进行保护。例如，垃圾道完成后，可将其进口封闭起来，以防止建筑垃圾堵塞通道；房间水泥地面或地面砖完成后，可将该房间局部封闭，防止人们随意进入而损害地面；室内装修完成后，应加锁封闭，防止人们随意进入而造成损伤等。

(5) 合理安排施工顺序：通过合理安排不同工作间的施工先后顺序以防止后道工序损坏或污染已完施工的成品或生产设备。例如，采取房间内先喷浆或喷涂而后装灯具的施工顺序可防止喷浆污染、损害灯具；先做顶棚、装修而后做地坪，也可避免顶棚及装修施工污染、损害地坪。

5.2 资 源 管 理

【学习目标】

熟悉施工中各种资源管理工作的内容。

资源是施工项目按计划完成的保证，因而在施工中应做好各种资源的组织和管理工作。资源管理包括劳动力管理、材料管理和机械管理等。

5.2.1　劳动力管理

施工项目的质量好坏往往取决于施工管理人员和施工队伍的素质，因此应注重选择具有高素质的施工管理人员和施工队伍。

目前施工项目大多实行项目经理责任制，根据确定的现场管理机构建立项目施工管理层，项目经理部要与项目各管理人员签订内部承包责任状，通过这些措施，可明确施工所有管理人员的责、权、利，并让它们有机结合在一起，最大限度地发挥人的能动作用。根据施工工程的特点和施工进度计划的要求确定各施工阶段的劳动力需用量计划，选择高素质的施工作业队伍进行工程的施工。对工人进行技术、安全、思想和法制教育，教育工人树立"质量第一，安全第一"的正确思想，遵守有关施工和安全的技术法规，遵守地方治安法规。在大批施工人员进场前，必须做好后勤工作的安排，为职工的衣、食、住、行、医等予以全面考虑，认真落实，以便充分调动职工的生产积极性。

5.2.2　材料管理

1. 材料管理的内容

施工承包单位材料管理的主要工作就是在做好材料计划的基础上，搞好材料的供应、保管和使用的组织与管理工作。具体讲，材料管理工作包括：材料定额的制定与管理，材料计划的编制，材料的库存管理，材料的订货、采购、组织运输，材料的仓库与施工现场管理及材料的成本管理等。施工现场材料管理的主要内容包括：施工前的材料准备工作、现场仓库管理、原材料的集中加工、材料领发使用、完工清场及退料回收等工作。

2. 材料管理的任务

材料管理的任务一方面要保证生产的需要，另一方面要采取有效的措施降低材料的消耗，加速资金的周转，提高经济效益。其目的就是要用少量的资金发挥最大的效益，具体做到以下方面。

(1) 按期、按质、按量、适价、配套地供应生产所需的各种材料，保证生产正常进行。

(2) 经济合理地组织材料的供应、减少储备、改进保管和降低消耗。

(3) 监督与促进材料的合理使用和节约使用。

3. 常用大宗材料的供应

(1) 材料储备应当考虑是否经济、合理、适量。储备多了会造成积压，并增加材料保管的负担，同时也多占用了流动资金；储备少了又会影响正常生产。

(2) 材料的供应是否安全和及时。在保证材料的原有数量和原有的使用价值的基础上，应及时按计划供应材料。

(3) 时间适当，以免积压资金或降低材料的使用价值。现场储备的材料大部分是只作短期储存，投入使用的材料储存数量及进料时间，应按材料需用计划确定，并严格按照施工平面布置图中所划出的位置堆放，以减少二次搬运、便于排水和装卸。材料进场后，根据其不同性质和存放保管要求，分别储存于露天或现场库房内，要做到堆放整齐，插有标牌，例如水泥应标出品种和标号，钢筋应标出级别和规格，以利于清点、搬运和使用。

(4) 材料供应紧张及不足的特殊保证措施。由于市场等因素的变化，项目部门必须制定材料供应紧张及不足的特殊保证措施。

4. 半成品、制品及周转材料的供应

1) 钢筋混凝土构件及砌块的供应

一般工业与民用建筑都需要使用相当数量的钢筋混凝土预制构件和砌块。装配式工业厂房使用的预制构件数量大，品种、规格多；砖混结构房屋则往往要求按层配套供应预制楼板及过梁。而钢筋混凝土预制构件的生产周期却较长，尤其是一些非标准构件不能代用，必须事先加工订货。施工中常常会出现因预制构件供应不上而延误工期的情况。目前大量的填充墙采用砌块，因此要根据计划做好砌块的供应和堆放。

在编制构件加工计划时，应做到品种、规格、型号、数量准确，分层配套供应要求明确，构件进入场地时，应检查构件的外观质量，核对品种、规格、型号和数量，并按技术规定堆放(如支点位置和数量，叠放的层数和高度等)。

2) 门窗的供应

门窗的加工订货周期也较长，尤其是一些特殊、异型门窗的供货更为突出。因此，在编制加工计划时要做到准确详尽，不错不漏。进场验收时要详细核对加工计划，检查规格、型号、零件及加工质量。验收后，做到分品种、按规格放整齐，防止木质门窗日晒雨淋发生变形和钢门窗锈蚀。

3) 钢铁构件的供应

不少工业建筑采用钢屋架、钢平台和大量预埋铁件。这些构件一般需在工厂加工后运到现场拼装使用，加工计划要详细并附有详图。民用建筑则有楼梯栏杆、垃圾斗、水落管及卡子等铁件，亦需在工厂预制并运到现场使用，这些钢铁件进入现场应分品种、规格、型号码放整齐，挂牌标注清楚。

4) 水泥制品及安装设备的供应

一般建筑物都有水泥或水磨石水池、水磨石窗台板、铺地用水石块、楼梯踏步踢脚板、卫生洁具(如坐便器、浴缸、洗手盆)，这些制品要提前加工订货。水磨石制石，还有个花色问题，订货时要取得设计单位和建设单位的同意，进场时要按不同品种、规格、颜色堆放，并加以保护，防止损坏。

5) 模板等周转材料及架设工具

模板和架设工具，是施工现场使用量大、堆放占地面积大的周转材料。

近几年各大城市使用木模已比较少，目前多采用组合工钢模，配以 U 型卡、穿墙螺栓等零配件，与一般钢脚手管共同使用，有的还需配备垂直支撑及横梁。涉及的模板及其配件规格多、数量大，对堆放场地的要求比较高，一定要分规格型号整齐码放，以便于使用及维修。大钢模也已在不少工地广泛使用。大钢模一般要求立放，防止倾倒，在现场也应规划出必要的存放场地。钢管脚手、桥式脚手、吊篮脚手等，都应按指定的平面位置堆放

整齐，扣件等零件还应防雨，以免锈蚀。

5.2.3 机械管理

1. 混凝土、砂浆搅拌设备

通常，工地上应根据工程规模设置不同规模的混凝土、砂浆搅拌站，它们所需要的主要机械设备有搅拌机、上料皮带机、定量用磅秤、外加剂装置等。在北方冬期施工时还应备有锅炉、水箱等。此外，还应有试块养护用的标准养护室或养护箱。

搅拌站的搭设和设备安装调试，都应在开工之前完成，这是一项工作量较大、时间较长的现场准备工作。它直接影响以后砂浆和混凝土的供应，影响施工生产的顺利进行，务必要高度重视！

但随着城市建设的发展，混凝土的供应已逐渐由现场型转向商品型。一些城市已经建立了一定数量的混凝土集中搅拌站，供应各种不同要求的商品混凝土，由混凝土运输车将混凝土运到工地，然后通过输送泵将混凝土直接泵送至浇灌地点；或装入吊斗，由塔吊输送到浇灌点。对于这种供应方式，应进行调查了解，如了解供应的品种标号、外加剂条件、供应量和时间等看是否能满足施工需要，通过签订供需合同，保证施工需要。

2. 垂直水平运输机械

目前，全国各大城市建筑工地所用的垂直运输机械，大多数是塔式起重机。因它的起重高度和工作覆盖面大，施工组织设计应根据起重量、起重高度及回转半径等因素确定其型号和安放位置，安装使用之前，要搞好维修保养，现场应创造好安装条件。如塔吊轨道下的路基，应按规定的技术要求铺设。

较小型的工程，除了选用小型起重机械外，还可设井架或升降台辅助上料。这些垂直运输设备无论采用揽风绳还是采用与建筑物直接拉结，都应事先做好准备。

单层工业厂房的预制构件吊装，在大城市多采用轮胎式起重机。起重机械的行走路线要平整、压实，以利吊装顺利进行。

短距离的水平运输中采用小型翻斗车，长距离的水平运输常采用自卸式汽车。

3. 其他常用机械

其他常用机械主要有打夯机、钢筋切断机、成型机、对焊机、电焊机、木工电刨、电锯等，需要排水的工程还应备有水泵。这些机械进场前都应提前准备，保证设备完好。除此以外，工地还应备卫生清扫用具、消防灭火器材以及手推车等小型运输工具。

5.3 安 全 生 产

【学习目标】

了解安全控制的概念、方针与目标，掌握施工安全控制的基本要求。

安全生产管理是施工项目管理的一项重要内容。施工中必须做好安全生产、进行安全控制、采取必要的施工安全措施、经常进行安全检查与教育，同时生产中应坚持"安全第一，预防为主"的方针。

5.3.1 安全控制的概念

安全生产是指生产过程处于避免人身伤害、设备损坏及其他不可接受的损害风险(危险)的状态。

不可接受的损害风险(危险)通常是指超出了法律、法规和规章的要求，超出了方针、目标和企业规定的其他要求，超出了人们普遍接受(通常是隐含的)的要求。因此，安全与否要对照风险接受程度来判定，是一个相对性的概念。

安全控制是通过对生产过程中涉及的计划、组织、监控、调节和改进等一系列致力于满足安全生产所进行的管理活动。

5.3.2 安全控制的方针与目标

1. 安全控制的方针

安全控制的目的是为了安全生产，因此安全控制的方针也应符合安全生产的方针，即"安全第一，预防为主"。

"安全第一"是把人身的安全放在首位，安全是为了生产，生产必须保证人身安全，充分体现了"以人为本"的理念。

"预防为主"是实现"安全第一"的最重要手段，采取正确的措施和方法进行安全控制，从而减少甚至消除事故隐患，尽量把事故消灭在萌芽状态，这是安全控制最重要的思想。

2. 安全控制的目标

安全控制的目标是减少和消除生产过程中的事故，保证人员健康安全和财产免受损失。具体包括以下目标。

(1) 减少或消除人的不安全行为的目标。

(2) 减少或消除设备、材料的不安全状态的目标。

(3) 改善生产环境和保护自然环境的目标。

(4) 安全管理的目标。

5.3.3 施工安全控制措施

1. 施工安全控制的基本要求

(1) 必须取得安全行政主管部门频发的《安全施工许可证》后才可开工。

(2) 总承包单位和每一个分包单位都应持有《施工企业安全资格审查认可证》。

(3) 各类人员必须具备相应的执业资格才能上岗。

(4) 所有新员工必须经过三级安全教育，即进厂、进车间和进班组的安全教育。

(5) 特殊工种作业人员必须持有特种作业操作证，并严格按规定期限进行复查。

(6) 对查出的安全隐患要做到"五定"，即定整改责任人、定整改措施、定整改完成时间、定整改完成人、定整改验收人。

(7) 必须把好安全生产"六关"，即措施关、交底关、教育关、防护关、检查关、改进关。

(8) 施工现场安全设施齐全，并符合国家及地方有关规定。

(9) 施工机械(特别是现场安设的起重设备等)必须经安全检查合格后方可使用。

2. 建设工程施工安全技术措施计划

1) 建设工程施工安全技术措施计划

主要内容包括工程概况、控制目标、控制程序、组织机构、职责权限、规章制度、资源配置、安全措施、检查评价、奖惩制度等。

2) 编制施工安全技术措施计划

编制施工安全技术措施计划时，应注意以下特殊情况。

(1) 对结构复杂、施工难度大、专业性较强的项目，除制订项目总体安全保证计划外，还必须制定单位工程或分部分项工程的安全技术措施。

(2) 对高处作业、井下作业等专业性较强的作业，电器、压力容器等特殊工种作业，应制定单项安全技术规程，并应对管理人员和操作人员的安全作业资格和身体状况进行合格检查。

3) 制定和完善施工安全操作规程，编制各施工工种

特别是危险性较大工种的安全施工操作要求，作为规范和检查考核员工安全生产行为的依据。

4) 施工安全技术措施

施工安全技术措施包括安全防护设施的设置和安全预防措施，主要有十七个方面的内容，即防火、防毒、防爆、防洪、防尘、防雷击、防触电、防坍塌、防物体打击、防机械伤害、防起重设备滑落、防高空坠落、防交通事故、防寒、防暑、防疫、防环境污染等方面措施。

3. 施工安全技术措施计划的实施

1) 安全生产责任制

建立安全生产责任制是施工安全技术措施计划实施的重要保证。安全生产责任制是指企业对项目经理部各级领导、各个部门、各类人员所规定的在他们各自职责范围内对安全生产应负责任的制度。

2) 安全技术交底

(1) 安全技术交底的基本要求：项目经理部必须实行逐级安全技术交底制度，纵向延伸到班组全体作业人员；技术交底必须具体、明确、针对性强；技术交底的内容应针对分部分项工程施工中给作业人员带来的潜在危害和存在的问题；应优先采用新的安全技术措施；应将工程概况、施工方法、施工程序、安全技术措施等向工长、班组长进行详细交底；定

期向由两个以上作业队和多工种进行交叉施工的作业队伍进行书面交底；保持书面安全技术交底签字记录。

(2) 安全技术交底的主要内容有：本工程项目的施工作业特点和危险点；针对危险点的具体预防措施；应注意的安全事项；相应的安全操作规程和标准；发生事故后应及时采取的避难和急救措施。

5.3.4　安全检查与教育

1. 安全检查的主要内容

(1) 查思想。主要检查企业的领导和职工对安全生产工作的认识。

(2) 查管理。主要检查工程的安全生产管理是否有效。主要内容包括安全生产责任制、安全技术措施计划、安全组织机构、安全保证措施、安全技术交底、安全教育、持证上岗、安全设施、安全标识、操作规程、违规行为、安全记录等。

(3) 查隐患。主要检查作业现场是否符合安全生产、文明生产的要求。

(4) 查事故处理。对安全事故的处理应达到查明事故原因、明确责任并对责任者做出处理、明确和落实整改措施等要求。同时还应检查对伤亡事故是否及时报告、认真调查、严肃处理。

安全检查的重点是违章指挥和违章作业。安全检查后应编制安全检查报告，说明已达标项目、未达标项目、存在的问题、原因分析及纠正和预防措施。

2. 安全检查的方法

安全检查的方法主要如下。

(1) "看"。主要查看管理记录、持证上岗情况、现场标识、交接验收资料、"安全三宝"使用情况、"洞口"防护情况、"临边"防护情况、设备防护装置等。

(2) "量"。主要是用尺实测实量。

(3) "测"。用仪器、仪表实地进行测量。

(4) "现场操作"。由司机对各种限位装置进行实际运作，检验其灵敏程度。

3. 安全检查的主要形式

安全检查的主要形式如下。

(1) 项目每周或每旬由主要负责人带队组织定期的安全大检查。

(2) 施工班组每天上班前由班组长和安全值日人员组织的班前安全检查。

(3) 季节更换前由安全生产管理人员和安全专职人员、安全值日人员等组织的季节劳动保护安全教育。

(4) 由安全管理组、职能部门人员、专职安全员和专业技术人员组成对电气、机械设备、脚手架、登高设施等专项设施设备、高处作业、用电安全、消防保卫等进行专项安全检查。

(5) 由安全管理小组成员、安全专职人员和安全值日人员进行日常的安全检查。

(6) 对塔式起重机等起重设备、井架、龙门架、脚手架、电气设备、现浇混凝土模板及其支撑等施工设备在安装搭设完成后进行安全检查验收。

4．安全教育

1）安全教育的要求

(1) 广泛开展安全生产的宣传教育，使全体员工真正认识到安全生产的重要性和必要性，懂得安全生产和文明施工的科学知识，牢固树立安全第一的思想，自觉地遵守各项安全生产法律、法规和规章制度。

(2) 把安全知识、安全技能、设备性能、操作规程、安全法律等作为安全教育的主要内容。

(3) 建立经常性的安全教育考核制度，考核成绩要记入员工档案。

(4) 电工、电焊工、架子工、司炉工、爆破工、机操工、起重工、机械司机、机动车辆司机等特殊工种工人，除一般安全教育外，还要经过专业安全技能培训，经考试合格持证后，方可独立操作。

(5) 采用新技术、新工艺、新设备施工和调换工作岗位的员工，也要进行安全教育，未经安全教育培训的人员不得上岗操作。

2）三级安全教育

三级安全教育是指公司、项目经理部、施工班组三个层次的安全教育。三级教育的内容、时间及考核结果要有记录。按照建设部《建筑企业职工安全培训教育暂行规定》的规定开展安全教育。

(1) 公司教育内容：国家和地方有关安全生产的方针、政策、法规、标准、规程和企业的安全规章制度等。公司安全教育由施工单位的主要负责人负责。

(2) 项目经理部教育内容：工地安全制度、施工现场环境、工程施工特点及可能存在的不安全因素等。项目经理部的教育由项目负责人负责。

(3) 施工班组教育内容：本工种的安全操作规程、事故安全剖析、劳动纪律和岗位讲评等。施工班组的教育由专职安全生产管理人员负责。

5.4 文 明 施 工

【学习目标】

了解文明施工的概念，掌握现场文明施工的基本要求。

5.4.1 文明施工概述

1．文明施工的概念

文明施工是指保持施工现场良好的作业环境、卫生环境和工作秩序。文明施工主要包括以下几个方面的工作。

(1) 规范施工现场的场容，保持作业环境的整洁卫生。

(2) 科学组织施工，使生产有序进行。

(3) 减少施工对周围居民和环境的影响。

(4) 保证职工的安全和身体健康。

2．文明施工的意义

(1) 文明施工能促进企业综合管理水平的提高。保持良好的作业环境和秩序，对促进安全生产、加快施工进度、保证工程质量、降低工程成本、提高经济效益和社会效益有较大作用。文明施工涉及人、财、物各个方面，贯穿于施工全过程之中，体现了企业在工程项目施工现场的综合管理水平。

(2) 文明施工是适应现代施工的客观要求。现代化施工更需要采用先进的技术、工艺、材料、设备和科学的施工方案，需要密切组织、严格要求、标准化管理、较好的职工素质等。文明施工能适应现代施工的要求，是实现优质、高效、低耗、安全、清洁卫生施工的有效手段。

(3) 文明施工代表企业的形象。良好的施工环境与施工秩序，可以得到社会的支持和信赖，提高企业的知名度和市场竞争力。

(4) 文明施工有利于员工的身心健康，有利于培养和提高施工队伍的整体素质。文明施工可以提高职工队伍的文化、技术和思想素质，培养尊重科学、遵守纪律、团结协作的大生产意识，促进企业精神文明建设，从而还可以促进施工队伍整体素质的提高。

5.4.2 文明施工的组织与管理

1．组织和体制管理

(1) 施工现场应成立以项目经理为第一责任人的文明施工管理组织，分包单位应服从总包单位的文明施工管理组织的统一管理，并接受监督检查。

(2) 各项施工现场管理制度应有文明施工的规定，包括个人岗位责任制、经济责任制、安全检查制度、持证上岗制度、奖惩制度、竞赛制度和各项专业管理制度等。

(3) 加强和落实现场文明检查、考核与奖惩管理，以促进文明施工管理工作提高。检查范围和内容应全面周到，包括生产区、生活区、场容院貌、环境文明及制度落实等内容。检查发现的问题应采取整改措施。

2．文明施工的资料及依据

(1) 关于文明施工的标准、规定、法律法规等资料。

(2) 施工组织设计(方案)中对文明施工管理的规定，各阶段施工现场文明施工的措施。

(3) 文明施工自检资料。

(4) 文明施工教育、培训、考核计划的资料。

(5) 文明施工活动各项记录资料。

3．加强文明施工的宣传和教育

(1) 在坚持岗位练兵基础上，要采取派出去、请进来、短期培训、上技术课、登黑板报、广播、看录像、看电视等方法狠抓宣传和教育工作。

(2) 要特别注意对临时工的岗前教育。

(3) 专业管理人员应掌握文明施工的规定。

5.4.3　现场文明施工的基本要求

(1) 施工现场必须设置明显的标示牌，标明工程项目名称、建设单位、设计单位、施工单位、项目经理和施工现场总代表人的姓名、开竣工日期、施工许可证批准文号等。施工单位负责施工现场标示牌的保护工作。

(2) 施工现场的管理人员在施工现场应当佩戴证明其身份的证卡。

(3) 应当按照施工总平面布置图设置各项临时设施。现场堆放的大宗材料、成品、半成品和机具设备不得侵占场内道路及安全防护等设施。

(4) 施工现场的用电线路、用电设施的安装和使用必须符合安装规范和安全操作规程，并按照施工组织设计进行架设，严禁任意拉线接电。施工现场必须设有保证施工安全要求的夜间照明；危险潮湿场所的照明以及手持照明灯具，必须采用符合安全要求的电压。

(5) 施工机械应当按照施工总平面布置图规定的位置和线路设置，不得任意侵占场内道路。施工机械进场须经过安全检查，经检查合格的方能使用。施工机械操作人员必须建立机组责任制，并依照有关规定持证上岗，禁止无证人员操作。

(6) 应保证施工现场道路畅通，保持排水系统处于良好的使用状态，保持场容场貌的整洁，随时清理建筑垃圾。在车辆、行人通行的地方施工，应当设置施工标志，并对沟井坎穴进行覆盖。

(7) 施工现场的各种安全设施和劳动保护器具，必须定期进行检查和维护，及时消除隐患，保证其安全有效。

(8) 施工现场应当设置各类必要的职工生活设施，并符合卫生、通风、照明等要求。职工的膳食、饮水供应等应当符合卫生要求。

(9) 应当做好施工现场安全保卫工作，采取必要的防盗措施，在现场周边设立围护设施。

(10) 应当严格依照《中华人民共和国消防法》的规定，在施工现场建立和执行防火管理制度，设置符合消防要求的消防设施，并保持完好的备用状态，在容易发生火灾的地区施工，或者储存、使用易燃易爆器材时，应当采取特殊的消防安全措施。

(11) 施工现场发生工程建设重大事故的处理，应依照《工程建设重大事故报告和调查程序规定》执行。

5.5　现场环境保护

【学习目标】

了解环境保护的概念，掌握现场环境保护的基本要求。

5.5.1　现场环境保护的意义

环境保护是指按照法律法规、各级主管部门和企业的要求，保护和改善作业现场的环

境，控制现场的各种粉尘、废水、固体废弃物、噪声、振动等对环境的污染和危害。

(1) 保护和改善施工环境是保证人们身体健康和社会文明的需要。采取专项措施防止粉尘、噪声和水源污染，保护好现场及其周围的环境，是保证职工和相关人员身体健康、体现社会总体文明礼貌的一项利国利民的重要工作。

(2) 保护和改善施工现场环境是消除对外部的干扰，保证施工顺利进行的需要。随着人们的法制观念和自我保护意识的增强，尤其在城市中，施工扰民问题反映突出，应及时采取防治措施，减少对环境的污染和对市民的干扰，也是施工生产顺利进行的基本条件。

(3) 保护和改善施工环境是现代化大生产的客观要求。现代化施工广泛应用新设备、新技术、新的生产工艺，对环境质量的要求很高，如果粉尘、振动超标就可能损坏设备、影响功能发挥，使设备难以发挥作用。

(4) 保护和改善施工环境是节约能源，保护人类生存环境、保证社会和企业可持续发展的需要。人类社会即将面临环境污染和能源危机的挑战。为了保护子孙后代赖以生存的环境条件，每个公民和企业都有责任和义务来保护环境。良好的环境和生存条件，也是企业发展的基础和动力。

5.5.2 施工现场空气污染的防治措施

大气污染物的种类有数千种，已发现有危害作用的有 100 多种，其中大部分是有机物。大气污染物通常以气体状态和粒子状态存在于空气中。施工中，防治施工对大气污染的措施主要如下。

(1) 施工现场垃圾渣土要及时清理出现场。

(2) 对于细颗粒散体材料(如水泥、粉煤灰、白灰等)的运输、储存要注意遮盖、密封，防止和减少飞扬。

(3) 车辆开出工地要做到不带泥沙，基本做到不撒土、不扬尘，减少对周围环境的污染。

(4) 除设有符合规定的装置外，禁止在施工现场焚烧油毡、橡胶、塑料、皮革、树叶、枯草、各种包装物等废弃物品以及其他会产生有毒、有害烟尘和恶臭气体的物质。

(5) 机动车都要安装减少尾气排放的装置，确保符合国家标准。

(6) 工地茶炉应尽量采用电热水器。若只能使用烧煤茶炉和锅炉时，应选用消烟除尘型茶炉和锅炉，大灶应选用消烟节能回风炉灶，使烟尘降至允许排放的范围为止。

(7) 大城市市区的建设工程已不容许搅拌混凝土。在容许设置搅拌站的工地，应将搅拌站封闭严密，并在进料仓上方安装除尘装置，采用可靠措施控制工地粉尘污染。

(8) 拆除旧建筑物时，应适当洒水，防止扬尘。

5.5.3 施工现场水污染的防治措施

施工中，防治现场水污染的措施主要如下。

(1) 禁止将有毒有害废弃物作土方回填。

(2) 施工现场搅拌站废水、现制水磨石的污水、电石(碳化钙)的污水必须经沉淀池沉淀合格后再排放，最好将沉淀水用于工地洒水降尘或采取措施回收利用。

(3) 现场存放油料，必须对库房地面进行防渗处理。如采用防渗混凝土地面、铺油毡等措施。使用时，要采取防止油料跑、冒、滴、漏的措施，以免污染水体。

(4) 施工现场 100 人以上的临时食堂，污水排放时可设置简易有效的隔油池，定期清理，防止污染。

(5) 工地临时厕所、化粪池应采取防渗漏措施。中心城市施工现场的临时厕所可采用水冲式厕所，并有防蝇、灭蛆措施，防止污染水体和环境。

(6) 化学用品、外加剂等要妥善保管，库内存放，防止污染环境。

5.5.4　施工现场的噪声控制

1. 施工现场噪声的限值

声音是由物体振动产生的，当频率在 20～20 000Hz 时，作用于人的耳膜而产生的感觉，称之为声音。由声构成的环境称为"声环境"。当环境中的声音对人类、动物及自然物没有产生不良影响时，就是一种正常的物理现象。相反，对人的生活和工作造成不良影响的声音就称之为噪声。

根据国家标准《建筑施工场界噪声限值》(GB 12523—90)的要求，对不同施工作业的噪声限值如表 5.3 所示。在工程施工中，要特别注意不得超过国家标准的限值，尤其是夜间禁止打桩作业。

表 5.3　建筑施工场界噪声限值

施工阶段	主要噪声源	噪声限值[dB(A)]	
		昼　间	夜　间
土石方	推土机、挖掘机、装载机等	75	55
打桩	各种打桩机械等	85	禁止施工
结构	混凝土搅拌机、振捣棒、电锯等	70	55
装修	吊车、升降机等	65	55

2. 施工现场的噪声控制措施

施工现场的噪声控制可以从声源、传播途径、接收者防护等方面来考虑。

(1) 声源控制。从声源上降低噪声，这是防止噪声污染的最根本措施。尽量采用低噪声设备和工艺代替高噪声设备与加工工艺，如采用低噪声振捣器、风机、电动空压机、电锯等。

在声源处安装消声器消声。如在通风机、鼓风机、压缩机、燃气机、内燃机及各类排气放空装置等进出风管的适当位置设置消声器。

(2) 传播途径的控制。在传播途径上控制噪声方法主要有以下几种。

● 吸声：利用吸声材料(大多由多孔材料制成)或由吸声结构形成的共振结构(如金属或木质薄板钻孔形成的空腔体等)吸收声能，降低噪声。

- 隔声：应用隔声结构，阻碍噪声向空间传播，将接收者与噪声声源分隔。隔声结构包括隔声室、隔声罩、隔声屏障、隔声墙等。
- 消声：利用消声器阻止噪声传播。允许气流通过的消声降噪是防治空气动力性噪声的主要装置。如对空气压缩机、内燃机产生的噪声等就采用这种装置。
- 减振降噪：对来自振动引起的噪声，通过降低机械振动减小噪声。如将阻尼材料涂在振动源上，或改变振动源与其他刚性结构的连接方式等。

(3) 接收者的防护。让处于噪声环境下的人员使用耳塞、耳罩等防护用品，减少相关人员在噪声环境中的暴露时间，以减轻噪声对人体的危害。

(4) 严格控制人为噪声。进入施工现场不得高声喊叫、无故甩打模板、乱吹哨，限制高音喇叭的使用，最大限度地减少噪声扰民。

(5) 控制强噪声作业的时间。凡在人口稠密区进行强噪声作业时，须严格控制作业时间，一般晚 10 点到次日早 6 点之间停止强噪声作业。确系特殊情况必须昼夜施工时，尽量采取降低噪声措施，并会同建设单位找当地居委会、村委会或当地居民协调，出安民告示，求得群众谅解。

5.5.5　施工现场固体废物的处理

固体废物是生产、建设、日常生活和其他活动中产生的固态、半固态废弃物质。固体废物是一个极其复杂的废物体系。按照其化学组成可分为有机废物和无机废物；按照其对环境和人类健康的危害程度可以分为一般废物和危险废物。

1. 施工工地上常见的固体废物

(1) 建筑渣土：包括砖瓦、碎石、渣土、混凝土碎块、碎玻璃、废屑、废弃装饰材料等。
(2) 废弃的散装建筑材料：包括散装水泥、石灰等。
(3) 生活垃圾：包括炊厨废物、丢弃食品、废纸、生活用具、玻璃、陶瓷碎片、废电池、废旧日用品、废塑料制品、煤灰渣、废交通工具等。
(4) 设备、材料等的废弃包装材料。

2. 施工现场固体废物的处理

(1) 回收利用：回收利用是对固体废物进行资源化、减量化的重要手段之一。对建筑渣土可视其情况加以利用。废钢可按需要做金属原材料，对废电池等废弃物应分散回收，集中处理。

(2) 减量化处理：减量化是对已经产生的固体废物进行分选、破碎、压实浓缩、脱水等减少其最终处置量，减低处理成本，减少对环境的污染。在减量化处理的过程中，也包括和其他处理技术相关的工艺方法，如焚烧、热解、堆肥等。

(3) 焚烧技术：焚烧用于不适合再利用且不宜直接予以填埋处置的废物，尤其是对于受到病菌、病毒污染的物品，可以用焚烧进行无害化处理。焚烧处理应使用符合环境要求的处理装置，注意避免对大气的二次污染。

(4) 稳定和固化技术：利用水泥、沥青等胶结材料，将松散的废物包裹起来，减小废物

的毒性和可迁移性，使得污染减少。

(5) 填埋：填埋是固体废物处理的最终技术，经过无害化、减量化处理的废物残渣集中到填埋场进行处置。填埋场应利用天然或人工屏障。尽量使需处置的废物与周围的生态环境隔离，并注意废物的稳定性和长期安全性。

5.6　季节性施工

【学习目标】

了解季节性施工的概念，掌握季节性施工的基本要求。

建设项目施工具有露天作业的特点，因而季节变化对施工的影响很大。为了减少自然条件给施工作业带来的影响，需要从技术措施、进度安排、组织调配等方面保证项目施工不受季节性影响，特别是雨季施工、冬期施工的影响。

5.6.1　冬期施工

根据当地多年气温资料，室外日平均气温连续 5 天稳定低于 5℃时，混凝土及钢筋混凝土结构工程的施工应采取冬期施工措施。

1. 冬期施工措施

(1) 根据工程所在地冬期气温的经验数据和气象部门的天气预报，由项目技术负责人编制该工程的冬期施工方案，经业主和监理工程师审查通过后进行实施。

(2) 对现场临时供水管、电源、火源及上下人行通道等设施做好防滑、防冻、防雪措施，加强管理，确保冬期施工顺利进行。为保证给水和排水的管线避免冻结的影响，施工中的临时管线埋设深度应在冰冻线以下；外露的水管，应用草绳包扎起来，免遭冻裂；排水管线应保持畅通；现场和道路应避免积水和结冰；必要时应设临时排水系统，排除地面水和地下水。

(3) 冬期施工前，应修整道路，注意清除积雪，保证冬期施工时道路畅通。

(4) 冬期施工前，要尽可能储备足够的冬期施工所需的各种材料、构件、备品、物资等。

(5) 冬期施工时，所需保温、取暖等火源大量增多，因此应加强防火教育及防火措施，布置必要的防火设施和消防龙头、灭火器等，并应安排专人检查管理。

(6) 冬期施工需增加一些特殊材料。如促凝剂、保温材料(稻草、炉渣、麻袋、锯末等)及为冬期施工服务的一系列设备以及劳动保护、防寒用品等。

(7) 加强冬期防护安保措施，抓好职工的思想技术教育和专职人员的培训工作。

2. 在冬期施工期间合理安排施工项目

冬期施工工程项目的确定，必须根据国家计划和上级的要求，具体分析研究，既考虑技术上的可能性，又考虑经济上的合理性，综合分析后做出正确的决定。安排工程进度时，应体现以上原则，尽可能减少冬季施工项目。在冬季施工前，要尽快完成工程的主体施工，以便取得更多的室内工作面，达到良好的技术经济效果。绝大部分工程能在冬期施工，但是各种不同的工程冬期施工的复杂程度有所区别，因冬期施工而增加的费用也不相同，一般在安排工程项目时，可按以下情况安排。

(1) 受冬期施工影响较大的项目，如土方工程、室外粉刷、防水工程、道路工程等，最好在冬期施工以前完成。

(2) 成本增加稍大的工程项目，如用蒸汽养护的混凝土结构、室内粉刷等，采取技术措施后，可以安排在冬期施工。

(3) 冬期施工费用增加不大的项目，如一般砌砖工程、可用蓄热法养护的混凝土工程、吊装工程、打桩工程等在冬期施工时，对技术要求并不高，但它们在工程中占的比重较大，对进度起着决定性作用，可以列在冬期施工的范围内。

5.6.2　雨期施工

1. 日常防备措施

(1) 合理布置现场，做到：现场有组织排水，排水通道畅通；严格按照《施工现场临时用电安全技术规范》敷设供电线路和配置电气设备，防止雨期触电；水泥等防潮、防雨材料库应架空，屋面应防水或用布覆盖。

(2) 现场清理干净，防雨材料堆放整齐、统一，悬挂物、标志牌固定牢靠，施工道路通畅。

(3) 储备水泵、铅丝、篷布、塑料薄膜等备用。

(4) 注意天气预报，了解天气动态。

2. 防风雨措施

(1) 做好汛前和暴风雨来临前的检查工作，及时认真整改存在的隐患，做到防患于未然。汛期和暴风雨期间要组织昼夜值班，做好记录。

(2) 加固临时设施，大标志牌、临时围墙等处设警告牌。

(3) 基坑周围应挖排水沟，与市政排雨管网接通，防止地表雨水直接汇入基坑、冲刷边坡；基坑底应修集水沟和集水坑并及时排水，集水明沟、集水坑沿基坑四周布置，配备足够水泵。

(4) 雨天作业必须设专人看护边坡，防止塌方，存在险情的地方未采取可靠的安全措施之前禁止作业施工。

(5) 钢筋要用枕木或木枋、地垄等架高，防止沾泥、生锈。

(6) 雨量较大时，禁止浇筑大面积混凝土，较小面积浇筑时应准备充足的覆盖材料。

(7) 在特大暴雨来临前，应停止施工，对简易架子采取加固或拆除处理；对新浇筑的混凝土采取塑料薄膜和麻袋保护。

(8) 雨天或风力达四级以上时，禁止外墙涂料施工。

5.7　建设工程文件资料管理

【学习目标】

了解建设工程文件包含的内容。

5.7.1　建设工程文件

建设工程文件(Construction Project Document)是指在工程建设过程中形成的各种形式的信息记录，包括工程准备阶段文件、监理文件、施工文件、竣工图和竣工验收文件。

(1) 工程准备阶段文件(Preparation Document of Construction Project)，指工程开工之前，在立项、审批、征地、勘察、设计、招投标等工程准备阶段形成的文件。

(2) 监理文件(Project Management Document)，指监理单位在工程设计、施工等阶段监理过程中形成的文件。

(3) 施工文件(Constructing Document)，指施工单位在工程施工过程中形成的文件。

(4) 竣工图(Complete Drawing)，指工程竣工验收后，真实反映建设工程项目施工结果的图样。

(5) 竣工验收文件(Complete Check and Accept Document)，指建设工程项目竣工验收活动中形成的文件。

5.7.2　土建(建筑与结构)工程施工文件

(1) 施工技术准备文件。包括施工组织设计，技术交底，图纸会审记录，施工预算的编制和审查，施工日志等。

(2) 施工现场准备文件。包括控制网设置资料，工程定位测量资料，基槽开挖线测量资料，施工安全措施，施工环保措施。

(3) 地基处理记录。包括地基钎探记录和钎探平面布点图，验槽记录和地基处理记录，桩基施工记录，试桩记录。

(4) 工程图纸变更记录。包括设计会议会审记录，设计变更记录，工程洽商记录。

(5) 施工材料预制构件质量证明文件及复试试验报告。包括砂、石、砖、水泥、钢筋、防水材料、隔热保温、防腐材料、轻集料试验汇总表；砂、石、砖、水泥、钢筋、防水材料、隔热保温、防腐材料、轻集料、焊条、沥青复试试验报告；预制构件(钢、混凝土)出厂合格证、试验记录；工程物资选样送审表；进场物资批次汇总表；工程物资进场报验表等。

(6) 施工试验记录。包括土壤(素土、灰土)干密度及试验报告，砂浆配合比通知单，砂浆(试块)抗压强度试验报告，混凝土抗渗试验报告，商品混凝土出厂合格证，复试报告，钢筋接头(焊接)试验报告，防水工程试水检查记录，楼地面、屋面坡度检查记录，砂浆、混凝土、钢筋连接、混凝土抗渗试验报告汇总表。

(7) 隐蔽工程检查记录。包括基础和主体结构钢筋工程、钢结构工程、防水工程、高程控制等。

(8) 施工记录。包括工程定位测量检查记录，预检工程检查记录，冬施混凝土搅拌测温记录，冬施混凝土养护测温记录，烟道、垃圾道检查记录，沉降观测记录，结构吊装记录，现场施工预应力记录，工程竣工测量，新型建筑材料，施工新技术等。

(9) 工程质量事故处理记录。

(10) 工程质量检验记录。包括检验批质量验收记录，分项工程质量验收记录，基础、主体工程验收记录，幕墙工程验收记录，分部(子分部)工程质量验收记录。

习　题

一、选择题

1. ( )是指专门从事某一类业务工作的部门。

A. 组织机构　　B. 管理部门　　C. 管理层次　　D. 管理跨度

2. ( )项目组织中的成员接受双重领导，既要接受项目经理的领导，又要接受企业原职能部门的领导。

A. 工作队式　　B. 部门控制式　　C. 矩阵制　　　D. 事业部式

3. 下列描述正确的是( )。

A. 施工项目经理部是由施工项目经理独自组建并领导进行项目管理的组织机构

B. 施工项目经理部是一个固定性的组织机构

C. 施工项目经理部是代表企业履行工程承包合同的主体，对生产全过程负责

D. 大、中型施工项目经理部宜按职能式项目组织形式建立

4. ( )建立的基本要求是一个独立的职责必须由一个人全权负责，应做到人人有责可负、事事有人负责。

A. 责任制度　　B. 监督制度　　C. 核算制度　　D. 奖惩制度

5. 施工项目经理的具体责任、权限和利益，由企业法定代表人通过( )确定。

A. 施工项目经理责任制　　　　　B. 委托代理人

C. 施工全过程　　　　　　　　　D. 项目管理目标管理责任书

二、简答题

1. 施工现场管理的内容有哪些？

2. 图纸会审、作业技术交底的内容有哪些？

3. 作业技术交底的方式有哪些？特点如何？

4. 如何设置质量控制点？

5. 成品保护有哪些措施？

6. 简述安全措施的主要内容。

7. 简述安全教育和安全检查的主要内容。

8. 现场文明施工的措施和内容有哪些？

9. 施工项目的技术资料有哪些?

10. 施工项目成本管理有哪些工作内容?

11. 施工项目成本预测分为哪些过程?

12. 施工项目成本计划的编制要注意哪些问题?

13. 简述施工项目成本控制的原则。

14. 施工项目成本控制有哪些具体措施?

模块四　施工组织设计

导入案例

　　宋代学者沈括在他的《梦溪笔谈》一书中，有一篇《一举而三役济》的文章，其大意是：由于大火烧毁宫中殿堂，皇上任命丁谓主持宫殿修复工作。修复工程需要砖，但烧砖需要取土的地方太远，于是丁谓下令挖道路取土。很快，道路挖成了河，丁谓又下令将附近的汴水引入河中，将河作为运输通道(水运成本要比陆运成本低)，在河中用竹筏和船只来运送各地征集来的各种建筑材料。待宫殿修复完工之后，丁谓又下令将破损的瓦砾及泥土等建筑垃圾重新填入沟中，大沟又变回了街道。这样的施工组织方案在当时运输手段原始落后、完全手工操作、社会分工很差的条件下是十分合理的，同时解决了取土、运输、处理建筑废渣三项工作，取得了降低费用、少用人工和缩短工期的良好效果。

单元6 施工组织总设计

内容提要

本单元概述施工组织总设计编制的程序及依据；施工部署的主要内容；施工总进度计划编制的原则、步骤和方法；暂设工程的组织；施工总平面图设计的原则步骤和方法；施工组织总设计的评价方法。

技能目标

- 了解施工组织总设计(也称施工总体规划)的编制原则、依据和内容。
- 了解并能根据相关资料编写具有一定深度的施工组织总设计。
- 熟悉施工总进度计划编制的原则、步骤和方法。
- 熟悉施工总平面图设计的原则步骤和方法。
- 掌握暂设工程的组织方法。

施工组织总设计(也称施工总体规划)，是以整个建设项目或群体工程为对象编制的，是整个建设项目或群体工程施工准备和施工的全局性、指导性文件。它是为施工生产建立施工条件、集结施工力量、组织物资资源的供应以及进行现场生产与生活临时设施规划的依据，也是施工企业编制年度施工计划和单位工程施工组织设计的依据，是实现建筑企业科学管理、保证最优完成施工任务的有效措施。

6.1 施工组织总设计编制原则、依据及内容

【学习目标】

了解施工组织总设计的编制原则、编制依据和内容。

6.1.1 施工组织总设计的原则

编制施工组织总设计应遵照以下基本原则。

(1) 严格遵守工期定额和合同规定的工程竣工及交付使用期限。总工期较长的大型建设项目，应根据生产的需要，安排分期分批建设，配套投产或交付使用，从实质上缩短工期，尽早地发挥建设投资的经济效益。

在确定分期分批施工的项目时，必须注意使每期交工的一套项目可以独立地发挥效用，使主要的项目同有关的附属辅助项目同时完工，以便完工后可以立即交付使用。

(2) 合理安排施工程序与顺序。建筑施工有其本身的客观规律，按照反映这种规律的程序组织施工，能够保证各项施工活动相互促进、紧密衔接，避免不必要的重复工作，加快施工速度，缩短工期。

(3) 贯彻实施多层次技术结构的技术政策，因时因地制宜地促进技术进步和建筑工业化的发展。

(4) 从实际出发，做好人力、物力的综合平衡，组织均衡施工。

(5) 尽量利用正式工程、原有或就近的已有设施，以减少各种暂设工程；尽量利用当地资源，合理安排运输、装卸与储存作业，减少物资运输量，避免二次搬运；精心进行场地规划布置，节约施工用地，不占或少占农田，防止施工事故，做到文明施工。

(6) 实施目标管理。编制施工组织总设计的过程，也就是提出施工项目目标及实现办法的规划过程。因此，必须遵循目标管理的原则，应使目标分解得当，决策科学，实施有法。

(7) 与施工项目管理相结合。进行施工项目管理，必须事先进行规划，使管理工作按规划有序地进行。施工项目管理规划的内容应在施工组织总设计的基础上进行扩展，使施工组织总设计不仅服务于施工和施工准备，而且服务于经营管理和施工管理。

6.1.2　施工组织总设计的编制依据

为了保证施工组织总设计的编制工作顺利进行和提高其编制水平及质量，使施工组织总设计更能结合实际、切实可行，并能更好地发挥其指导施工安排、控制施工进度的作用，应以如下资料作为编制依据。

1. 计划、批准文件及有关合同的规定

如国家(包括国家计委及部、省、市计委)或有关部门批准的基本建设或技术改造项目的计划、可行性研究报告、工程项目一览表、分批分期施工的项目和投资计划；建设地点所在地区主管部门有关批件；施工单位上级主管部门下达的施工任务计划；招投标文件及签订的工程承包合同中的有关施工要求的规定；工程所需材料、设备的订货合同以及引进材料、设备的供货合同等。

2. 设计文件及有关规定

如批准的初步设计或扩大初步设计，设计说明书，总概算或修正总概算和已批准的计划任务书等。

3. 建设地区的工程勘察资料和调查资料

勘察资料主要有：地形、地貌、水文、地质、气象等自然条件。调查资料主要有：可能为建设项目服务的建筑安装企业、预制加工企业的人力、设备、技术与管理水平等情况，工程材料的来源与供应情况，交通运输情况以及水电供应情况等建设地区的技术经济条件和当地政治、经济、文化、科技、宗教等社会调查资料。

4. 现行的规范、规程和有关技术标准

主要有施工及验收规范、质量标准、工艺操作规程、HSE 强制标准、概算指标、概预算定额、技术规定和技术经济指标等。

5. 类似资料

如类似、相似或近似建设项目的施工组织总设计实例、施工经验的总结资料及有关的

参考数据等。

6.1.3　施工组织总设计的内容

根据工程性质、规模、建筑结构的特点、施工的复杂程度和施工条件的不同，其内容也有所不同，但一般应包括以下主要内容。

(1) 工程概况。

(2) 施工部署和主要工程项目施工方案。

(3) 施工总进度计划。

(4) 施工准备工作计划。

(5) 施工资源需求量计划。

(6) 施工总平面图。

(7) 主要技术组织措施。

(8) 主要技术经济指标。

施工组织总设计是整个工程项目或群体建筑全面性和全局性的指导施工准备和组织施工的技术文件，通常应该遵循如图 6.1 所示的编制程序。

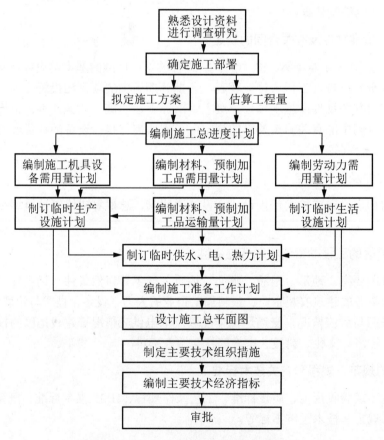

图 6.1　施工组织总设计编制程序框图

6.2 施工组织总部署

【学习目标】

了解施工组织总设计中的施工部署的内容。

6.2.1 工程概况

施工组织设计中的工程概况，实际上是一个总的说明，是对拟建项目或建筑群体工程所作的一个简明扼要、重点突出的文字介绍。

1. 建设项目特点

主要介绍建设地点、工程性质、建设规模、总占地面积、总建筑面积、总工期、分期分批投入使用的项目及期限；主要工种工程量、设备安装及其吨位；总投资额、建筑安装工作量、工厂区与生活区的工程量；生产流程和工艺特点；建筑结构类型与特点；新技术与新材料的特点及应用情况等各项内容。为了更清晰地反映这些内容，也可利用附图或表格等不同形式予以说明。内容如表6.1～表6.3所示。

表6.1 建筑安装工程项目一览表

序号	工程名称	建筑面积/m²	建安工作量/万元		吊装和安装工程量/(t 或件)		建筑结构
			土 建	安 装	吊 装	安 装	

注："建筑结构"栏填结构类型及层数。

表6.2 主要建筑物和构筑物一览表

序号	工程名称	建筑结构特征或示意图	建筑面积/m²	占地面积/m²	建筑体积/m³	备注

注："建筑结构特征"栏说明其基础、墙、柱、屋盖等的结构构造。

表6.3 生产车间、管网线、生活福利设施一览表

序号	工程名称	单位	合计	生产车间			仓库及运输				管网				生活福利		临时设施		备注
				××车间	…	…	仓库	铁路	公路	…	供电	供水	排水	供热	宿舍	文化福利	生产	生活	

注："生产车间"栏按主要车间、辅助生产车间、动力车间次序填写。

2. 建设地区特征

主要介绍建设地区的自然条件和技术经济条件。如地形、地貌、水文、地质和气象资料等自然条件，地区的施工力量情况、地方企业情况、地方资源供应情况、水电供应和其他动力供应等技术经济条件。

3. 施工条件及其他方面的情况

主要介绍施工企业的生产能力，技术装备和管理水平，市场竞争力和完成指标的情况，主要设备、材料、特殊物资等的供应情况，以及上级主管部门或建设单位对施工的某些要求等。其他方面的情况主要包括有关建设项目的决议和协议，土地的征用范围、数量和居民搬迁时间等与建设项目实施有关的重要情况。

6.2.2 施工部署和主要工程项目施工方案

施工部署是在充分了解工程情况、施工条件和建设要求的基础上，对整个建设工程进行全面安排和解决工程施工中的重大问题的方案，是编制施工总进度计划的前提。

施工部署的内容和侧重点，根据建设项目的性质、规模和客观条件不同而有所不同。一般包括以下内容。

1. 明确施工任务分工和组织安排

施工部署应首先明确施工项目的管理机构、体制，划分各参与施工单位的任务，明确各承包单位之间的关系，建立施工现场统一的组织领导机构及其职能部门，确定综合和专业的施工队伍，划分施工阶段，确定各单位分期分批的主攻项目和穿插项目。

2. 编制施工准备工作计划

施工准备工作是顺利完成项目建设任务的一个重要阶段，必须从思想上、组织上、技术上和物资供应等方面做好充分准备，并做好施工准备工作计划。其主要内容如下。

(1) 安排好场内外运输、施工用主干道，水、电来源及其引入方案。

(2) 安排好场地平整方案和全场性的排水、防洪。

(3) 安排好生产、生活基地。在充分掌握该地区情况和施工单位情况的基础上，规划混凝土构件预制，钢、木结构制品及其他构配件的加工，仓库及职工生活设施等。

(4) 安排好各种材料的库房、堆场用地和材料货源供应及运输。

(5) 安排好冬雨期施工的准备。

(6) 安排好场区内的宣传标志，为测量放线做准备。

3. 主要项目施工方案的拟定

施工组织总设计中要对一些主要工程项目和特殊的分项工程项目的施工方案予以拟定。这些项目通常是建设项目中工程量大、施工难度大、工期长、在整个建设项目中起关键作用的单位工程项目以及影响全局的特殊分项工程。其目的是为了进行技术和资源的准备工作，同时也为了施工进程的顺利开展和现场的合理布置。其内容应包括以下方面。

(1) 施工方法，要求兼顾技术的先进性和经济的合理性。

(2) 工程量，对资源的合理安排。

(3) 施工工艺流程，要求兼顾各工种各施工段的合理搭接。

(4) 施工机械设备，能使主导机械满足工程需要，又能发挥其效能，使各大型机械在各工程上进行综合流水作业，减少装、拆、运的次数，辅助配套机械的性能应与主导机械相适应。其中，施工方法和施工机械设备应重点组织安排。

4. 确定工程开展程序

根据建设项目总目标的要求，确定合理的工程建设项目开展程序，主要考虑以下几个方面。

(1) 在保证工期的前提下，实行分期分批建设。这样，既可以使每一具体项目迅速建成，尽早投入使用，又可在全局上取得施工的连续性和均衡性，以减少暂设工程数量，降低工程成本，充分发挥项目建设投资的效果。

一般大型工业建设项目(如：冶金联合企业、化工联合企业等)都应在保证工期的前提下分期分批建设。这些项目的每一个车间不是孤立的，它们分别组成若干个生产系统，在建造时，需要分几期施工，各期工程包括哪些项目，要根据生产工艺要求、建设部门要求、工程规模大小和施工难易程度、资金状况、技术资源情况等确定。同一期工程应是一个完整的系统，以保证各生产系统能够按期投入生产。例如某大型发电厂工程，由于技术、资金、原料供应等原因，工程分两期建设。一期工程安装两台 20 万千瓦国产汽轮机组和各种与之相适应的辅助生产、交通、生活福利设施。建成后投入使用，两年之后再进行第二期工程建设，安装一台 60 万千瓦国产汽轮机组，最终形成 100 万千瓦的发电能力。

(2) 各类项目的施工应统筹安排，保证重点，确保工程项目按期投产。一般情况下，应优先考虑的项目如下。

① 按生产工艺要求，需先期投入生产或起主导作用的工程项目。

② 工程量大，施工难度大，需要工期长的项目。

③ 运输系统、动力系统，如厂内外道路、铁路和变电站。

④ 供施工使用的工程项目，如各种加工厂、搅拌站等附属企业和其他为施工服务的临时设施。

⑤ 生产上优先使用的机修、车库、办公及家属宿舍等生活设施。

(3) 一般工程项目均应按先地下、后地上，先深后浅，先干线后支线的原则进行安排。

如地下管线和筑路的程序，应先铺管线，后筑路。

(4) 应考虑季节对施工的影响。如大规模土方和深基础土方施工一般要避开雨期，寒冷地区应尽量使房屋在入冬前封闭，在冬季转入室内作业和设备安装。

6.3　施工总进度计划安排

【学习目标】

了解施工组织总设计中的施工总进度计划的内容。

施工总进度计划是以拟建项目交付使用时间为目标而确定的控制性施工进度计划。它是控制整个建设项目的施工工期及其各单位工程施工期限和相互搭接关系的依据。正确地编制施工总进度计划，是保证各个系统以及整个建设项目如期交付使用、充分发挥投资效果、降低建筑成本的重要条件。

施工总进度计划一般按下述步骤进行。

1. 计算工程项目及全工地性工程的工程量

施工总进度计划主要起控制总工期的作用，因此在列工程项目一览表时，项目划分不宜过细。通常按分期分批投产顺序和工程开展顺序列出工程项目，并突出每个交工系统中的主要工程项目。一些附属项目及一些临时设施可以合并列出。

根据批准的总承建工程项目一览表，按工程开展程序和单位工程计算主要实物工程量。此时，计算工程量的目的是为了选择施工方案和主要的施工运输机械；初步规划主要施工过程和流水施工；估算各项目的完成时间；计算劳动力及技术物资的需要量。这些工程量只需粗略地计算即可。

计算工程量，可按初步(或扩大初步)设计图纸并根据各种定额手册进行计算。常用的定额、资料如下。

(1) 万元、十万元投资工程量，劳动力及材料消耗扩大指标。这种定额规定了某一种结构类型建筑每万元或十万元投资中劳动力消耗数量、主要材料消耗量。根据图纸中的结构类型，即可估算出拟建工程分项需要的劳动力和主要材料消耗量。

(2) 概算指标和扩大结构定额。这两种定额都是预计定额的进一步扩大(概算指标是以建筑物的每 $100m^3$ 体积为单位；扩大结构定额是以每 $100m^2$ 建筑面积为单位)。

查定额时，分别按建筑物的结构类型、跨度、高度分类，查出这种建筑物按拟定单位所需的劳动力和各项主要材料消耗量，从而推出拟计算项目所需要的劳动力和材料的消耗量。

(3) 已建房屋、构筑物的资料。在缺少定额手册的情况下，可采用已建类似工程实际材料、劳动力消耗量，按比例估算。但是，由于和拟建工程完全相同的已建工程是比较少见的，因此在利用已建工程的资料时，一般都应进行必要的调整。

除建设项目本身外，还必须计算主要的全工地性工程的工程量。例如铁路及道路长度、地下管线长度、场地平整面积等，这些数据可以从建筑总平面图上求得。

按上述方法计算出的工程量填入统一的工程项目一览表，如表 6.4 所示。

表 6.4　工程图一览表

工程分类	工程项目名称	结构类型	建筑面积/km²	栋数/个	概算投资/万元	主要实物工程量								
						场地平整/km²	土方工程/km³	铁路铺设/km	…	砖石工程/km³	钢筋混凝土工程/km³	…	装饰工程/km²	…
全工地性工程														
主体项目														
辅助项目														
永久住宅														
临时建筑														
合计														

2. 确定各单位工程(或单个建筑物)的施工期限

单位工程的工期可参阅工期定额(指标)予以确定。工期定额是根据我国各部门多年来的经验，经分析汇总而成。单位工程的施工期限与建筑类型、结构特征、施工方法、施工技术和管理水平以及现场的施工条件等因素有关，故确定工期时应予以综合考虑。

3. 确定单位工程的开工、竣工时间和相互搭接关系

在施工部署中已确定了总的施工程序和各系统的控制期限及搭接时间，但对每一建筑物何时开工、何时竣工尚未确定。在解决这一问题时，主要考虑以下几个因素。

(1) 同一时期的开工项目不宜过多，以免人力物力的分散；

(2) 尽量使劳动力和技术物资消耗量在全工程上均衡；

(3) 做到土建施工、设备安装和试生产之间在时间上的综合安排以及每个项目和整个建设项目的合理安排；

(4) 确定一些次要工程作为后备项目，用以调剂主要项目的施工进度。

4. 编制施工总进度计划

施工总进度计划可以用横道图表达，也可以用网络图表达，用网络图表达时，应优先采用时标网络图。采用时标网络图比横道计划更加直观、易懂、一目了然、逻辑关系明确，并能利用电子计算机进行编制、调整、优化、统计资源消耗数量、绘制并输出各种图表，因此应广泛推广使用。

由于施工总进度计划只是起控制各单位工程或各分部工程的开工、竣工时间的作用，因此不必做得很详细，以单位工程或分部工程作为施工项目名称即可，否则会给计划的编制和调整带来不便。

施工总进度计划的绘制步骤是：首先根据施工项目的工期和相互搭接时间，编制施工总进度计划的初步方案；然后在进度计划的下面绘制投资、工作量、劳动力等主要资源消耗动态曲线图，并对施工总进度计划进行综合调整，使之趋于均衡；最后绘制成正式的施工总进度计划，如表 6.5 所示。表 6.6 是某群体工程施工总进度计划。

表 6.5　施工总进度计划

序号	施工项目	建筑指标		设备安装指标 (t)	总劳动量 (工日)	施工总进度							
		单 位	数 量			第一年				第二年			
						1	2	3	4	1	2	3	4

表 6.6　某群体工程施工总进度计划

区域及单位工程		第一年				第二年				第三年				第四年			
		1	2	3	4	1	2	3	4	1	2	3	4	1	2	3	4
A区 会议 厅	土方，基础，结构																
	机电，管线安装																
	装修																
B区 宾馆	地下室，结构																
	机电，管线安装																
	装修																
C区 中展 厅	土方，基础，结构																
	机电，管线安装																
	装修																
D区 办公 塔楼	地下室，结构																
	钢结构，防火喷涂																
	玻璃幕墙																
	机电，管线安装																
	装修																

续表

区域及单位工程		第一年				第二年				第三年				第四年			
		1	2	3	4	1	2	3	4	1	2	3	4	1	2	3	4
E区花园	基础，地下室结构			▬	▬	▬	▬	▬									
	机电，管线安装					▬	▬	▬	▬								
	装修						▬	▬	▬	▬	▬	▬	▬				
F区大展厅	地下室，结构		▬	▬	▬	▬	▬	▬	▬	▬							
	机电，管线安装							▬	▬	▬	▬	▬					
	装修									▬	▬	▬	▬	▬			
锅炉房	土方，结构，装修					▬	▬										
	机电安装					▬	▬	▬	▬	▬	▬	▬	▬				
室外工程	地下管线，竖井					▬	▬	▬	▬	▬							
	道路，室外，围墙						▬	▬	▬	▬	▬	▬	▬	▬			

6.4　资源总需求计划

【学习目标】

了解施工组织总设计中的资源总需求计划的内容。

依据总施工部署、总进度计划可以编制施工中各种资源的总需求计划，以确保资源的组织和供应，从而使项目施工能顺利进行。

6.4.1　施工准备工作计划

为确保工程按期开工和施工总进度计划的如期完成，应根据建设项目的施工部署、工程施工的展开程序和主要工程项目的施工方案，及时编制好全场性的施工准备工作计划，

其形式如表 6.7 所示。

表 6.7　主要施工准备工作计划

序号	施工准备工作内容	负责单位	涉及单位	要求完成日期	备　注

施工准备工作计划的主要内容如下。

(1) 按照建筑总平面图建立现场测量控制网。

(2) 做好土地征用、居民迁移和各类障碍物的拆除或迁移工作。

(3) 做好场内外运输道路、水、电、气的引入方案和施工安排，制定场地平整、全场性排水、防洪设施的规划和施工安排。

(4) 安排好混凝土搅拌站、预制构件厂、钢筋加工厂等生产设施和各种生活福利设施的修建计划。

(5) 做好建筑材料、预制构件、加工品、半成品、施工机具的订购、运输、存储方式等各项计划，并做好相应的准备工作。

(6) 编制施工组织总设计、制定有关的施工技术措施。

(7) 制定新技术、新材料、新工艺、新结构的试制、试验计划和职工技术培训计划。

(8) 制定冬雨期施工的技术组织措施和施工准备工作计划。

6.4.2　施工资源需要量计划

根据建设项目施工总进度计划，按照下表将主要实物工程量进行汇总，编制工程量进度计划。然后根据工程量汇总表(如表 6.8 所示)计算主要劳动力及施工技术物资需要量。

1. 劳动力需要量及供应计划

首先根据施工总进度计划，套用概算定额或经验资料分别计算出一年四季(或各月)所需劳动力数量；然后按表汇总成劳动力需要量及使用计划(如表 6.9 所示)，同时解决劳动力不足的相应措施。

表 6.8　工程量汇总表

顺次	工程名称	计算单位	全部工程	其中包括 各项工程					工程量进度计划 1				2	3
				1	2	3	4	5	季　度 一	二	三	四		
1	2	3	4	5	6	7	8	9	10	11	12	13	14	15
1	土方工程													
1.1	挖土													
1.2	填土													
2	砖石工程													
3	钢筋混凝土结构													

续表

顺次	工程名称	计算单位	全部工程	其中包括					工程量进度计划					
				各项工程					1				2	3
				1	2	3	4	5	季　度					
									一	二	三	四		
1	2	3	4	5	6	7	8	9	10	11	12	13	14	15
4	结构安装													
	……													
5	门窗工程													
5.1	门													
5.2	窗													
6	隔墙													
7	地面工程													
8	屋面工程													
	……													

表 6.9　劳动力需要量及使用计划

序号	工种名称	劳动量(工日)	全工地性工程						生活用房		仓库、加工厂等暂设工程	用工时间														
			主厂房	辅助车间	道路	铁路	给水排水管道	电气工程	永久性住宅	临时性住宅		年								年					
												5	6	7	8	9	10	11	12	1	2	3	4	5	6
	钢筋工																								
	木工																								
	混凝土工																								
	……																								

2. 主要施工及运输机械需要量汇总表

根据施工进度计划、主要建筑物施工方案和工程量、套用机械产量定额，即可得到主要施工机械需要量。辅助机械可根据安装工程概算指标求得，从而编制出机械需要量计划。

根据施工部署和主要建筑物的施工方案、技术措施以及总进度计划的要求，即可得出必需的主要施工机具的数量及进场日期。这样，可使所需机具按计划进场，另外可为计算施工用电、选择变压器容量等提供计算依据。主要施工及运输机械需要量汇总表如表 6.10 所示。

表 6.10　主要施工及运输机械需要量汇总表

序号	机械名称	简要说明(型号、生产率等)	电动机功率/kW	数量	需要量计划													
					年								年					
					5	6	7	8	9	10	11	12	1	2	3	4	5	6

3. 建设项目各种物资需要量计划

根据工种工程量汇总表和总进度计划的要求，查概算指标即可得出各单位工程所需的物资需要量，从而编制出物资需要量计划，如表 6.11 所示。

表 6.11 建设项目各种物资需要量计划

序号	类别	材料名称	单位	全工地性工程						生活设施		其他暂设工程	用工时间											
				主厂房	辅助车间	道路	铁路	给排水管道工程	电气工程	永久性住宅	临时性住宅		年						年					
													7	8	9	10	11	12	1	2	3	4	5	6
1	构件类	预制桩预制梁四孔板……																						
2	主要材料	钢筋水泥砖石灰																						
3	半成品类	砂浆混凝土木门窗……																						

6.5 施工总平面图

【学习目标】

了解施工组织总设计中的施工总平面图的内容。

施工总平面图是在拟建项目施工场地范围内，按照施工布置和施工总进度计划的要求，将拟建项目和各种临时设施进行合理部署的总体布置图，是施工组织总设计的重要内容，也是现场文明施工、节约施工用地、减少各种临时设施数量、降低工程费用的先决条件。

6.5.1 施工总平面图设计的内容

施工总平面图一般含有以下内容。

(1) 建设项目的建筑总平面图上一切地上、地下的已有和拟建建筑物、构筑物及其他设施的位置和尺寸。

(2) 一切为全工地施工服务的临时设施的布置位置，具体如下。

① 施工用地范围、施工用道路。

② 加工厂及有关施工机械的位置。

③ 各种材料仓库、堆场及取土弃土位置。办公、宿舍、文化福利设施等建筑的位置。水源、电源、变压器、临时给排水管线、通信设施、供电线路及动力设施位置。

④ 机械站、车库位置。

⑤ 一切安全、消防设施位置。

⑥ 永久性及半永久性坐标位置、取土弃土位置。

6.5.2　施工总平面图设计的原则

施工总平面图设计总的原则是：平面紧凑合理，方便施工流程，运输方便通畅，降低临建费用，便于生产生活，保护生态环境，保证安全可靠。具体内容如下。

(1) 平面紧凑合理是指少占农田、减少施工用地，充分调配各方面的布置位置，使其合理有序。

(2) 方便施工流程是指施工区域的划分应尽量减少各工种之间的相互干扰，充分调配人力、物力和场地，保持施工均衡、连续、有序。

(3) 运输方便畅通是指合理组织运输，减少运输费用，保证水平运输和垂直运输畅通无阻，保证连续施工。

(4) 降低临建费用是指充分利用现有建筑，作为办公、生活福利等用房，应尽量少建临时性设施。

(5) 便于生产生活是指尽量为生产工人提供方便的生产生活条件。

(6) 保护生态环境是指施工现场及周围环境需要注意保护，如能保留的树木应尽量保留，对文物及有价值的物品应采取保护措施，对周围的水源不应造成污染，垃圾、废土、废料、废水不随便乱堆、乱放、乱泄等，做到文明施工。

(7) 保证安全可靠是指安全防火、安全施工，尤其不要出现影响人身安全的事故。

6.5.3　施工总平面图设计的依据

(1) 设计资料，包括建筑总平面图、地形地貌图、区域规划图、建设项目范围内有关的一切已有的和拟建的各种地上、地下设施及位置图。

(2) 建设地区资料，包括当地的自然条件和经济技术条件，当地的资源供应状况和运输条件等。

(3) 建设项目的建设概况，包括施工方案、施工进度计划，以便了解各施工阶段情况，合理规划施工现场。

(4) 物资需求资料，包括建筑材料、构件、加工品、施工机械、运输工具等物资的需要量表，以规划现场内部的运输线路和材料堆场等位置。

(5) 各构件加工厂、仓库、临时性建筑的位置和尺寸。

6.5.4　施工总平面图的设计步骤

1. 运输线路的布置

设计全工地性的施工总平面图，首先应解决大宗材料进入工地的运输方式。比如说铁路运输需将铁轨引入工地，水路运输需考虑增设码头、仓储和转运问题，公路运输需考虑运输路线的布置问题等。

1) 铁路运输

一般大型工业企业都设有永久性铁路专用线，通常提前修建，以便于为工程项目施工服务。由于铁路的引入，将严重影响场内施工的运输和安全。因此，一般先将铁路引入到工地两侧，当整个工程进展到一定程度，工程可分为若干个独立施工区域时，才可以把铁路引到工地中心区。此时铁路对每个独立的施工区都不应有干扰，位于各施工区的外侧。

2) 水路运输

当大量物资由水路运输时，就应充分利用原有码头的吞吐能力。当原有码头吞吐能力不足时，应考虑增设码头，其码头的数量不应少于两个，且宽度应大于 2.5m，一般用石或钢筋混凝土结构建造。

一般码头距工程项目施工现场有一定距离，故应考虑在码头修建仓储库房以及从码头运往工地的运输问题。

3) 公路运输

当大量物资由公路运进现场时，由于公路布置较为灵活，一般将仓库、加工厂等生产性临时设施布置在最方便、最经济合理的地方，而后再布置通向场外的公路线。

2. 仓库与材料堆场的布置

通常考虑设置在运输方便、位置适中、运距较短并且安全防火的地方，并应区别不同材料、设备和运输方式来设置。

仓库和材料堆场的布置应考虑下列因素。

(1) 尽量利用永久性仓储库房，以便于节约成本。

(2) 仓库和堆场位置距离使用地应尽量接近，以减少二次搬运的工作。

(3) 当有铁路时，尽量布置在铁路线旁边，并且留够装卸前线，而且应设在靠工地一侧，避免内部运输跨越铁路。

(4) 根据材料用途设置仓库和材料堆场。

砂、石、水泥等应在搅拌站附近；钢筋、木材、金属结构等在相应加工厂附近；油库、氧气库等布置在相对僻静、安全的地方；设备尤其是笨重设备应尽量在车间附近；砖、瓦和预制构件等直接使用材料应布置在施工现场，吊车控制半径范围之内。

3. 加工厂的布置

加工厂一般包括：混凝土搅拌站、构件预制厂、钢筋加工厂、木材加工厂、金属结构加工厂等。布置这些加工厂时主要考虑的问题是：来料加工和成品、半成品运往需要地点的总运输费用最小；加工厂的生产和工程项目的施工互不干扰。

(1) 搅拌站布置。根据工程的具体情况可采用集中、分散或集中与分散相结合三种方式布置。当现浇混凝土量大时，宜在工地设置现场混凝土搅拌站；当运输条件好时，采用集中搅拌最有利；当运输条件较差时，则宜采用分散搅拌。

(2) 预制构件加工厂布置。一般建在空闲区域，既能安全生产，又不影响现场施工。

(3) 钢筋加工厂。根据不同情况，采用集中或分散布置。对于冷加工、对焊、点焊的钢筋网等宜集中布置；设置中心加工厂，其位置应靠近构件加工厂；对于小型加工件，利用简单机具即可加工的钢筋，可在靠近使用地分散设置加工棚。

(4) 木材加工厂。根据木材加工的性质、加工的数量，选择集中或分散布置。一般原木加工批量生产的产品等加工量大的应集中布置在铁路、公路附近；简单的小型加工件可分散布置在施工现场，搭设几个临时加工棚。

(5) 金属结构、焊接、机修等车间的布置，由于相互之间生产上联系密切，应尽量集中布置在一起。

4. 布置内部运输道路

根据各加工厂、仓库及各施工对象的相对位置，对货物周转运行图进行反复研究，区分主要道路和次要道路，进行道路的整体规划，以保证运输畅通，车辆行驶安全，节省造价。在内部运输道路布置时应考虑以下方面。

(1) 尽量利用拟建的永久性道路。将它们提前修建，或先修路基，铺设简易路面，项目完成后再铺路面。

(2) 保证运输畅通。道路应设两个以上的进出口，避免与铁路交叉，一般厂内主干道应设成环形，其主干道应为双车道，宽度不小于 6m，次要道路为单车道，宽度不小于 3m。

(3) 合理规划拟建道路与地下管网的施工顺序。在修建拟建永久性道路时，应考虑道路下的地下管网，避免将来重复开挖，尽量做到一次性到位，节约投资。

5. 消防要求

根据工程防火要求，应设立消防站，一般设置在易燃建筑物(木材、仓库等)附近，并须有通畅的出口和消防车道，其宽度不宜小于 6m，与拟建房屋的距离不得大于 25m，也不得小于 5m；沿道路布置消火栓时，其间距不得大于 10m，消火栓到路边的距离不得大于 2m。

6. 行政与生活临时设施设置

1) 临时性房屋设置原则

临时性房屋一般有办公室、汽车库、职工休息室、开水房、浴室、食堂、商店、俱乐部等。布置时应考虑以下方面。

(1) 全工地性管理用房(办公室、门卫等)应设在工地入口处。

(2) 工人生活福利设施(商店、俱乐部、浴室等)应设在工人较集中的地方。

(3) 食堂可布置在工地内部或工地与生活区之间。

(4) 职工住房应布置在工地以外的生活区，一般距工地 500～1000m 为宜。

2) 办公及福利设施的规划与实施

工程项目建设中，办公及福利设施的规划应根据工程项目建设中的用人情况来确定。

(1) 确定人员数量。

一般情况下，直接生产工人(基本工人)数用下式计算：

$$R = -n\frac{T}{t} \times K_2 \qquad (6\text{-}1)$$

式中：R——需要工人数；

　　　n——直接生产的基本工人数；

　　　T——工程项目年(季)度所需总工作日；

　　　t——年(季)度有效工作日；

　　　K_2——年(季)度施工不均衡系数，取 1.1～1.2。

非生产人员参照国家规定的比例计算，可以参考表 6.12 的规定。

表 6.12　非生产人员比例表

| 序　号 | 企业类别 | 非生产人员比例% | 其　中 | | 折算为占生产人员比例% |
			管理人员	服务人员	
1	中央省市自治区属	16～18	9～11	6～8	19～22
2	直辖市、地区属	8～10	8～10	5～7	16.3～19
3	县(市)企业	10～14	7～9	4～6	13.6～16.3

注：工程分散，职工数较大者取上限；新辟地区、当地服务网点尚未建立时应增加服务人员 5%～10%；大城市、大工业区服务人员应减少 2%～4%。

家属视工地情况而定，工期短、距离近的家属少安排些，工期长、距离远的家属多安排些。

(2) 确定办公及福利设施的临时建筑面积。

当工地人员确定后，可按实际人数确定建筑面积。

$$S = NP \qquad (6-2)$$

式中：S——建筑面积(m^2)；

　　　N——工地人员实际数；

　　　P——建筑面积指标，可参照表 6.13 取定。

表 6.13　临时建筑面积

序号	临时建筑名称	指标使用方法	参考指标	序号	临时建筑名称	指标使用方法	参考指标
一	办公室	按使用人数	3～4	3	理发室	按高峰年平均人数	0.01～0.03
二	宿舍			4	俱乐部	按高峰年平均人数	0.1
1	单层通铺	按高峰年(季)平均人数	2.5～3.0	5	小卖部	按高峰年平均人数	0.03
2	双层床	不包括工地人数	2.0～2.5	6	招待所	按高峰年平均人数	0.06
3	单层床	不包括工地人数	3.5～4.0	7	托儿所	按高峰年平均人数	0.03～0.06
三	家属宿舍		16～25 m^2/户	8	子弟校	按高峰年平均人数	0.06～0.08
四	食堂	按高峰年平均人数	0.5～0.8	9	其他公用	按高峰年平均人数	0.05～0.10
	食堂兼礼堂	按高峰年平均人数	0.6～0.9	六	小型	按高峰年平均人数	
五	其他合计	按高峰年平均人数	0.5～0.6	1	开水房		10～40
1	医务所	按高峰年平均人数	0.05～0.07	2	厕所	按工地平均人数	0.02～0.07
2	浴室	按高峰年平均人数	0.07～0.1	3	工人休息室	按工地平均人数	0.15

7. 工地临时供水系统的设置

设置临时性水电管网时，应尽量利用可用的水源、电源。一般排水干管和输电线沿主干道布置；水池、水塔等储水设施应设在地势较高处；总变电站应设在高压电入口处；消防站应布置在工地出入口附近，消火栓沿道路布置；过冬的管网要采取保温措施。

工地用水主要有三种类型：生活用水、生产用水和消防用水。

工地供水确定的主要内容有：确定用水量、选择水源、设计配水管网。

1) 确定用水量

(1) 生产用水包括工程施工用水和施工机械用水。

工程施工用水量

$$q_1 = K_1 \sum \frac{Q_1 \times N_1}{T_1 \times b} \times \frac{K_2}{8 \times 3600} \tag{6-3}$$

式中：q_1——施工工程用水量(L/S)；

$\quad\quad K_1$——未预见的施工用水系数(1.05～1.15)；

$\quad\quad Q_1$——年(季)度工程量(以实物计量单位表示)；

$\quad\quad N_1$——施工用水定额，按表 6.14 取定；

$\quad\quad T_1$——年(季)度有效工作日(天)；

$\quad\quad b$——每天工作班数(次)；

$\quad\quad K_2$——用水不均衡系数，按表 6.15 取定。

表 6.14　施工用水(N_1)参考定额表

序　号	用水对象	单　位	耗水量 N_1(L)	备　注
1	浇筑混凝土全部用水	m³	1700～2400	
2	搅拌普通混凝土	m³	250	实测数据
3	搅拌轻质混凝土	m³	300～350	
4	搅拌泡沫混凝土	m³	300～400	
5	搅拌热混凝土	m³	300～350	
6	混凝土养护(自然养护)	m³	200～400	
7	混凝土养护(蒸汽养护)	m³	500～700	
8	冲洗模板	m²	5	
9	搅拌机清洗	台班	600	实测数据
10	人工冲洗石子	m³	1000	
11	机械冲洗石子	m³	600	
12	洗砂	m³	1000	
13	砌砖工程全部用水	m³	150～250	
14	砌石工程全部用水	m³	150～250	
15	粉刷工程全部用水	m³	30	
16	砌耐火砖砌体	m³	100～150	包括砂浆搅拌
17	洗砖	千块	200～250	
18	洗硅酸盐砌块	m³	300～350	
19	抹面	m²	4～6	不包括调制用水
20	楼地面	m²	190	找平层同
21	搅拌砂浆	m³	300	
22	石灰砂浆	t	3000	

施工机械用水量:

$$q_2 = K_1 \sum Q_2 \times N_2 \times \frac{K_3}{8 \times 3600} \tag{6-4}$$

式中: q_2——生活区生活用水量(L/S);

　　　K_1——未预见施工用水系数(1.05~1.15);

　　　Q_2——同种机械台数;

　　　N_2——用水定额,参考表6.16;

　　　K_3——用水不均衡系数,参考表6.15。

表 6.15　施工用水不均衡系数表

K	用水名称	系　数
K_2	施工工程用水	1.5
	生产企业用水	1.25
K_3	施工机械运输机具	2.00
	动力设备	1.05~1.10
K_4	施工现场生活用水	1.30~1.50
K_5	居住区生活用水	2.00~2.50

表 6.16　施工机械用水参考定额表

序　号	用水对象	单　位	耗水量 N_2	备　注
1	内燃挖土机	升/台班·米^3	200~300	以斗容量立方米计
2	内燃起重机	升/台班·吨	15~18	以起重吨数计
3	蒸汽起重机	升/台班·吨	300~400	以起重吨数计
4	蒸汽打桩机	升/台班·吨	1000~1200	以锤重吨数计
5	蒸汽压路机	升/台班·吨	100~150	以压路机吨数计
6	内燃压路机	升/台班·吨	12~15	以压路机吨数计
7	拖拉机	升/昼夜·台	200~300	
8	汽车	升/昼夜·台	400~700	
9	标准轨蒸汽机车	升/昼夜·台	10000~20000	
10	窄轨蒸汽机车	升/昼夜·台	4000~7000	
11	空气压缩机	升/台班·(米^3/分钟)	40~80	以压缩空气机排气量米^3/分计
12	内燃机动力装置(直流水)	升/台班·马力	120~300	
13	内燃机动力装置(循环水)	升/台班·马力	25~40	
14	锅驼机	升/台班·马力	80~160	不利用凝结水
15	锅炉	升/小时·吨	1000	以小时蒸发量计
16	锅炉	升/小时·米^3	15~30	以受热面积计
17	点焊机25型	升/小时	100	实测数据
	点焊机50型	升/小时	150~200	实测数据

续表

序 号	用水对象	单 位	耗水量 N_2	备 注
17	75 型	升/小时	250～350	实测数据
	100 型	升/小时	—	
	冷拔机	升/小时	300	
18	对焊机	升/小时	300	
19	凿岩机 01-30(CM-56)	升/分	3	
	01-45(TN-4)	升/分	5	
	01-38(KⅡM-4)	升/分	8	
	YQ-100	升/分	8～12	

(2) 生活用水量包括现场生活用水和生活区生活用水。

施工现场生活用水量

$$q_3 = \frac{P_1 \times N_3 \times K_4}{b \times 3 \times 3600} \tag{6-5}$$

式中：q_3——生活用水量(L/S)；

P_1——高峰人数(人)；

N_3——生活用水定额，视当地气候、工种而定，一般取 100～120L/(人·昼夜)；

K_4——生活用水不均衡系数，参考表 6.15；

b——每天工作班数(次)。

生活区生活用水量

$$q_4 = \frac{P_2 \times N_4 \times K_5}{24 \times 3600} \tag{6-6}$$

式中：q_4——生活区生活用水量(L/S)；

P_2——居民人数(人)；

N_4——生活用水定额，参考表 6.17。

表 6.17 生活用水量(N_2)参考定额表

序 号	用水对象	单 位	耗水量 N_4	备 注
1	工地全部生活用水	升/人·日	100～200	
2	生活用水(盥洗生活饮用)	升/人·日	25～30	
3	食堂	升/人·日	15～20	
4	浴室(淋浴)	升/人·次	50	
5	淋浴带大池	升/人·次	30～50	
6	洗衣	升/人	30～35	
7	理发室	升/人·次	15	
8	小学校	升/人·日	12～15	
9	幼儿园托儿所	升/人·日	75～90	
10	医院病房	升/病床·日	100～150	

(3) 消防用水量包括：居民生活区消防用水和施工现场消防用水，应根据工程项目大小及居住人数的多少来确定。可参考表 6.18 取定。

表 6.18　消防用水量

用水场所	规　模	火灾同时发生次数	单　位	用　水　量
居民区消防用水	5000 人以内	一次	升/秒	10
	10000 人以内	二次	升/秒	10～15
	25000 人以内	三次	升/秒	15～20
施工现场消防用水	施工现场在 25 公顷以内	一次	升/秒	10～15(每增加 25 公顷递增 5)

(4) 总用水量。

由于生产用水、生活用水和消防用水不同时使用，日常只有生产用水和生活用水，消防用水是在特殊情况下产生的，故总用水量不能简单地将几项相加，而应考虑有效组合，即，既要满足生产用水和生活用水，又要有消防储备。一般可分为以下三种组合：

当 $q_1 + q_2 + q_3 + q_4 \leq q_5$ 时，取 $Q = q_5 + \dfrac{1}{2}(q_1 + q_2 + q_3 + q_4)$

当 $q_1 + q_2 + q_3 + q_4 > q_5$ 时，取 $Q = q_1 + q_2 + q_3 + q_4$

当工地面积小于 5 公顷，并且 $q_1 - q_2 + q_3 + q_4 < q_5$ 时，取 $Q = q_5$

当总用水量 Q 确定后，还应增加 10%，以补偿不可避免的水管漏水等损失，即

$$Q_总 = 1.1Q \tag{6-7}$$

2) 水源选择和确定供水系统

(1) 水源选择。

工程项目工地临时供水水源的选择，有供水管道供水和天然水源供水两种方式。最好的方式是采用附近居民区现有的供水管道供水，只有当工地附近没有现成的供水管道或现成的给水管道无法使用以及供水量难以满足施工要求时，才使用天然水源供水(如江、河、湖、井等)。

选择水源应考虑的因素有：水量是否充足、可靠，能否满足最大需求量要求；能否满足生活饮用水、生产用水的水质要求；取水、输水、净水设施是否安全、可靠；施工、运转、管理和维护是否方便。

(2) 确定供水系统。

供水系统由取水设施、净水设施、贮水构筑物、输水管道、配水管道等组成。通常情况下，综合工程项目的首建工程应是永久性供水系统，只有在工程项目的工期紧迫时，才修建临时供水系统，如果已有供水系统，可以直接从供水源头接输水管道。

(3) 确定取水设施。

取水设施一般由取水口、进水管和水泵组成。取水口距河底(或井底)一般不小于 0.25～0.9m，在冰层下部边缘的距离不小于 0.25m。给水工程一般使用离心泵、隔膜泵和活塞泵三种。所用的水泵应具有足够的抽水能力和扬程。

(4) 确定贮水构筑物。

贮水构筑物一般有水池、水塔和水箱。在临时供水时，如水泵不能连续供水，需设置

贮水构筑物。其容量以每小时消防用水决定，但不得少于 $10\sim20\text{m}^3$。

贮水构筑物的高度应根据供水范围、供水对象位置及水塔本身位置来确定。

(5) 确定供水管径。

$$D = \sqrt{\frac{4Q \times 1000}{\pi \times v}} \qquad (6\text{-}8)$$

式中：D——配水管内径；

Q——用水量(L/S)；

v——管网中水流速度(m/s)，参考表 6.19 取定。

根据已确定的管径和水压的大小，可选择配水管，一般干管为钢管或铸铁管，支管为钢管。

表 6.19　临时水管经济流速表

管　径	流速(m/s)	
	正常时间	消防时间
1. 支管 $D<0.10\text{m}$	2	
2. 生产消防管道 $D=0.1\sim0.3\text{m}$	1.3	>3.0
3. 生产消防管道 $D>0.3\text{m}$	1.5～1.7	2.5
4. 生产用水管道 $D>0.3\text{m}$	1.5～2.5	3.0

8. 工地临时供电系统的布置

工地临时供电的组织包括：用电量的计算，电源的选择，确定变压器，配电线路设置和导线截面面积的确定。

1) 工地总用电量的计算

施工现场用电一般可分为动力用电和照明用电。在计算用电量时，应考虑以下因素。

(1) 全工地动力用电功率。

(2) 全工地照明用电功率。

(3) 施工高峰用电量。

工地总用电量按下式计算：

$$P = 1.05 \sim 1.10\left(K_1\frac{\sum P_1}{\cos\varphi} + K_2\sum P_2 + K_3\sum P_3 + K_4\sum P_4\right) \qquad (6\text{-}9)$$

式中：P——供电设备总需要容量(kVA)；

P_1——电动机额定功率(kW)；

P_2——电焊机额定功率(kVA)；

P_3——室内照明容量(kW)；

P_4——室外照明容量(kW)；

$\cos\varphi$——电动机的平均功率因数(在施工现场最高为 $0.75\sim0.78$，一般为 $0.65\sim0.75$)；

K_1、K_2、K_3、K_4——需要系数，参考表 6.20。

其他机械动力设备以及工具用电可参考有关定额。

由于照明用电量远小于动力用电量，故当单班施工时，其用电总量可以不考虑照明用电。

2) 电源选择的几种方案

(1) 完全由工地附近的电力系统供电。

(2) 工地附近的电力系统不足的话，工地需增设临时电站以补充不足部分。

(3) 如果工地属于新开发地区，附近没有供电系统，电力则应由工地自备临时动力设施供电。

表 6.20　需要系数(K)值表

用点名称	数量	需要系数				备注
		K_1	K_2	K_3	K_4	
电动机	3~10 台	0.7				如施工上需要电热时，将其用电量计算进去。式中各动力照明用电应根据不同工作性质分类计算
	11~30 台	0.6				
	30 台以上	0.5				
加工厂动力设备		0.5				
电焊机	3~10 台		0.6			
	10 台以上		0.5			
室内照明				0.8		
室外照明					1.0	

根据实际情况确定供电方案。一般情况下是将工地附近的高压电网，引入工地的变压器进行调配。其变压器功率可由下式计算：

$$P = K\left(\frac{\sum P_{max}}{\cos\varphi}\right) \tag{6-10}$$

式中：P——变压器的功率(kVA)；

K——功率损失系数，取 1.05；

$\sum P_{max}$——各施工区的最大计算负荷(kW)；

$\cos\varphi$——功率因数。

根据计算结果，应选取略大于该结果的变压器。

3) 选择导线截面

导线的自身强度必须能防止受拉或机械性损伤而折断，导线还必须耐受因电流通过而产生的温升，导线还应使得电压损失在允许范围之内，这样，导线才能正常传输电流，保证各方用电的需要。

选择导线应考虑如下因素。

(1) 按机械强度选择。

导线在各种敷设方式下，应按其强度需要，保证必需的最小截面，以防拉、折而断。可根据有关资料进行选择。

(2) 按照允许电压降选择。

导线满足所需要的允许电压，其本身引起的电压降必须限制在一定范围内，导线承受负荷电流长时间通过所引起的温升，其自身电阻越小越好，使电流通畅，温度则会降低，因此，导线的截面是关键因素，可由下式计算：

$$S = \frac{\sum P \times L}{C \times \varepsilon} \tag{6-11}$$

式中：S——导线截面面积(mm^2)；

P——负荷电功率或线路输送的电功率(kW)；

L——输送电线路的距离(m)；

C——系数，视导线材料，送电电压及调配方式而定，参考表 6.21；

ε——容许的相对电压降(即线路的电压损失%)，一般为 2.5%~5%。

其中：照明电路中容许电压降不应超过 2.5%~5%；

电动机电压降不应超过±5%，临时供电可到±8%。

表 6.21　按允许电压降计算时的 C 值

线路额定电压(V)	线路系统及电流种类	系数 C 值	
		铜　线	铝　线
380/220	三相四线	77	46.3
220		12.8	7.75
110		3.2	1.9
36		0.34	0.21

以上三个条件选择的导线，取截面面积最大的作为现场使用的导线，通常导线的选取先根据计算负荷电流的大小来确定，而后根据其机械强度和允许电压损失值进行复核。

(3) 负荷电流的计算。

三相四线制线路上的电流可按下式计算

$$I = \frac{P}{\sqrt{3} \times V \times \cos\varphi} \tag{6-12}$$

式中：I——电流值(A)；

P——功率(W)；

V——电压(V)；

$\cos\varphi$——功率因数。

导线制造厂家根据导线的容许温升，制定了各类导线在不同敷设条件下的持续容许电流值，在选择导线时，导线中的电流不得超过此值。

9. 施工总平面图设计方法综述

综上所述，外部交通、仓库、加工厂、内部道路、临时房屋、水电管网等布置应系统考虑，多种方案进行比较，当确定之后采用标准图绘制在总平面图上。比例一般为 1∶1000或 1∶2000。图 6.2 是某个工程项目的施工总平面图。应该指出，上述各设计步骤不是截然分开各自孤立进行的，而是相互联系，相互制约的，需要综合考虑、反复修正才能确定下来。当有几种方案存在时，还应进行方案比较。

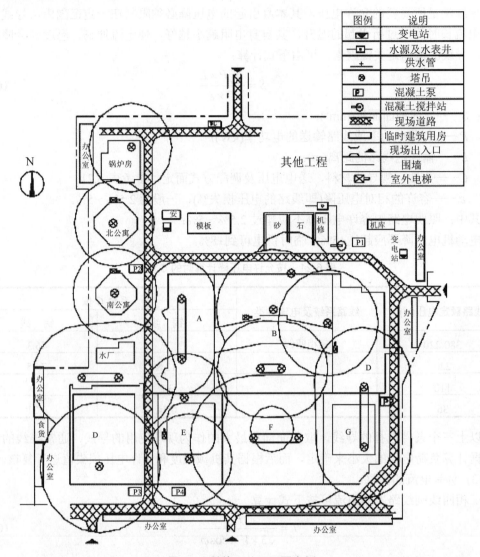

图 6.2 某施工总平面图实例

6.5.5 施工总平面图的科学管理

施工总平面图设计完成之后，就应认真贯彻其设计意图，发挥其应有作用。因此，现场对总平面图的科学管理是非常重要的，否则就难以保证施工的顺利进行。施工总平面图的管理包括以下内容。

(1) 建立统一的施工总平面图管理制度。划分总平面图的使用管理范围，做到责任到人，严格控制材料、构件、机具等物资占用的位置、时间和面积，不准乱堆乱放。

(2) 对水源、电源、交通等公共项目实行统一管理。不得随意挖路断道，不得擅自拆迁建筑物和水电线路，当工程需要断水、断电、断路时要申请，经批准后方可着手进行。

(3) 对施工总平面布置实行动态管理。在布置中，由于特殊情况或事先未预测到的情况需要变更原方案时，应根据现场实际情况，统一协调，修正其不合理的地方。

(4) 做好现场的清理和维护工作，经常性检修各种临时性设施，明确负责部门和人员。

习　　题

1. 施工组织总设计的编制原则和依据。
2. 拟定主要项目施工方案的原则。
3. 施工总进度计划的绘制步骤。
4. 施工组织总设计需要编制哪些计划？
5. 编制施工总平面图设计的内容和原则。
6. 施工组织总设计中的常用技术评价指标有哪些？

单元 7　单位工程施工组织设计

内容提要

通过本单元内容的学习，了解单位工程施工组织设计的编制依据、编制内容和编制程序；熟悉工程概况、施工方案、进度计划、资源的需要量与施工准备工作计划、施工平面图的编制内容与编制要求等。

技能目标

- 了解单位工程施工组织设计的编制依据和编制内容。
- 熟悉工程概况，工程特点、建设地点特征、施工条件。
- 熟悉施工方案的选择。
- 熟悉施工进度计划。
- 熟悉施工准备工作计划与各种资源需要量计划。
- 熟悉施工平面图。

单位工程施工组织设计的内容，根据工程性质、规模、结构特点技术、繁简程度的不同，其内容和深广度要求也应不同，但内容必须要具体、实用，简明扼要，有针对性，使其真正能起到指导现场施工的作用。

7.1　编制依据和编制内容

【学习目标】

了解单位工程施工组织设计中的编制依据、编制内容。

7.1.1　单位工程施工组织设计的编制依据

单位工程施工组织设计的编制依据主要有以下几个方面。

(1) 招标文件或施工合同。包括对工程的造价、进度、质量等方面的要求，双方认可的协作事项和违约责任等。

(2) 设计文件(如已进行图纸会审的，应有图纸会审记录)。包括本工程的全部施工图纸及设计说明，采用的标准图和各类勘察资料等。较复杂的工业建筑、公共建筑及高层建筑等，应了解设备、电器和管道等设计图纸内容，了解设备安装对土建施工的要求。

(3) 施工组织总设计。当该工程属群体工程的组成部分时，其单位工程施工组织设计必须按照总设计的要求进行编制。

(4) 工程预算、报价文件及有关定额。要有详细的分部、分项工程量，最好有分层、分段、分部位的工程量以及相应的定额。

(5) 建设单位可提供的条件。包括可配备的人力、水电、临时房屋、机械设备和技术状况，职工食堂、浴室、宿舍等情况。

(6) 施工现场条件。场地的占用、地形、地貌、水文、地质、气温、气象等资料，现场交通运输道路、场地面积及生活设施条件等。

(7) 本工程的资源配备情况。包括施工中需要的人力情况，材料、预制构件的来源和供应情况，施工机具和设备的配置及其生产能力。

(8) 有关的国家规定和标准。国家及建设地区现行的有关建设法律、法规、技术标准、质量标准、操作规程、施工验收规范等文件。

7.1.2　单位工程施工组织设计的内容

施工组织设计的内容是由应回答和解决的问题组成的，无论是单位工程还是群体工程，其基本内容可以概括为以下几方面。

1. 工程概况

为了对工程有大致的了解，应先对拟建工程的概况及特点进行分析并加以简述，这样做可使编制者对症下药，也让使用者心中有数，同时使审批者对工程有概略认识。

工程概况包括拟建工程的性质、规模，建筑、结构特点，建设条件，施工条件，建设单位及上级的要求等。

2. 施工方案

施工方案的选择是施工单位在工程概况及特点分析的基础上，结合自身的人力、材料、机械、资金和可采用的施工方法等生产因素进行相应的优化组合，全面、具体地布置施工任务，再对拟建工程可能采用的几个方案进行技术经济的对比分析，选择最佳方案。包括安排施工流向和施工顺序，确定施工方法和施工机械，制定保证成本、质量、安全的技术组织措施等。

3. 施工进度计划

施工进度计划是工程进度的依据，它反映了施工方案在时间上的安排。包括划分施工过程，计算工程量，计算劳动量或机械量，确定工作天数及相应的作业人数或机械台数，编制进度计划表及检查与调整等。通常采用横道图或网络计划图作为表现形式。

4. 施工准备工作计划与各种资源需要量计划

施工准备工作计划主要是明确施工前应完成的施工准备工作的内容、起止期限、质量要求等。各种资源需要量计划主要包括资金、劳动力、施工机具、主要材料、半成品的需要量及加工供应计划。

5. 施工平面图

施工平面图是施工方案和施工进度计划在空间上的全面安排。主要包括各种主要材料、构件、半成品堆放安排、施工机具布置、各种必需的临时设施及道路、水电等安排与布置。

6．主要技术经济指标

对确定的施工方案、施工进度计划及施工平面图的技术经济效益进行全面的评价。主要指标通常有施工工期、全员劳动生产率、资源利用系数、机械使用总台班量等。

7.2 工 程 概 况

【学习目标】

熟悉单位工程施工组织设计中工程概况所包含的内容。

工程概况是对拟建工程的工程特点、建设地点特征和施工条件等所做的一个简明扼要的介绍。

7.2.1 工程特点

1．工程建设概况

工程建设概况应说明拟建工程的建设单位，工程名称、性质、规模、用途、作用，资金来源及投资额，工期要求，设计单位、监理单位、施工单位，施工图纸情况，工程合同，主管部门有关文件及要求，组织施工的指导思想和具体原则要求等。

2．工程设计概况

1) 建筑设计特点

主要说明拟建工程的平面形状，平面组合和使用功能划分，平面尺寸、建筑面积、层数、层高、总高，室内外装饰情况等，并可附平、立、剖面简图。

2) 结构设计特点

主要说明拟建工程的基础类型与构造、埋置深度、土方开挖及支护要求，主体结构类型及墙体、柱、梁板主要构件的截面尺寸和材料，新材料、新结构的应用要求，工程抗震设防程度。

3) 设备安装设计特点

主要说明拟建工程的建筑给排水、采暖、建筑电气、通信、通风与空调、消防、电梯安装等方面的设计参数和要求。

3．工程施工概况

应概括指出拟建工程的施工特点、施工重点与难点，以便在施工准备工作、施工方案、施工进度、资源配置及施工现场管理等方面制定相应的措施。

不同类型的建筑、不同条件下的工程，均有其不同的特点。如砖混结构住宅建筑的施工特点是砌筑和抹灰工程量大，水平与垂直运输量大，主体施工占整个工期 35%左右，应尽量使砌筑与楼板混凝土工程流水施工，装修阶段占整个工期 50%左右，工种交叉作业，应尽量组织立体交叉平行流水施工。而现浇钢筋混凝土结构高层建筑的施工特点是基坑、地下室支护结构工程量大、施工难度高，结构和施工机具设备的稳定性要求严，钢材加工量大，混凝土浇筑烦琐，脚手架、模板系统需进行设计，安全问题突出，应有高效率的垂直运输设备等。

7.2.2　建设地点特征

主要说明拟建工程的位置、地形，工程地质与水文地质条件，不同深度土壤结构分析；冬期冻结起止时间和冻结深度变化范围；地下水位、水质，气温；冬雨期施工起止时间，主导风力、风向；地震烈度等。

7.2.3　施工条件

重点说明施工现场的道路、水、电及场地平整情况，现场临时设施、场地使用范围及四周环境情况，当地交通运输条件、当地材料供应、预制构件加工能力，当地建筑企业数量和水平，施工企业机械、设备、车辆的类型和型号及可供程度，施工项目组织形式，施工单位内部承包方式及劳动力组织形式，类似工程的施工经历等。

特别提示

对于工程概况，可以用文字分段落进行描述，也可以采用表格的形式进行说明。

7.3　施 工 方 案

【学习目标】

熟悉单位工程施工组织设计中施工方案内容，掌握施工顺序和施工流程，施工方法及施工机械，施工组织各项技术组织措施的编写方法。

施工方案是施工组织设计的核心，直接影响到工程的质量、工期、造价、施工效率等方面，应选择技术上先进、经济上合理而且符合施工现场和施工单位实际情况的方案。施工方案主要解决的问题是：施工顺序和施工流程，施工方法及施工机械，施工组织各项技术组织措施。

7.3.1　施工顺序

施工顺序是指各分项工程或工序之间施工的先后顺序。施工顺序受自然条件和物质条件的制约，选择合理的施工顺序是确定施工方案、编制施工进度计划时应首先考虑的问题。它对于施工组织能否顺利进行，对于保证工程的进度、工程的质量，都有十分重要的作用。施工顺序的科学合理，能够使施工过程在时间和空间上得到合理的安排。虽然施工顺序随工程性质、施工条件不同而变化，但经过合理安排还是可以找到可供遵循的共同规律。

考虑施工顺序时应注意以下几点。

1. 先准备、后施工，严格执行开工报告制度

单位工程开工前必须做好一系列准备工作，具备开工条件后还应写出开工报告，经上级审查批准后才能开工。施工准备工作应满足一定的施工条件后工程方可开工，并且开工后能够连续施工，以免造成混乱和浪费。整个建设项目开工前，应完成全场性的准备工作，如平整场地、路通、水通、电通等。同样各单位工程(或单项工程)和各分部分项工程，开工前其相应的准备工作必须完成。施工准备工作实际上贯穿整个施工全过程。

2. 遵守"先地下后地上"、"先主体后围护"、"先结构后装修"、"先土建后设备"的一般原则

(1) "先地下后地上"是指地上工程开始之前，尽量把管道、线路等地下设施、土方工程和基础工程完成或基本完成，以免对地上部分的施工产生干扰，提供良好的施工场地。

(2) "先主体后围护"主要是指框架建筑、排架建筑等先主体结构，后围护结构的总程序和安排。

(3) "先结构后装修"是就一般情况而言。有时为了缩短工期，也可以部分搭接施工。

(4) "先土建后设备"是指不论是工业建筑还是民用建筑，一般说来，土建施工应先于水暖煤电卫等建筑设备的施工。但它们之间更多的是穿插配合的关系，尤其在装修阶段，应处理好各工种之间协作配合的关系。

特别提示

"先土建后设备"主要针对民用建筑和工业建筑中的"封闭式"施工程序。

3. 做好土建施工与设备安装的程序安排

工业厂房施工比较复杂，除了要完成一般土建工程施工外，还要同时完成工艺设备和电器、管道等安装工作。为了早日竣工投产，在考虑施工方案时应合理安排土建施工与设备安装之间的施工程序。一般土建施工与设备安装有以下三种施工程序。

1) 封闭式施工

封闭式施工指土建主体结构完成之后，即可进行设备安装的施工程序，如一般机械工业厂房。对精密仪表厂房、要求恒温恒湿的车间等，应在土建装饰工程完成后才能进行设备安装。

(1) 封闭式施工程序的优点。

① 有利于预制构件的现场预制、拼装和安装前的就位布置，适合选择各种类型的起重机械吊装和开行，从而加快主体结构的施工进度。

② 围护结构能及早完成，从而使设备基础施工能在室内进行，可以不受气候变化和风雨的影响，减少设备基础施工时的防雨、防寒等设施费用。

③ 可以利用厂房内桥式吊车为设备基础服务。

(2) 封闭式施工缺点。

① 出现一些重复性的工作。如部分柱基础回填土的重复挖填和运输道路的重新铺设等工作。

② 设备基础施工条件较差，场地拥挤，其基坑开挖不便于采用挖土机施工。

③ 不能提前为设备安装提供工作面，因此工期较长。

2) 敞开式施工

敞开式施工指先安装工艺设备，后建厂房的施工程序，如某些重型工业厂房、冶金车间、发电厂等。敞开式施工的优缺点与封闭式相反。

3) 设备安装与土建施工同时进行

设备安装与土建施工同时进行指当土建施工为设备安装创造了必要的条件，同时又采取能够防止被砂浆、垃圾等污染的措施时，设备安装与土建施工可同时进行。如建造水泥厂时，经济上最适宜的施工程序是两者同时进行。

4. 安排好最后收尾工作

这主要包括设备调试、生产或使用准备、交工验收等工作。做到前有准备，后有收尾，才是周密的程序。

7.3.2　施工流程

施工流程是指单位工程在平面或空间上施工的开始部位及其展开方向。对于单层的建筑物，如单层厂房，按其车间、工段或节间，分区分段地确定出平面上的施工流程；对于多层建筑物，除了确定出每层平面上的施工流程外，还要确定竖向的施工流程。例如多层房屋内墙抹灰施工应采用自上而下，还是自下而上，涉及一系列施工活动的开展和进程，是组织施工的重要一环。

确定单位工程施工起点流向时，一般应考虑以下几个因素。

(1) 施工方法是确定施工流向的关键因素。比如一栋建筑物的基础部分，采用顺作法施工地下两层结构，其施工流程为：测量定位放线→底板施工→换拆第二道支撑→地下二层施工→换拆第一道支撑→±0.000 顶板施工→上部结构施工。若为了缩短工期采用逆作法，其施工流程为：测量定位放线→进行地下连续墙施工→进行钻孔灌注桩施工→±0.000 标高结构层施工→地下二层结构施工，同时进行地上一层结构施工→底板施工并做各层柱，完成地下室施工→完成上部结构。

又如在结构吊装工程中，采用分件吊装法时，其施工流向不同于综合吊装法的施工流向；同样，设计人员的要求不同，也使得其施工流向不同。

(2) 车间的生产工艺过程往往是确定施工流向的基本因素。从工艺上考虑，要先试生产的工段先施工；或生产工艺上要影响其他工段试车投产的工段则应当先施工。

(3) 根据建设单位的要求，生产或使用上要求急的工段或部位先施工。对于高层民用建筑，如饭店、宾馆等，可以在主体结构施工到一定层数后，即进行地面上若干层的设备安装与室内外装饰。

(4) 单位工程各分部分项施工的繁简程度。一般来说，技术复杂、施工进度较慢、工期长的工段或部位，应先施工。比如高层建筑，应先施工主楼，裙楼部分后施工。

(5) 当有高低层或高低跨并列时，柱的吊装应先从并列处开始；当柱基、设备基础有深浅时，一般应按先深后浅的方向施工。屋面防水层的施工，当有高低层(跨)时，应按先高后低的方向施工；一个屋面的防水层，则由檐口到屋脊方向施工。

(6) 施工场地的大小、道路布置和施工方案中采用的施工机械也是确定施工流向的重要因素。根据工程条件，选用施工机械(挖土机械和吊装机械)，这些机械开行路线或布置位置便决定了基础挖土及结构吊装的施工起点流向。如土方工程，在边开挖边将余土外运时，施工流向起点应确定在离道路远的部位开始，并应按由远及近的方向进行。

(7) 划分施工层、施工段的部位，如伸缩缝、沉降缝、施工缝等也可决定施工起点流向。

(8) 多层砖混结构工程主体结构施工的起点流向，必须从下而上，平面上从哪边先开始都可以。对装饰抹灰来说，外装饰要求从上而下，内装修从下而上、从上而下两种流向都可以，如图 7.1 和图 7.2 所示。施工工期要求如果很急，工期短，则内装修宜从下而上地进行施工。

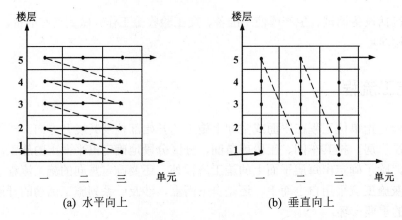

(a) 水平向上　　　　　　　　(b) 垂直向上

图 7.1　室内装修装饰工程自下而上的流向

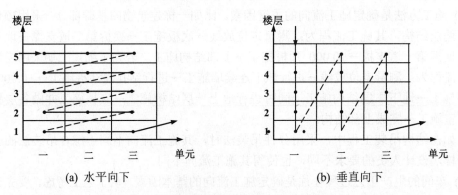

(a) 水平向下　　　　　　　　(b) 垂直向下

图 7.2　室内装修装饰工程自上而下的流向

7.3.3　几种常见结构的施工顺序

1. 多层混合结构居住房屋的施工顺序

多层混合结构居住房屋的施工，一般可分为基础工程、主体工程、屋面工程及装饰工程四个施工阶段，如图 7.3 所示。

1) 基础工程的施工顺序

基础工程是指室内地坪(±0.00)以下的所有工程，它的施工顺序一般是：挖土→铺垫层→做钢筋混凝土基础→做墙基(素混凝土)→回填土，或挖土→铺垫层→做基础→砌墙基础→铺防潮层→做地圈梁→回填土。有地下障碍物、墓穴、防空洞时，则需要事先处理；有地下室时，应在基础完成后，砌地下室墙，然后做防潮层，最后浇筑地下室顶板及回填土。这里要特别注意的是，挖土与铺垫层之间的施工要搭接紧凑，以防雨后积水或曝晒，影响地基的承载能力。同时，垫层施工后，应留有一定的技术间歇时间，使其达到一定的强度后才能进行下一步工序的施工。对于各种管沟的施工，应尽可能与基础同时进行，平行施工，在基础工程施工时，应注意预留孔洞。基础工程回填土，原则上应一次分层夯填完毕，为主体结构施工创造良好的条件。如遇回填土量大，或工期紧迫的情况下，也可以与砌墙平行施工，但必须有保证回填土质量与施工安全的措施。

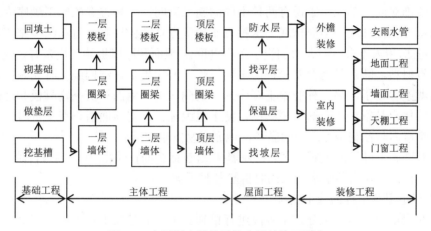

图 7.3　多层混合结构居住房屋的施工顺序

2) 主体结构工程的施工顺序

主体结构施工阶段的工作内容较多，若主体结构的楼板、圈梁、楼梯、构造柱等为现浇时，其施工顺序一般可归纳为：立构造柱钢筋→砌墙→支构造柱模→浇构造柱混凝土→支梁、板、梯模→绑扎梁、板、梯钢筋→浇梁、板、梯混凝土；若楼板为预制构件时，则施工顺序一般为立构造柱筋→砌墙→支柱模→浇柱混凝土→圈梁施工→吊装楼板→灌缝(隔层)。

在主体施工阶段，应当重视楼梯间、厨房、厕所、盥洗室的施工。楼梯间是楼层之间的交通要道，厨房、盥洗室的工序多于其他房间，而且面积较小，如施工期间不紧密配合，及时为后续工序创造工作面，将影响施工进度，拖长工期。在主体结构工程施工阶段，砌墙与现浇楼板(或铺板)是主导施工过程，要注意这两者在流水施工中的连续性，避免不必要的窝工现象发生。在组织砌墙工程流水施工时，不仅要在平面上划分施工段，而且在垂直方向上也要划分施工层，按一个可砌高度为一个施工层，每完成一个施工段的一个施工层的砌筑，再转到下一个施工段砌筑同一施工层，就是按水平流向在同一施工层逐段流水作业。也可以在同一结构层内，由下向上依次完成各砌筑施工层后再流入下一施工段，这就是在一个结构层内采用垂直向上的流水方向的砌墙组织方法。还可以在同一结构层内各施工段间，采用对角线流向的阶段式的砌墙组织方法。砌墙组织的流水方向不同，安装楼板

投入施工的时间间隔也不同。设计时，应根据可能条件，分析不同流向作业的砌墙组织后确定。

3) 屋面工程施工顺序

由于南北方区域不同，故屋面工程选用的屋面材料不同，其施工顺序也不相同。卷材防水屋面的施工顺序为：抹找平层→铺隔气层及保温层→找平层→刷冷底子油结合层→做防水层及保护层。这里要注意的是刷冷底子油层一定要等到找平层干燥以后进行。屋面工程的施工应尽量在主体结构工程完工后进行，这样可尽快为室内外的装修创造条件。

4) 装饰工程施工顺序

装饰工程按所装饰的部位又分为室内装饰及室外装饰。室内装饰和室外装饰施工顺序通常有先内后外、先外后内及内外同时进行这三种。具体使用哪种施工顺序应视施工条件和气候而定。为了加快施工进度，多采用内外同时进行的施工顺序。

室内装饰对同一单元层来说有两种不同的施工流向，一种方案的施工顺序为：地面和踢脚板抹灰→天棚抹灰→墙面抹灰。这种方案的优点是适应性强，可在结构施工时将地面工程穿插进去(用人不多，但大大加快了工程进度)，地面和踢脚板施工质量好，便于收集落地灰，节省材料，缺点是地面要养护，工期较长，但如果是在结构施工时先做的地面，这一缺点也就不存在了。另一种的施工顺序为：天棚抹灰→墙面抹灰→踢脚板和地面抹灰。这种方案的优点是每一单元的工序集中，便于组织施工，但地面清扫费工费时，一旦清理不净，影响楼面与预制楼板之间的黏结，地面容易发生空鼓。

室外装饰施工过程的先后顺序为：外墙抹灰(包括饰面)→做散水→砌筑台阶。施工流向自上而下进行，并在安装落水管的同时拆除外脚手架。

5) 水暖电卫等工程的施工安排

由于水暖电卫工程不是分几个阶段进行单独施工，而是与土建工程进行交叉施工的，所以必须与土建施工密切配合，尤其是要事先做好预埋管线工作。

在基础工程施工前，先将相应的管道沟的垫层、地沟墙做好，然后回填土。在主体结构施工时，应在砌砖墙和现浇钢筋混凝土楼板的同时，预留上下水管和暖气立管的孔洞、电线孔槽，此外还应预埋木砖和其他预埋料。在装修工程施工前，应安设相应的下水管道、暖气立管、电气照明用的附墙暗管、接线盒等，但明线应在室内装修完成后安装。

2．多、高层全现浇钢筋混凝土框架结构建筑的施工顺序

多、高层全现浇钢筋混凝土框架结构建筑的施工顺序，一般可分为±0.00 以下基础工程、主体结构工程、屋面工程及围护工程、装饰工程 4 个施工阶段。多、高层全现浇钢筋混凝土框架结构建筑的施工顺序如图 7.4 所示。

1) 地下工程的施工顺序

多、高层全现浇钢筋混凝土框架结构建筑的地下工程(±0.000 以下的工程)一般可分为有地下室和无地下室基础工程。

若有一层地下室且又建在软土地基层上时，其施工顺序是：桩基施工(包括围护桩)→土方开挖→破桩头及铺垫层→做基础地下室底板→做地下室墙、柱→做地下室顶板→外防水处理→回填土。

若无地下室且也建在软土地基上时，其施工顺序是：桩基施工→挖土→铺垫层→钢筋混凝土基础施工→回填土。

若无地下室且建在承载力较好的地基上，其施工顺序一般是：挖土→垫层→钢筋混凝土基础施工→回填土。与多层混合结构房屋类似，在基础工程施工前要处理好洞穴、软弱地基等问题，要加强垫层、基础混凝土的养护，及时进行拆模，以尽早进行回填土，为上部结构施工创造条件。

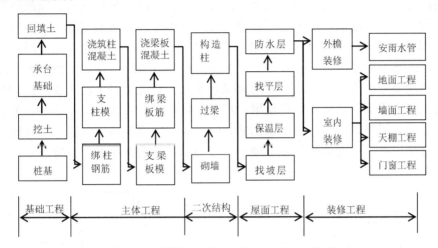

图 7.4　钢筋混凝土框架结构建筑的施工顺序

2) 主体结构工程的施工顺序

主体结构的施工主要包括柱、梁(主梁、次梁)、楼板的施工。由于柱、梁、板的施工工程量很大，所需的材料、劳力很多，而且对工程质量和工期起决定性作用，故需采用多层框架在竖向上分层、在平面上分段的流水施工方法。按楼层混凝土浇筑的方式不同，可分为整体浇筑和分别浇筑两种方式。若采用整体浇筑，其施工顺序为：绑扎柱钢筋→支柱、梁、板模板→绑扎梁、板钢筋→浇柱、梁、板混凝土。若采用分别浇筑，其施工顺序为：绑扎柱钢筋→支柱模→浇柱混凝土→支梁、板模→绑扎梁、板钢筋→浇梁、板混凝土。

特别提示

这里应注意的是在梁、板钢筋绑扎完毕后，应认真进行检查验收，然后才能进行混凝土的浇筑工作。

3) 屋面和围护工程的施工顺序

(1) 屋面工程的施工顺序与混合结构居住房屋屋面工程的施工顺序相同。

(2) 围护工程的施工包括墙体工程、门窗框安装和屋面工程。墙体工程包括砌筑用脚手架的搭拆，内、外墙砌筑等分项工程。不同的分项工程之间可组织平行、搭接、立体交叉流水施工。屋面工程和墙体工程应密切配合，如在主体结构工程结束之后，先进行屋面保温层、找平层施工，外墙砌筑到顶后，再进行屋面防水层的施工。脚手架应配合砌筑工程搭设，在室外装饰之后、做散水坡之前拆除。内墙的砌筑则应根据内墙的基础形式而定，有的需在地面工程完成后进行，有的则可在地面工程之前与外墙同时进行。

4) 装饰工程的施工顺序

装饰工程的施工分为室内装饰和室外装饰。室内装饰包括天棚、墙面、楼地面、楼梯等抹灰，门窗扇安装，门窗油漆，玻璃安装等；室外装饰包括外墙抹灰、勒脚、散水、台

阶、明沟等施工。其施工顺序与混合结构居住房屋的施工顺序基本相同。

3. 装配式钢筋混凝土单层工业厂房的施工顺序

单层工业厂房由于生产工艺的需要，无论在厂房类型、建筑平面、造型或结构构造上都与民用建筑有很大差别。单层工业厂房具有设备基础和各种管网，因此施工要比民用建筑复杂。单层装配式厂房的施工一般可分为基础工程、预制工程、结构安装工程、围护工程和屋面及装修工程等 5 个阶段，如图 7.5 所示。有的单层工业厂房面积、规模较大，生产工艺要求复杂，厂房按生产工艺分工段划分多跨。这种工业厂房的施工顺序的确定，不仅要考虑土建施工及组织的要求，而且要研究生产工艺的要求。一般先安装先生产的工段先施工，以便先交付使用，尽早发挥投资的经济效益，这是施工要遵循的基本原则之一。所以规模大、生产工艺复杂的工业厂房建筑施工，要分期分批进行，分期分批交付试生产，这是确定其施工顺序的总要求。下面介绍中、小型工业厂房的施工内容及施工顺序。

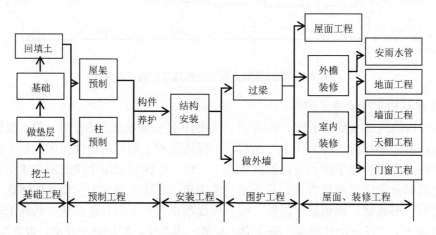

图 7.5 装配式单层厂房建筑的施工顺序

1) 基础工程的施工顺序

单层工业厂房的柱基础一般是现浇钢筋混凝土杯形基础，宜采用平面流水施工，施工顺序与现浇钢筋混凝土框架结构的独立基础施工顺序相同。

单层工业厂房不但有柱基础，一般还有设备基础。如果厂房基础设备较多，就必须对设备基础和设备安装的施工顺序进行分析研究，根据建设工期确定合理的施工顺序。如果设备基础埋置不深，柱基础的埋置深度大于设备基础的埋置深度，宜采取厂房柱基础先施工，待主体结构施工完毕后，再进行设备基础施工的"封闭式"施工顺序。反之如果基础设备埋置较深，大于柱基础，可采用"敞开式"式施工，即先进行设备基础施工和柱基础施工，后进行厂房吊装。若基础设备和柱基础相差不大，则两者可同时进行施工。通常，这个阶段的施工顺序是挖土→铺垫层→杯形基础和设备基础(绑扎钢筋→支模板→浇混凝土)→养护→拆模板→回填土。柱基施工从基坑开挖到柱基回填土应分段进行流水施工，与现场预制工程、结构吊装工程相结合。

2) 预制工程的施工顺序

单层工业厂房预制构件较多，哪些构件在现场预制，哪些构件在预制厂加工，应根据具体条件作技术经济分析比较。一般来说，对重量较大，运输不便的大型构件，可在现场拟建车间内部就地预制，如柱、托架梁、屋架以及吊车梁等。中、小型构件可在加工厂预制，如大型屋面板等标准构件。种类及规格繁多的异形构件，可在现场拟建车间外部集中预制，如门窗过梁等构件。

非预应力钢筋混凝土构件预制工程的施工顺序是场地平整→支模板→绑扎钢筋→埋设预埋件→浇混凝土→养护→拆模板。预应力钢筋混凝土构件预制工程的施工顺序有两种：一种是先张法，一种是后张法。其施工顺序见预应力混凝土工程。目前一般采用后张法施工，其施工顺序是：场地平整→支模板→绑扎钢筋(有时先绑扎钢筋后支模板)→预留孔道→浇混凝土→养护→拆模板→张拉预应力钢筋→锚固→灌浆。

预制构件的施工顺序与结构吊装方案有关，若采用分件安装时有以下三种方案。

(1) 场地狭小、工期又允许时，构件制作可分别进行。先预制柱和吊车梁，待柱和梁安装完毕后再进行屋架预制。

(2) 场地宽敞时，可在柱、梁制完后即进行屋架预制。

(3) 场地狭小工期又紧时，可将柱和梁等构件在拟建车间内就地预制，同时在外部进行屋架预制。

若采用综合安装法，需要在安装前将构件全部制作完成，根据场地具体情况，确定是全部在厂房内就地预制，还是分一部分在厂房外预制。

3) 吊装工程的施工顺序

结构吊装工程是单层工业厂房施工中的主导工程，其施工内容有柱、吊车梁、连系梁、地基梁、托架、屋架、天窗架、大型屋面板等构件的吊装、校正和固定。吊装前的准备工作包括检查混凝土构件强度、杯底抄平、柱基杯口弹线、吊装验算和加固及起重机械安装等。

吊装的顺序取决于安装的方法。若采用分件吊装法时，其吊装顺序一般是：第一次开行安装全部柱子，随后对柱校正与固定；待柱与柱基杯口接头混凝土强度达到设计强度等级的 70%后，第二次吊装吊车梁、托架与连系梁；第三次吊装屋盖构件。有时也可将第二、三次开行合并。若采用综合吊装法时，其吊装顺序一般是：先安装第一间的 4 根柱，迅速校正并临时固定，再安装吊车梁及屋盖等构件，依次逐间安装，直至整个厂房安装完毕。

结构吊装流向通常与预制构件制作流向一致。如果车间为多跨或有高低跨时，结构吊装流向应从高低跨并列处开始，以满足其施工工艺的要求。抗风柱的吊装顺序一般有两种方法，一是吊装柱的同时先安装该跨一端的抗风柱，另一端则于屋盖安装完毕后进行；二是全部抗风柱的安装均待屋盖安装完毕后进行。

4) 围护工程及装修工程的施工顺序

单层工业厂房围护工程的内容及施工顺序与现浇钢筋混凝土框架结构房屋围护工程的施工顺序基本相同。装饰工程也分为室外装饰及室内装饰，也与现浇钢筋混凝土框架结构房屋相同。

7.3.4　选择施工方法及施工机械

选择施工方法及施工机械是施工方案中的关键问题，直接影响施工进度、质量和安全

以及工程成本。我们必须根据建筑结构的特点、工程量的大小、工期长短、资源供应情况、施工现场情况和周围环境等因素，制订出几个可行方案，在此基础上进行技术经济分析比较，确定最优的施工方案。

1. 选择施工方法

在单位工程施工组织设计中，主要项目的施工方法是根据工程特点在具体施工条件下拟定的，其内容要求简明扼要。在描述施工方法时，应选择比较重要的分部分项工程、施工技术复杂或采用新技术、新工艺的项目以及工人在操作上还不够熟练的项目，对这些部分应制定详细而具体，有时还必须单独编制施工组织设计。凡按常规做法和工人熟练的项目，不必详细拟定，只要提出这些项目在本工程上一些特殊的要求就行了。通常应着重考虑的内容如下。

1) 基础工程

挖基槽(坑)土方是基础施工的主要施工过程之一，其施工方法包括下述若干问题需研究确定。

(1) 挖土方法的确定。采用人工挖土还是机械挖土。如采用机械挖土，则应选择挖土机的型号、数量，机械开挖的方向与路线，机械开挖时，人工如何配合修整槽(坑)底坡。

(2) 挖土顺序。根据基础施工流向及基础挖土中基底标高梁确定挖土顺序。

(3) 挖土技术措施。根据基础平面尺寸及深度、土壤类别等条件，确定基坑单个挖土还是按柱列轴线连通大开挖；是否留工作面及确定放坡系数；如基础尺寸不大也不深时，也可考虑按垫层平面尺寸直壁开挖，以便减少土方量、节约垫层支模；如可能出现地下水，应如何采取排水或降低地下水的技术措施；排除地面水的方法，以及沟渠、集水井的布置和所需设备；冬期与雨期的有关技术与组织措施等。

(4) 运、填、夯实机械的型号和数量。在基础工程中的挖土、垫层、扎筋、支模、浇筑混凝土、养护、拆模、回填土等工序应采用流水作业连续施工。也就是说，基础工程施工方法的选择，除了技术方法外，还必须对组织方法即对施工段的划分做出合理的选择。

2) 混凝土和钢筋混凝土工程

应着重于模板工程的工具化和钢筋、混凝土施工的机械化。

(1) 模板的类型和支模方法。

根据不同的结构类型、现场条件确定现浇和预制用的各种模板(如工具式钢模、木模、翻转模板、土胎模等)，各种支撑方法(如钢、木立柱、桁架等)和各种施工方法(如分节脱模、重叠支模、滑模、大模等)，并分别列出采用的项目、部位和数量，明确加工制作的分工，隔离剂的选用。

(2) 钢筋加工、运输和安装方法。

明确在加工厂或现场加工的范围(如成型程度是加工成单根、网片或骨架)。除锈、调直、切断、弯曲、成型方法，钢筋冷拉方法，焊接方法(如电弧焊、对焊、点焊、气压焊等)以及运输和安装方法，从而提出加工申请计划和机具设备需用量计划。

(3) 混凝土搅拌和运输方法。

确定混凝土集中搅拌还是分散搅拌，其砂石筛洗、计量和后台上料的方法，混凝土的运输方法；选用搅拌机的型号，以及所需的掺和料、附加剂的品种数量，提出所需材料机具设备数量；确定混凝土的浇筑顺序、施工缝位置、分层高度、工作班制、振捣方法和养护制度等。

3）预制工程

装配式单层工业厂房的柱子和屋架等大型在现场预制的构件，应根据厂房的平面尺寸、柱与屋架数量及其尺寸、吊装路线及选用的起重吊装机械的型号、吊装方法等因素，确定柱与屋架现场预制平面布置图。构件现场预制的平面布置应按照吊装工程的布置原则进行。并在图上标出上下层叠浇时屋架与柱的编号，这与构件的翻转、就位次序与方式有密切的关系。在预应力屋架布置时，应考虑预应力筋孔的留设方法，采取钢管抽芯法时拔出预留孔钢管及穿预应力筋所需的空间。

4）结构吊装工程

吊装机械的选择应根据建筑物的外形尺寸，所吊装构件的外形尺寸、位置及重量，工程量与工期，现场条件，吊装工地拥挤的程度与吊装机械通向建筑工地的可能性，工地上可能获得的吊装机械类型等条件。与吊装机械的参数和技术特性加以比较，选出最适当的机械类型和所需的数量。确定吊装方法(分件吊装法、综合吊装法)，安排吊装顺序、机械位置和行驶路线以及构件拼装方法及场地，构件的运输、装卸、堆放方法，以及所需机具设备(如平板拖车、载重汽车、卷扬机及架子车等)的型号、数量和对运输道路的要求。吊装工程的准备，提出杯底找平、杯口面弹出中心轴线、柱子就位、弹出柱面中心线等；起重机行走路线压实加固；各种吊具、临时加固、电焊机等要求及吊装有关的技术措施。

5）砌砖工程

主要是确定现场垂直、水平运输方式和脚手架类型。在砖混结构建筑中，还应就砌砖与吊装楼板如何组织流水作业施工做出安排，以及砌砖与搭架子的配合。选择垂直运输方式时，应结合吊装机械的选择并充分利用构件吊装机械作一部分材料的运运。当吊装机械不能满足运输量的要求时，一般可采用井架、门架等垂直运输设施，并确定其型号及数量、设置的位置。选择水平运输方式，如确定各种运输车(手推车、机动小翻斗车、架子车、构件安装小车等)的型号与数量。为提高运输效率，还应确定与上述配套使用的专用工具设备，如砖笼、混凝土及砂浆料斗等，并综合安排各种运输设施的任务和服务范围，如划分运送砖、砌块、构件、砂浆、混凝土的时间和工作班次，做到合理分工。

6）装修工程

确定抹灰工程的施工方法和要求，根据抹灰工程机械化施工方法，提出所需的机具设备(如灰浆的制备、喷灰机械、地面抹光及磨光机械等)的型号和数量。确定工艺流程和施工组织，组织流水施工。

2. 选择施工机械

选择施工方法必须涉及施工机械的选择问题。机械化施工是改变建筑工业生产落后面貌、实现建筑工业化的基础。因此，施工机械的选择是施工方法选择的中心环节。选择施工机械时应着重考虑以下几方面。

(1) 选择施工机械时，应首先根据工程特点，选择适宜主导工程的施工机械。如在选择装配式单层工业厂房结构安装用的起重机类型时，当工程量较大且集中时，可以采用生产效率较高的塔式起重机；但当工程量较小或工程量虽大却相当分散时，则采用无轨自行式

起重机较为经济。在选择起重机型号时，应使起重机在起重臂外伸长度一定的条件下，能适应起重量及安装高度的要求。

(2) 各种辅助机械或运输工具应与主导机械的生产能力协调配套，以充分发挥主导机械的效率。如土方工程施工中采用汽车运土时，汽车的载重量应为挖土机斗容量的整数倍，汽车的数量应保证挖土机的连续工作。

(3) 在同一工地上，应力求建筑机械的种类和型号尽可能少一些，以利于机械管理。因此，工程量大且分散时，宜采用多用途机械施工，如挖土机既可用于挖土，又能用于装卸、起重和打桩。

(4) 施工机械的选择还应考虑充分发挥施工单位现有机械的能力。当本单位的机械能力不能满足工程需要时，则应购置或租赁所需的新型机械或多用途机械。

特别提示

要综合考虑使用机械的各项费用(如运输费、折旧费、租赁费、对工期的延误而造成的损失等)后进行成本的分析和比较，从而决定是选择租赁机械还是采用本单位的机械，有时采用租赁成本更低。

7.3.5 制定技术组织措施

技术组织措施是指在技术和组织方面对保证工程质量、保证施工进度、降低工程成本和文明安全施工制定的一套管理方法。主要包括技术、质量、安全施工、降低成本和现场文明施工等措施。

1. 技术措施

对新材料、新结构、新工艺、新技术的应用，对高耸、大跨度、重型构件以及深基础、设备基础、水下和软弱地基项目，均应编制相应的技术措施，其内容如下。

(1) 需要表明的平面、剖面示意图以及工程量一览表；

(2) 施工方法的特殊要求和工艺流程；

(3) 水下及冬、雨期施工措施；

(4) 技术要求和质量安全注意事项；

(5) 材料、构件和机具的特点、使用方法及需用量。

2. 质量措施

保证质量措施，可从以下几方面来考虑。

(1) 确保定位放线、标高测量等准确无误的措施；

(2) 确保地基承载力及各种基础、地下结构施工质量的措施；

(3) 确保主体结构中关键部位施工质量的措施；

(4) 确保屋面、装修工程施工质量的措施；

(5) 保证质量的组织措施，如人员培训、编制工艺卡及质量检查验收制度等。

3. 安全施工措施

保证安全施工的措施，可从下述几方面来考虑。

(1) 保证土石方边坡稳定的措施；

(2) 脚手架、吊篮、安全网的设置及各类洞口、临边防止人员坠落的措施；

(3) 外用电梯、井架及塔吊等垂直运输机具拉结要求和防倒塌措施；

(4) 安全用电和机电设备防短路、防触电的措施；

(5) 易燃易爆有毒作业场所的防火、防爆、防毒措施；

(6) 季节性安全措施，如雨期的防洪、防雨，夏期的防暑降温，冬期的防滑、防火等措施；

(7) 现场周围通行道路及居民的保护隔离措施；

(8) 保证安全施工的组织措施，如安全宣传、教育及检查制度等。

4. 降低成本措施

应根据工程情况，按分部分项工程逐项提出相应的节约措施，计算有关技术经济指标，分别列出节约工料数量与金额，以便衡量降低成本的效果。其内容包括以下几个方面。

(1) 合理进行土方平衡，以节约土方运输及人工费用；

(2) 综合利用吊装机械，减少吊次，以节约台班费；

(3) 提高模板精度，采用整装整拆，加速模板周转，以节约木材或钢材；

(4) 混凝土、砂浆中掺外加剂或掺和料(如粉煤灰、硼泥等)，以节约水泥；

(5) 采用先进的钢筋焊接技术(如气压焊)以节约钢筋；

(6) 构件及半成品采用预制拼装、整体安装的方法，以节约人工费、机械费等。

5. 现场文明施工措施

文明施工或场容管理一般包括以下内容。

(1) 施工现场围栏与标牌设置，出入口交通安全，道路畅通，场地平整，安全与消防设施齐全；

(2) 临时设施的规划与搭设，办公室、宿舍、更衣室、食堂、厕所的安排与环境卫生；

(3) 各种材料、半成品、构件的堆放与管理；

(4) 散碎材料、施工垃圾的运输及防止各种环境污染的措施；

(5) 成品保护及施工机械保养。

7.4 施工进度计划

【学习目标】

熟悉单位工程施工组织设计中施工进度计划的编制方法。

施工进度计划指的是控制工程施工进度和工程竣工期限等各项施工活动的实施计划，是在确定了施工方案的基础上，根据规定工期和各种资源的供应条件，按照施工过程的合理施工顺序及组织施工的原则，用网络图或者横道图(图 7.1)的形式表示。

7.4.1　施工进度计划的作用与分类

1. 施工进度计划的作用

施工进度计划是施工组织设计的重要组成内容之一，是控制各分部分项工程施工进度的主要依据，也是编制月、季度施工作业计划及各项资源需要量计划的依据。它的主要作用如下。

(1) 确定各主要分部分项工程名称及其施工顺序，确定各施工过程需要的延续时间及它们互相之间的衔接、穿插、平行搭接、协作配合等关系；

(2) 指导现场施工安排，确保施工进度和施工任务如期完成；

(3) 确定为完成任务所必需的劳动工种和总劳动量及各种机械、各种技术物资资源的需要量，为编制相关的施工计划做好准备、提供依据。

2. 施工进度计划的分类

施工进度计划根据施工项目划分的粗细程度可分为控制性施工进度计划和指导性施工进度计划两类。

(1) 控制性施工进度计划：以分部工程作为施工项目划分对象，控制各分部工程的施工时间及它们之间互相配合、搭接关系的一种进度计划。

它主要适用于工程结构比较复杂、规模较大、工期较长且需要跨年度施工的工程。例如：大型工业厂房、大型公共建筑。还适用于规模不是很大或者结构不算复杂，但由于施工各种资源(劳动力、材料、机械等)不落实，或者由于工程建筑、结构等可能发生变化以及其他各种情况的工程。

(2) 指导性施工进度计划：以分项工程或施工过程为施工项目划分对象，具体确定各个主要施工过程施工所需要的时间以及相互之间搭接、配合的关系。它适用于任务具体而明确、施工条件落实、各项资源供应正常、施工工期不太长的工程。

编制控制性施工进度计划的单位工程，当各分部工程或施工条件基本落实以后，在施工之前也应编制指导性施工计划。这时，可按各施工阶段分别具体地、比较详细地进行编制。

7.4.2　施工进度计划的编制依据与步骤

1. 单位工程施工进度计划的编制依据

单位工程施工进度计划的编制依据主要包括：施工图、工艺图及有关标准图等技术资料；施工组织总设计对本工程的要求；施工工期要求；施工方案；施工定额以及施工资源供应情况。

2. 单位工程施工进度计划的编制步骤

单位工程施工进度计划的编制步骤及方法叙述如下。

1) 划分施工过程

编制单位工程施工进度计划时，首先必须研究施工过程的划分，再进行有关内容的计算和设计。施工过程的划分应考虑下述要求。

(1) 施工过程划分粗细程度的要求。

对于控制性施工进度计划，其施工过程的划分可以粗一些，一般可按分部工程划分施工过程。如开工前准备、打桩工程、基础工程、主体结构工程等。对于指导性施工进度计划，其施工过程的划分可以细一些。要求每个分部工程所包括的主要分项工程均应一一列出，起到指导施工的作用。

(2) 对施工过程进行适当合并，达到简明清晰的要求。

施工过程划分太细，则过程越多，施工进度图表就会显得繁杂，重点不突出，反而失去指导施工的意义，并且增加编制施工进度计划的难度。因此，为了使计划简明清晰、突出重点，一些次要的施工过程应合并到主要施工过程中去，如基础防潮层可合并到基础施工过程内，有些虽然重要但工程量不大的施工过程也可与相邻的施工过程合并，如挖土可与垫层合并为一项，组织混合班组施工；同一时期由同一工种施工的也可合并在一起，如墙体砌筑，不分内墙、外墙、隔墙等，而合并为墙体砌筑一项。

(3) 施工过程划分的工艺性要求。

现浇钢筋混凝土施工，一般可分为支模、扎筋、浇筑混凝土等施工过程，是合并还是分别列项，应视工程施工组织、工程量、结构性质等因素研究确定。一般，现浇钢筋混凝土框架结构的施工应分别列项，而且可分得细一些。如绑扎柱钢筋、安装柱模板、浇捣柱混凝土，安装梁板模板、绑扎梁板钢筋、浇捣梁板混凝土、养护、拆模等施工过程。但在现浇钢筋混凝土工程量不大的工程对象上，一般不再细分，可合并为一项。砖混结构工程是现浇雨篷、圈梁、厕所及盥洗室的现浇楼板等可列为一项，由施工班组的各工种互相配合施工。

抹灰工程一般分内外墙抹灰。外墙抹灰工程可能有若干种装饰抹灰的做法要求，一般情况下合并列为一项，也可分别列项。室内的各种抹灰应按楼地面抹灰、顶棚及墙面抹灰、楼梯间及踏步抹灰等分别列项，以便组织施工和安排进度。

施工过程的划分，应考虑所选择的施工方案。如厂房基础采用敞开式施工方案时，柱基础和设备基础可合并为一个施工过程；而采用封闭式施工方案时，则必须列出柱基础、设备基础这两个施工过程。

住宅建筑的水、暖、煤、卫、电等房屋设备安装是建筑工程的重要组成部分，应单独列项；工业厂房的各种机电等设备安装也要单独列项，但不必细分，可由专业队或设备安装单位单独编制其施工进度计划。土建施工进度计划中列出其施工过程，表明其与土建施工的配合关系。

(4) 明确施工过程对施工进度的影响程度。

根据施工过程对工程进度的影响程度可分为三类。一类为资源驱动的施工过程，这类施工过程直接在拟建工程上进行作业，占用时间、资源，对工程的完成与否起着决定性的作用。它在条件允许的情况下，可以缩短或延长工期。第二类为辅助性施工过程，它一般不占用拟建工程的工作面，虽需要一定的时间和消耗一定的资源，但不占用工期，故可不列入施工计划以内。如交通运输、场外构件加工或预制等。第三类施工过程虽直接在拟建工程上进行作业，但它的工期不以人的意志为转移，随着客观条件的变化而变化，它应根据具体情况列入施工计划。如混凝土的养护等。

施工过程划分和确定之后，应按前述施工顺序列出施工过程的逻辑联系。

2) 计算工程量

当确定了施工过程之后，应计算每个施工过程的工程量。工程量应根据施工图纸、工程量计算规则及相应的施工方法进行计算。实际就是按工程的几何形状进行计算。计算时应注意以下几个问题。

(1) 注意工程量的计量单位。

每个施工过程的工程量的计量单位应与所采用的施工定额的计量单位相一致。如模板工程以平方米为计量单位；绑扎钢筋以吨为单位计算；混凝土以立方米为计量单位等。这样，在计算劳动量、材料消耗量及机械台班量时就可直接套用施工定额，不再进行换算。

(2) 注意采用的施工方法。

计算工程量时，应与采用的施工方法相一致，以便计算的工程量与施工的实际情况相符合。例如：挖土时是否放坡，是否加工作面，坡度和工作面尺寸是多少；开挖方式是单独开挖、条形开挖，还是整体开挖等，不同的开挖方式，土方量相差是很大的。

(3) 正确取用预算文件中的工程量。

如果编制单位工程施工进度计划时，已编制出预算文件(施工图预算或施工预算)，则工程量可从预算文件中抄出并汇总。例如：要确定施工进度计划中列出的"砌筑墙体"这一施工过程的工程量，可先分析它包括哪些施工内容，然后从预算文件中摘出这些施工内容的工程量，再将它们全部汇总即可求得。但是，施工进度计划中某些施工过程与预算文件的内容不同或有出入(如计量单位、计算规则、采用的定额等)时，则应根据施工实际情况加以修改，调整或重新计算。

3) 套用施工定额

确定了施工过程及其工程量之后，即可套用施工定额(当地实际采用的劳动定额及机械台班定额)，以确定劳动量和机械台班量。

在套用国家或当地颁发的定额时，必须注意结合本单位工人的技术等级、实际操作水平，施工机械情况和施工现场条件等因素，确定定额的实际水平，使计算出来的劳动量、机械台班量符合实际需要。

有些采用新技术、新材料、新工艺或特殊施工方法的施工过程，定额中尚未编入，这时可参考类似施工过程的定额、经验资料，按实际情况确定。

4) 计算劳动量及机械台班量

根据工程量及确定采用的施工定额，即可进行劳动量及机械台班量的计算。

(1) 劳动量的计算。

劳动量也称劳动工日数。凡是采用手工操作为主的施工过程，其劳动量均可按下式计算：

$$P_i = \frac{Q_i}{S_i} \text{或} P_i = Q_i \times H_i \tag{7-1}$$

式中：P_i——某施工过程所需劳动量，工日；

Q_i——该施工过程的工程量(m^3、m^2、m、t)；

S_i——该施工过程采用的产量定额，m^3/工日、m^2/工日、m/工日、t/工日等；

H_i——该施工过程采用的时间定额，工日/m^3、工日/m^2、工日/m、工日/t 等。

【例 7.1】某混合结构工程基槽人工挖土量为 600m^3，查劳动定额得产量定额为 3.5m^3/工日，计算完成基槽挖土所需的劳动量。

解：

$$P = \frac{Q}{S} = \frac{600}{3.5} = 171(\text{工日})$$

当某一施工过程是由两个或两个以上不同分项工程合并而成时，其总劳动量应按下式计算：

$$P_{\text{总}} = \sum_{i=1}^{n} P_i = P_1 + P_2 + \cdots + P_n$$

【例 7.2】某钢筋混凝土基础工程，其支模板、扎钢筋、浇筑混凝土三个施工过程的工程量分别为 600m^2、5t、250m^3，查劳动定额其时间定额分别为 0.253 工日/m^2、7.28 工日/t、0.388 工日/m^3，试计算完成钢筋混凝土基础所需劳动量。

解：

$$P_{\text{模}} = 600 \times 0.253 = 151.8(\text{工日})$$
$$P_{\text{筋}} = 5 \times 5.28 = 26.4(\text{工日})$$
$$P_{\text{混凝土}} = 250 \times 0.833 = 208.3(\text{工日})$$
$$P_{\text{杯基}} = P_{\text{模}} + P_{\text{筋}} + P_{\text{混凝土}} = 151.8 + 26.4 + 208.3 = 386.5(\text{工日})$$

当某一施工过程是由同一工种、但不同做法、不同材料的若干个分项工程合并组成时，应先按式(7-2)计算其综合产量定额，再求其劳动量。

$$\bar{S} = \frac{\sum\limits_{i=1}^{n} Q_i}{\sum\limits_{i=1}^{n} P_i} = \frac{Q_1 + Q_2 + \cdots + Q_n}{P_1 + P_2 + \cdots + P_n} = \frac{Q_1 + Q_2 + \cdots + Q_n}{\dfrac{Q_1}{S_1} + \dfrac{Q_2}{S_2} + \cdots + \dfrac{Q_n}{S_n}} \tag{7-2a}$$

$$\bar{H} = \frac{1}{S} \tag{7-2b}$$

式中：$\bar{S}$ ——某施工过程的综合产量定额，m^3/工日、m^2/工日、m/工日、t/工日等；

$\bar{H}$ ——某施工过程的综合时间定额，工日/m^3、工日/m^2、工日/m、工日/t 等；

$\sum\limits_{i=1}^{n} Q_i$ ——总工程量(m^3、m^2、m、t 等)；

$\sum\limits_{i=1}^{n} P_i$ ——总劳动量，工日；

Q_1、Q_2、…、Q_n ——同一施工过程的各分项工程的工程量；

P_1、P_2、…、P_n ——与 Q_1、Q_2、…、Q_n 相对应的产量定额。

【例 7.3】某工程，其外墙面装饰有外墙涂料、真石漆、面砖三种做法，其工程量分别是 850.5m^2、500.3m^2、320.3m^2；采用的产量定额分别是 7.56m^2/工日、4.35m^2/工日、4.05m^2/工日。计算它们的综合产量定额及外墙面装饰所需的劳动量。

解：

$$\bar{S} = \frac{Q_1 + Q_2 + Q_3}{\dfrac{Q_1}{S_1} + \dfrac{Q_2}{S_2} + \dfrac{Q_3}{S_3}} = \frac{850.5 + 500.3 + 320.3}{\dfrac{850.5}{7.56} + \dfrac{500.3}{4.35} + \dfrac{320.3}{4.05}} = \frac{1671.1}{112.5 + 115 + 79.1} = 5.45(\text{m}^2/\text{工日})$$

$$P_{外墙装饰} = \frac{\sum_{i=1}^{3} Q_i}{\bar{S}} = \frac{1671.1}{5.45} = 306.6(工日)$$

$$取 P_{外墙装饰} = 306.5 \text{ 工日}$$

(2) 机械台班量的计算。

凡是采用机械为主的施工过程，可按下式计算其所需的机械台班数。

$$P_{机械} = \frac{Q_{机械}}{S_{机械}} 或 P_{机械} = Q_{机械} \times H_{机械} \tag{7-3}$$

式中：$P_{机械}$——某施工过程需要的机械台班数(台班)；

$Q_{机械}$——机械完成的工程量(m^3、t、件等)；

$S_{机械}$——机械的产量定额(m^3/台班、t/台班等)；

$H_{机械}$——机械的时间定额(台班/m^3、台班/t 等)。

在实际计算中 $S_{机械}$ 或 $H_{机械}$ 的采用应根据机械的实际情况、施工条件等因素考虑，结合实际确定，以便准确地计算需要的机械台班数。

【例 7.4】某工程基础挖土采用 W-100 型反铲挖土机挖土，挖方量为 $2099m^3$，经计算采用的机械台班产量为 $120m^3$/台班。计算挖土机所需台班量。

解：

$$P_{机械} = \frac{Q_{机械}}{S_{机械}} = \frac{2099}{120} = 17.49(台班) \quad 取17.5个台班$$

5) 计算确定施工过程的延续时间

施工过程持续时间的确定方法有三种：经验估算法、定额计算法和计划倒排法。

(1) 经验估算法。

经验估算法也称三时估算法，即先估计出完成该施工过程的最乐观时间、最悲观时间和最可能时间三种施工时间，再根据公式(8-4)计算出该施工过程的延续时间。这种方法适用于新结构、新技术、新工艺、新材料等无定额可循的施工过程。

$$D = \frac{A + 4B + C}{6} \tag{7-4}$$

式中：A——最乐观的时间估算(最短的时间)；

B——最可能的时间估算(最正常的时间)；

C——最悲观的时间估算(最长的时间)。

(2) 定额计算法。

这种方法是根据施工过程需要的劳动量或机械台班量，以及配备的劳动人数或机械台数，确定施工过程持续时间，其按式为(7-5)、式(7-6)计算：

$$D = \frac{P}{N \times R} \tag{7-5}$$

$$D_{机械} = \frac{P_{机械}}{N_{机械} \times R_{机械}} \tag{7-6}$$

式中：D——某手工操作为主的施工过程持续时间(天)；

P——该施工过程所需的劳动量(工日)；

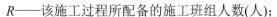

R——该施工过程所配备的施工班组人数(人);

N——每天采用的工作班制(班);

$D_{机械}$——某机械施工为主的施工过程的持续时间(天);

$P_{机械}$——该施工过程所需的机械台班数(台班)

$R_{机械}$——该施工过程所配备的机械台数(台);

$N_{机械}$——每天采用的工作台班(台班)。

从以上公式可知,要计算确定某施工过程持续时间,除已确定的 P 或 $P_{机械}$ 外,还必须先确定 R、$R_{机械}$ 及 N、$N_{机械}$ 的数值。

要确定施工班组人数 R 或施工机械台班数 $R_{机械}$,除了考虑必须能获得或能配备的施工班组人数(特别是技术工人人数)或施工机械台数之外,在实际工作中,还必须结合施工现场的具体条件、最小工作面与最小劳动组合人数的要求以及机械施工的工作面大小、机械效率、机械必要的停歇维修与保养时间等因素考虑,才能确定符合实际可能和要求的施工班组人数及机械台数。

每天工作班制确定,当工期允许、劳动力和施工机械周转使用不紧迫、施工工艺上无连续施工要求时,通常采用一班制施工,在建筑业中往往采用 1.25 班即 10 小时。当工期较紧或为了提高施工机械的使用率及加快机械的周转使用,或工艺上要求连续施工时,某些施工项目可考虑二班甚至三班制施工。但采用多班制施工,必然增加相关设施及费用,因此,须慎重研究确定。

【例 7.5】某工程基础混凝土浇筑所需劳动量为 536 工日,每天采用三班制,每班安排 30 人施工,试求完成混凝土垫层的施工持续时间。

解:
$$D = \frac{P}{N \times R} = \frac{536}{3 \times 30} = 5.96 = 6(天)$$

(3) 计划倒排法。

这种方法根据施工的工期要求,先确定施工过程的延续时间及工作班制,再确定施工班组人数(R)或机械台数($R_{机械}$)。计算公式如下。

$$R = \frac{P}{N \times D} \tag{7-7}$$

$$R_{机械} = \frac{P_{机械}}{N \times D_{机械}} \tag{7-8}$$

如果按上述两式计算出来的结果,超过了本部门现有的人数或机械台数,则要求有关部门进行平衡、调度及支持,或从技术上、组织上采用措施。如组织平行立体交叉流水施工,提高混凝土早期强度及采用多班组、多班制的施工等。

【例 7.6】某工程砌墙所需劳动量为 810 个工日,要求在 20 天内完成,采用一班制施工,试求每班工人人数。

解:
$$R = \frac{P}{N \times D} = \frac{810}{1 \times 20} = 40.5(人)$$

取 $R_{砌墙}$ 为 41 人。

上述所需施工班组人数为 41 人,若配备技工 20 人,普工 21 人,其比例为 1:1.05,是否有这些劳动人数,是否有 20 技工,是否有足够的工作面,这些都需经分析研究才能确定。现按 41 人计算,实际劳动量为 41×20×1=820 工日,比计划劳动量 810 个工日多 10 个工日,

相差不大。

6) 初排施工进度(以横道图为例)

上述各项计算内容确定之后，即可编制施工进度计划的初步方案。一般的编制方法如下。

(1) 根据施工经验直接安排的方法。

这种方法是根据经验资料及有关计算，直接在进度表上画出进度线。其一般步骤是：先安排主导施工过程的施工进度，然后再安排其余施工过程，它应尽可能配合主导施工过程并最大限度地搭接，形成施工进度计划的初步方案。总的原则应使每个施工过程尽可能早地投入施工。

(2) 按工艺组合组织流水的施工方法。

这种方法就是先按各施工过程(即工艺组合流水)初排流水进度线，然后将各工艺组合最大限度地搭接起来。

无论采用上述哪一种方法编排进度，都应注意以下问题。

(1) 每个施工过程的施工进度线都应用横道粗实线段表示(初排时可用铅笔细线表示，待检查调整无误后再加粗)；

(2) 每个施工过程的进度线所表示的时间(天)应与计算确定的延续时间一致；

(3) 每个施工过程的施工起止时间应根据施工工艺顺序及组织顺序确定。

7) 检查与调整施工进度计划

施工进度计划初步方案编出后，应根据业主和有关部门的要求、合同规定及施工条件等，先检查各施工过程之间的施工顺序是否合理、工期是否满足要求、劳动力等资源消耗是否均衡，然后再进行调整，直至满足要求，正式形成施工进度计划。总的要求是在合理的工期下尽可能地使施工过程连续施工，这样便于资源的合理安排。

3. 编制资源需用量计划

单位工程施工进度计划编制确定以后，便可编制劳动力需要量计划；编制主要材料、预制构件、门窗等的需用量和加工计划；编制施工机具及周转材料的需用量和进场计划。它们是做好劳动力与物资的供应、平衡、调度、落实的依据，也是施工单位编制施工作业计划的主要依据之一。以下简要叙述各计划表的编制内容及其基本要求。

1) 劳动力需要量计划

本表反映单位工程施工中所需要的各种技术工人、普工人数。一般要求按月分句编制计划。主要根据确定的施工进度计划提出，其方法是按进度表上每天需要的施工人数，分工种进行统计，得出每天所需工种及人数，按时间进度要求汇总编出，其表格如表 7.1 所示。

表 7.1　劳动力需要量计划

序号	工种名称	人数	月			月			月			月		
			上	中	下	上	中	下	上	中	下	上	中	下

2) 主要材料需要量计划

这种计划是根据施工预算、材料消耗定额和施工进度计划编制的。主要反映施工过程中各种主要材料的需要量，作为备料、供料和确定仓库、堆场面积及运输量的依据，其表格如表 7.2 所示。

表 7.2　主要材料需要量计划

序号	材料名称	规格	需 要 量		需 要 时 间									备注
			单位	数量	月			月			月			
					上	中	下	上	中	下	上	中	下	

3) 施工机具需要量计划

这种计划是根据施工预算、施工方案、施工进度计划和机械台班定额编制的。主要反映施工所需机械和器具的名称、型号、数量及使用时间，其表格如表 7.3 所示。

表 7.3　机具名称需要量计划

序号	机具名称	型 号	单 位	需用数量	进退场时间	备 注

4) 预制构件需要量计划

这种计划是根据施工图、施工方案及施工进度计划要求编制的。主要反映施工中各种预制构件的需要量及供应日期，并作为落实加工单位以及按所需规格、数量和使用时间组织构件进场的依据，其表格如表 7.4 所示。

表 7.4　预制构件需要量计划

序号	构件名称	编 号	规格	单位	数 量	要求进场时间	备 注

7.5　施工平面图

【学习目标】

熟悉单位工程施工组织设计中施工平面图的设计方法。

施工平面图是施工过程空间组织的具体成果，也是根据施工过程空间组织的原则，对施工过程所需的工艺路线、施工设备、原材料堆放、动力供应、场内运输、半成品生产、仓库、料场、生活设施等进行空间的特别是平面的科学规划与设计，并以平面图的形式加以表达。施工平面图绘制的比例一般为1：200～1：500。

施工平面图是单位工程施工组织设计的重要组成部分，是进行施工现场布置的依据，也是施工准备工作的一项重要内容。施工现场布置直接影响到能否有组织、按计划地进行文明施工、节约并合理利用场地，减少临时设施费用等问题。所以，施工平面图的合理设计具有重要意义。施工平面图要根据拟建工程的规模、施工方案、施工进度及施工生产中的需要，结合现场的具体情况和条件，对施工现场做出规划、部署和具体安排。

不同的工程性质和不同的施工阶段，各有不同的施工特点和要求，对现场所需的各种施工设备，也各有不同的内容和要求。因此，不同的施工阶段(如基础阶段施工和主体阶段施工)可能有不同的现场施工平面图设计。

7.5.1　施工平面图的设计依据

施工平面图的设计依据是：建筑总平面图、施工图纸、现场地形图、施工现场的现有条件(如水源、电源、建设单位能提供的原有房屋及其他生活设施的条件)、各类材料和半成品的供应计划和运输方式、各类临时设施的布置要求(性质、形式、面积和尺寸)、各加工车间和场地的规模与设备数量等。

7.5.2　施工平面图布置的内容

(1) 建筑总平面图上已建及拟建的永久性房屋、构筑物及地下管道的位置和尺寸。

(2) 垂直起重运输机械的位置。

(3) 搅拌站、仓库、材料和构件堆场、加工厂(间)的位置。

(4) 运输道路的布置。

(5) 临时设置的布置。

(6) 水电管网的布置。

(7) 测量控制桩，安全及防火、防汛设施的位置。

7.5.3　施工平面图设计的基本原则

(1) 在满足施工条件下，布置要紧凑，尽可能地减少施工用地。特别应注意不占或少占农田。

(2) 合理布置运输道路、加工厂、搅拌站、仓库等的位置，最大限度地减小场内材料运输距离，特别是减少场内二次搬运。

(3) 力争减少临时设施的工程量，降低临时设施费用。尽可能利用施工现场附近的原有建筑物作为施工临时设施。

(4) 便于工人生产和生活，符合安全、消防、环境保护和劳动保护的要求。

7.5.4　施工平面图的设计步骤和要点

单位工程平面图的设计步骤如图 7.6 所示。

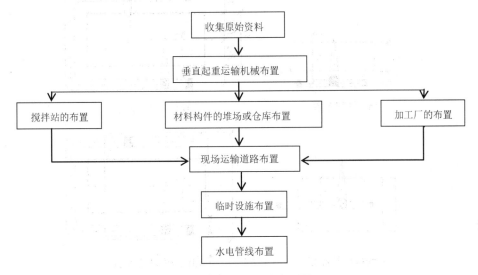

图 7.6　平面图设计步骤图

1. 确定垂直起重运输机械的位置

垂直运输设备的位置影响着仓库、料堆、砂浆、混凝土搅拌站的位置及场内道路和水电管网的布置。

布置固定垂直运输机械设备(如井架、龙门架等)的位置时，需根据建筑物的平面形状，施工段的划分，高度及材料、构件的重量，考虑机械的起重能力和服务范围。做到便于运输材料，便于组织分层分段流水施工，使运距最小。布置时应考虑以下几个方面。

(1) 各施工段高度相近时应布置在施工段的分界线附近，高度相差较大时应布置在高低分界线较高部位一侧，以使楼面上各施工段水平运输互不干扰。

(2) 井架的位置布置在有窗口之处为宜，以避免砌墙留槎和减少井架拆除后的修补工作。

(3) 固定式起重运输设备中卷扬机的位置不应距离起重机过近，以便司机的视线能看到整个升降过程。一般要求此距离大于建筑物的高度，距外脚手架 3m 以上。塔式起重机是集起重、垂直提升、水平输送三种功能为一体的机械设备。按其在工地上使用架设的要求不同可分为固定式、轨行式、附着式、内爬式四种。

塔式起重机的布置位置主要根据建筑物的平面形状、尺寸，施工场地的条件及安装工艺来定。要考虑起重机能有最大的服务半径，使材料和构件获得最大的堆放场地并能直接运至任何施工地点，避免出现"死角"。当在塔式起重机的起重臂操作范围内有架空电线等通过时，应特别注意采取安全措施，并应尽可能避免交叉。

有轨式起重机的轨道一般沿建筑物的长向布置，其位置和尺寸取决于建筑物的平面形状和尺寸、构件自重、起重机的性能及四周施工场地的条件。通常轨道布置方式有三种，单侧布置、双侧布置和环状布置，如图 7.7 所示。当建筑物宽度较小、构件自重不大时，可采用单侧布置方式；当建筑物宽度较大，构件自重较大时，应采用双侧布置或环形布置方式。

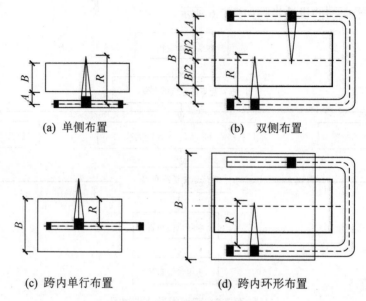

(a) 单侧布置   (b) 双侧布置

(c) 跨内单行布置   (d) 跨内环形布置

图 7.7　塔式起重机布置方案

　　当塔式起重机轨道路基在排水坡下边时，应在其上游设置挡水堤或截水沟将水排走，以免雨水冲坏轨道及路基。

　　轨道布置完成后，应绘制出塔式起重机的服务范围。以轨道两端有效端点的轨道中点为圆心，以最大回转半径为半径画出两个半圆，连接两个半圆，即为塔式起重机服务范围，如图 7.8 和图 7.9 所示。

　　单层装配式工业厂房构件的吊装，一般采用履带式或轮胎式起重机，进行节间吊装，有时也利用塔式起重机配合吊装天窗架、大型屋面板等构件。采用履带式或轮胎式起重机吊装时，开行路线及停机位置主要取决于建筑物的平面布置、构件自重、吊装高度和吊装方法等。平面布置是否合理，直接影响起重机的吊装速度。施工总平面布置，要考虑构件的制作、堆放位置，并适合起重机的运行与吊装，保证起重机按程序流水作业，减少吊车走空或窝工。起重机运行路线上，地下、地上及空间的障碍物，应提前处理或排除，防止发生不安全的事故。

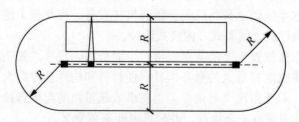

图 7.8　塔式起重机服务范围示意图

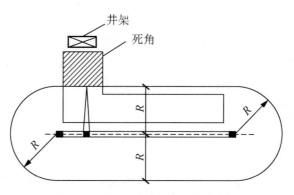

图 7.9　塔式起重机服务范围示意图

2. 布置搅拌站、加工厂、各种材料和构件的堆场或仓库的位置

垂直运输采用塔式起重机时，搅拌站、加工厂、各种材料的堆场或仓库的位置应尽量靠近使用地点或在塔式起重机服务范围之内，并考虑运输和装卸的方便。

搅拌站的位置应尽量靠近使用地点或靠近垂直运输设备，力争熟料由搅拌站到工作地点运距最短。有时在浇筑大型混凝土基础时，为了减少混凝土运输，可将混凝土搅拌站直接设在基础边缘，待基础混凝土浇完后再转移。砂、石堆场及水泥仓库应紧靠搅拌站布置。

同时，搅拌站的位置还应考虑使这些大宗材料的运输和装卸较为方便。当前，利用大型搅拌站，集中生产混凝土，用罐车运至现场，可节约施工用地，提高机械利用率，是今后的发展方向。

材料、构件的堆放应尽量靠近使用地点，并考虑到运输及卸料方便，底层以下用料可堆放在基础四周，但不宜离基坑、槽边太近，以防塌方。当采用固定式垂直运输设备时，材料、构件堆场应尽量靠近垂直运输设备，以缩短地面水平运距；当采用轨道式塔式起重机时，材料、构件堆场以及搅拌站出料口等均应布置在塔式起重机有效起吊服务范围之内；当采用无轨自行式起重机时，材料、构件堆场及搅拌站的位置，应沿着起重机的开行路线布置，且应在起重臂的最大起重半径范围之内。

构件的堆放位置应考虑安装顺序。先吊的放在上面、前面，后吊的放在下面。构件进场时间应与安装进度密切配合，力求直接就位，避免二次搬运。

加工厂(如木工棚、钢筋加工棚)的位置，宜布置在建筑物四周稍远位置，且应有一定的材料、成品的堆放场地；石灰仓库、淋灰池的位置应靠近搅拌站，并设在下风向；沥青堆放场及熬制锅的位置应远离易燃物品，也应设在下风向。

3. 布置运输道路

场内道路的布置，主要是满足材料构件的运输和消防的要求。这样就应使道路连通到各材料及构件堆放场地，并离它越近越好，以便装卸。消防对道路的要求，除了消防车能直接开到消火栓处之外，还应使道路靠近建筑物、木料场，以便消防车能直接进行灭火抢救。

布置道路时还应注意以下几方面要求。

(1) 尽量使道路布置成直线，以提高运输车辆的行车速度，并应使道路成环形布置，以提高车辆的通过能力。

(2) 应考虑下一期开工的建筑物位置和地下管线的布置。道路的布置要与后期施工结合

起来考虑，以免临时改道或道路被切断影响运输。

(3) 布置道路应尽量把临时道路与永久道路相结合，即可先修永久性道路的路基，作为临时道路使用，尤其是需修建场外临时道路时，要着重考虑这一点，可节约大量投资。在有条件的地方，可以把永久性道路路面也事先修建好，更有利于运输。

4. 临时设施的布置

为服务建筑工程的施工，工地的临时设施应包括行政管理用房、料具仓库、加工间及生活用房等几大类。现场原有的房屋，在不妨碍施工的前提下，符合安全防火要求的，应加以保留利用；有时为了节省临时设施面积，可先建造小区建筑中的附属建筑的一部分建后先作施工临时用，待整个工程施工完毕后再行移交；如所建的单位工程是处在一个大工地，有若干个幢号同时施工，则可统一布置临时设施。

通常办公室应靠近施工现场，设在工地出入口处。工人休息室应设在工人作业区，宿舍应布置在安全的上风口。生活性与生产性临时设施应有明显的划分，不要互相干扰。

5. 水、电管网的布置

1) 供水管网的布置

供水管道一般从建设单位的干管或自行布置的干管接到用水地点，同时应保证管网总长度最短。管径的大小和出水龙头的数目及设置，应视工程规模的大小通过计算确定。管道可埋于地下，也可铺于路上，根据当地的气候条件和使用期限的长短而定。

临时水管最好埋设在地面以下，以防汽车及其他机械在上面行走时压坏。严寒地区应埋设在冰冻线以下，明管部分应做保温处理。工地临时管线不要布置在第二期拟建建筑物或管线的位置上，以免开工时水源被切断，影响施工。

临时施工用水管网布置时，除了要满足生产、生活要求外，还要满足消防用水的要求并设法使管道铺设长度越短越好。

根据实践经验，一般面积在 $5000\sim10\,000\text{m}^2$ 的单位工程施工用水的总管用 $\phi100\text{mm}$ 管，支管用 $\phi8\text{mm}$ 或 $\phi25\text{mm}$ 管，$\phi100\text{mm}$ 管可用于消火栓的水量供给。施工现场应设消防水池、水桶、灭火器等消防设施。单位工程施工中的防火，一般用建设单位的永久性消防设备。若为新建企业则根据全工地的施工总平面图考虑。一般供水管网形式分为以下几种。

(1) 环形管网。管网为环形封闭形状，优点是能够保证供水可靠，当管网某一处发生故障时，水仍能沿管网其他支管供水；缺点是管线长，造价高，管材耗量大。

(2) 枝形管网。管网由干线及支线两部分组成。管线长度短，造价低，但供水可靠性差。

(3) 混合式管网。主要用水区及干管采用环形管网，其他用水区采用枝形支线供水，这种混合式管网，兼备两种管网的优点，在大工地中采用较多。

特别提示

一般单位工程的管网布置，可在干线上采用枝形支线供水形式布置。但干线如是全工地用的，最好采用环形管网供水。

2) 供电管网的布置

施工现场用的变压器，应布置在现场边缘高压线接入处，四周设置铁丝网等围栏。变压器不宜布置在交通要道口。配电室应靠近变压器，便于管理。

现场架空线必须采用绝缘铜线或绝缘铝线。架空线必须设在专用电杆上，并布置在道路一侧，严禁架设在树木、脚手架上。现场正式的架空线(工期超过半年的现场，须按正式线架设)与施工建筑物的水平距离不小于 10m，与地面的垂直距离不小于 6m，跨越建筑物或临时设施时，与其顶部的垂直距离不小于 2.5m，距树木不应小于 1m。架空线与杆间距一般为 25～40m，分支线及引入线均应从杆上横担处连接。

施工现场临时用电线路布置一般有两种形式。

(1) 枝状系统。按用电地点直接架设干线与支线。优点是省线材、造价低；缺点是线路内如发生故障断电，将影响其他用电设备的使用。因此，对需要连续供电的机械设备(如水泵等)则应避免使用枝形线路。

(2) 网状系统。即用一个变压器或两个变压器，在闭合线路上供电。在大工地及起重机械(如塔式起重机)多的现场，最好用网状系统。既可以保证供电，又可以减小机械用电时的电压。

以上是单位工程施工平面图设计的主要内容及要求。设计中，还应参考国家及各地区有关安全消防等方面的规定，如各类建筑物、材料堆放的安全防火间距等。此外，对较复杂的单位工程，应按不同的施工阶段分别设计施工平面布置图。

习　题

一、单选题

1. 施工组织设计的核心是(　　)。
   - A. 施工方案
   - B. 施工进度计划
   - C. 施工平面图
   - D. 各种资源需要量计划

2. 在单位工程平面图设计的步骤中，当收集好资料后，紧接着应进行(　　)的布置。
   - A. 搅拌站
   - B. 垂直起重运输机械
   - C. 加工厂
   - D. 现场运输道路

3. 对外墙进行装饰抹灰，其流程为(　　)。
   - A. 自下而上
   - B. 自上而下
   - C. 先自中而下，再自上而中
   - D. 以上都可以

4. 某学校的教学楼，其外墙面抹灰装饰分为干粘石、贴饰面砖、剁假石三种施工做法，其工程量分别是 684.5m², 428.7m², 208.3m²；所采用的产量定额分别是 4.17m²/工日、2.53m²/工日，1.53m²/工日。则加权平均产量定额为(　　)m²/工日。
   - A. 2.74
   - B. 2.81
   - C. 3.05
   - D. 3.22

二、多选题

1. 选择施工机械时应着重考虑(　　)。
   - A. 首先根据工程特点，选择适宜主导工程的施工机械
   - B. 各种辅助机械或运输工具应与主导机械的生产能力协调配套，以充分发挥主导机械的效率

C. 在同一工地上，应针对每个施工工程采用最经济的机械，建筑机械的种类和型号多一些也没有关系

D. 施工机械的选择还应考虑充分发挥施工单位现有机械的能力

E. 在施工中发现施工单位缺少某些机械，立即进行采购新机械，这样在以后的施工中将有备无患

2. 多、高层全现浇钢筋混凝土框架结构建筑的施工一般可划分为(　　)几个施工阶段。

A. 基础工程 　　　　　　　　　B. 预制工程

C. 主体结构工程 　　　　　　　D. 屋面工程及围护工程

E. 装饰工程

3. 在单位工程施工组织设计中，常见的技术组织措施是有(　　)。

A. 质量保证措施 　　　　　　　B. 降低成本等措施

C. 文明生产措施 　　　　　　　D. 安全施工措施

E. 加强合同管理措施

三、简答题

1. 什么叫单位工程施工组织设计？

2. 试述单位工程施工组织设计的编制依据和程序？

3. 单位工程施工组织设计包括哪些内容？

4. 工程概况及施工特点分析包括哪些内容？

5. 施工方案包括哪些内容？

6. 确定施工顺序应遵守的基本原则是什么？

7. 确定施工顺序应具备哪些基本要求？

8. 钢筋混凝土框架结构房屋的施工顺序如何？

9. 试述装配式单层工业厂房的施工顺序。

10. 施工方法和施工机械的选择应满足哪些基本要求？

11. 主要分部分项工程的施工方法和施工机械选择如何确定？

12. 试述技术措施的主要内容。

13. 确保施工安全的措施有哪些？

14. 现场文明施工应采取什么样的措施？

15. 什么是单位工程施工进度计划？它有什么作用？

16. 单位工程施工进度计划可分几类？分别适用于什么情况？

17. 单位工程施工进度计划的编制步骤是怎样的？

18. 如何确定施工过程的延续时间？

19. 资源需要量计划有哪些？

20. 单位工程施工平面图包括哪些内容？

21. 单位工程施工平面图设计应遵循什么样的原则？

单元8 施工组织设计案例

内容提要

本单元以某个工程项目的施工组织设计为例详细介绍了某现浇混凝土结构施工组织设计的内容。

技能目标

● 掌握单位工程施工组织设计和施工作业(方案)设计编制的主要方法和过程。
● 结合本实际案例掌握施工组织设计的施工部署、施工进度计划的编制。
● 掌握施工平面布置图的绘制。

8.1 编制依据及工程概况

8.1.1 编制依据

爱昆花园小区 1#～3#楼招标文件；

爱昆花园小区 1#～3#楼施工总承包合同；

新世纪建筑设计有限公司设计的爱昆花园小区 1#～3#楼施工图纸；

工程所涉及的现行国家或地方建筑工程验收规范，检验评定标准，规程，法规及有关图集。

1. 主要规范标准及规程

主要规范标准及规程见表 8.1。

表 8.1 规范标准与规程名称

序号	类别	规范标准与规程名称	编号
1	国家	建筑地基基础工程施工质量验收规范	GB 50202—2002
2	国家	混凝土结构工程施工质量验收规范	GB 50204—2002
3	国家	砌体工程施工质量验收规范	GB 50203—2002
4	国家	建筑装饰装修工程质量验收规范	GB 50210—2001
5	国家	建筑地面工程施工质量验收规范	GB 50209—2002
6	国家	屋面工程质量验收规范	GB 50207—2002
7	地方	钢筋机械连接通用技术规程	JGJ 107—96
8	国家	建筑工程项目管理规范	GB/T 50326—2001
9	国家	建筑电气工程质量验收规范	GB 50303—2002

序号	类别	规范标准与规程名称	编号
10	国家	建筑工程文件归档整理规范	GB/T 50328—2001
11	国家	通风与空调工程施工质量验收规范	GB 50243—2002
12	国家	建筑给排水及采暖工程施工质量验收规范	GB 50242—2002
13	国家	建筑施工安全检查标准	JGJ 59—99
14	国家	建筑工程施工质量验收统一标准	GB 50300—2001
15	国家	施工现场临时用电安全技术规范	JBJ 46—2005
16	国家	建筑施工高处作业安全技术规程	JGJ 80—91
17	国家	建筑机械使用安全技术规程	JGJ 33—2001
18	国家	建筑桩基础技术规范	JGJ 94—94
19	地方	天津市桩基础技术规范	JJG 3—89
20	国家	建筑地基处理技术规范	JGJ 79—91(98 版)
21	国家	钢筋焊接及验收规程	JGJ 18—96
22	国家	建筑工程冬期施工规定	JGJ 104—97
23	国家	建筑安装工程质量检验评定标准	GBJ 301—88
24	国家	建筑排水硬聚氯乙烯管道施工及验收规范	GJJ/T 29—98
25	国家	建设工程安全生产管理条例	

2. 工程应用的主要图集

工程应用的主要图集见表 8.2。

表 8.2　主要图集名称

序号	类别	图集名称	编号
1	国家	混凝土结构施工图平面整体表示方法制图规则和构造详图	11G101—1
2	国家	建筑物抗震构造详图	11G329—1
3	国家	等电位联结安装	02D501—2
4	国家	接地装置安装	03D501—4
5	地方	05 系列建筑标准设计图集	05J1—10
6	地方	05 系列建筑标准设计图集	05S1—10
7	地方	05 系列建筑标准设计图集	05N1—5
8	地方	05 系列建筑标准设计图集	05D1—13

续表

序号	类别	图集名称	编号
9	地方	天津市标准设计图集 DBJT29-45-2002	02G01—1 分册
10	地方	天津市标准设计图集 DBJT29-45-2002	02G05 分册
11	地方	住宅示范工程统一细部做法标准图集(一～五分册)	

3. 工程应用的主要法规

工程应用的主要法规见表 8.3。

表 8.3　主要法规

序　号	类　别	法规名称	编　号
1	国家	中华人民共和国建筑法	
2	国家	建设工程质量管理条例	
3	国家	工程建设强制性条文	
4	国家	中华人民共和国安全生产法	
5	国家	中华人民共和国合同法	
6	国家	中华人民共和国环境保护法	

4. 其他

其他质量管理等文件名称见表 8.4。

表 8.4　其他质量管理等文件名称

序　号	类　别	名　　称	编　号
1	企业	质量环境管理手册	ZHY/SHC—A—2004
2	企业	质量环境程序文件	ZHY/CHX—A—2004
3	企业	质量作业指导书	ZHY/ZHD—B
4	企业	环境作业指导书	

5. 经验

我单位多年从事建筑工程施工的行业经验。

特别提示

实际编制时应按照当时当地相应的现行规范执行。

8.1.2　工程概况

爱昆花园小区工程 1#～3#楼位于天津市河东区世纪大道。

本工程设计总建筑面积 24 000m^2 共有 3 栋楼，均为六层砖混结构，是一设计合理、环

境优雅的民用住宅小区。

本工程由天津市滨海房地产有限公司投资建设；天津市未来建筑设计有限公司设计；天津市路盾监理公司监理；天津市建设工程质量监督站质量监督；地质勘察设计单位为天津市地勘院；天津市第七建筑工程有限公司施工；质量标准为国家规范验收合格标准。合同工期为 2006 年 3 月 1 日至 2006 年 9 月 1 日，共 184 天。计划开工日期为 2006 年 3 月 1 日，计划竣工日期 2006 年 8 月 28 日，预定工作日 181 天。

1. 建筑特点

本工程共有 3 栋楼，均为六层砖混结构，总建筑面积约 24 000m^2，建筑层高 3m，建筑檐口高度为 17.670m，本工程设计标高±0.000 相当于大沽水平 3.8962，室内外高差为 0.600m，建筑耐久年限 50 年，耐火等级为二级，屋面防水等级三级，抗震设防裂度为 7 度。墙体材料：外墙为 240mm 厚页岩多孔砖外贴保温板，外保温采用挤塑式聚苯乙烯保温板 60mm 厚，内墙承重砖墙为 240mm 厚页岩多孔砖，隔墙采用 120mm 厚后砌页岩多孔砖。屋面为不上人保温挂瓦块坡屋面，屋面保温为 110mm 厚聚苯板，屋面防水采用 4mm 高聚改性沥青防水卷材。

门窗工程：外檐窗采用双层中空玻璃塑钢窗，楼栋入口门采用可视防盗不锈钢对讲门，单元入户门采用实木三防门，内檐门预留哑口，管道井检修门为木制成品防火门。

外装修工程：外墙面贴保温板，做分隔缝，饰面为喷刷外墙涂料。

内装修工程：起居室、卧室内墙面为白色乳胶漆墙面；卫生间、厨房为水泥砂浆墙面，毛面交工；阳台墙面为贴保温板水泥砂浆墙面，毛面交工；楼梯间为保温砂浆墙面，面层刷白色乳胶漆交工。起居室、卧室楼地面为细石混凝土楼面，毛面交工；卫生间为防水(聚氨酯防水涂膜)混凝土楼面，毛面交工；厨房为防水(掺入 3%超密 1-1 型密实剂)混凝土楼面，毛面交工；阳台为水泥砂浆楼面，毛面交工；楼梯间为花岗岩楼面。起居室、卧室、阳台、厨房、卫生间、楼梯间为白色乳胶漆顶棚；楼梯间踢脚板为花岗岩踢脚板；起居室、卧室等踢脚板均为水泥踢脚板与墙面等厚。雨水管为直径 100mm 白色 UPVC 管。

2. 结构特点

本工程地基形式采用钻孔灌注桩，基础结构采用钢筋混凝土筏片和砖砌体组成。基础混凝土强度等级 C30，主体混凝土梁板、楼梯、构造柱、圈梁等混凝土强度等级均为 C20。楼板结构标高比建筑标高降低 80mm，厕所楼板结构标高比建筑标高降低 130mm，阳台结构标高比建筑标高降低 30mm。主体结构为砖混结构，承重墙及后砌填充隔墙均采用 MU10 页岩多孔砖，砌体施工质量控制等级为 B 级。

3. 专业特点

建筑设备安装工程包括给排水、采暖及电气工程。

(1) 给水、排水系统：本工程生活给水及中水系统由市政供水根据甲方需求提供市政供水压力为 30m 水柱，生活给水管采用 PPR 给水管，热水系统采用热水专用 PPR 供水管。生活排水系统的生活污水为合流制重力排放系统，设有伸顶通气管，生活污水采用硬聚氯乙烯微泡低噪声 PVC-U 排水塑料管。厨厕内给排水管道敷设均明装。

(2) 采暖系统：采取集中供暖，热交换站的温度为 80/60℃，住宅的户内系统为一户一表的分户热计量以及与此相对应的公用立管的供热系统。散热器为铝制柱型散热器。各单元供回水立管采用热镀锌钢管，管道连接采用丝接，立管下端设泄水丝堵。分户管道采用交联铝复合管。土建后浇层施工时，在暖气管道位置预留宽 200mm 管沟，管道安装试压合格后浇蛭石混凝土填充并做出明显管道走向标记。

(3) 电气系统：包括住宅照明供电、有线电视、网络通信、楼宇对讲和防雷保护接地系统。由电源进线至负荷终端止。电源交流电压为 380/220V，电源采用电缆直埋引入方式，照明线路均采用"BV-500V 型"导线，室内所有电气线路及弱电系统线路均穿阻燃型硬塑料管沿墙及楼板内暗设，利用建筑物基础做接地装置。防雷接地按三类防雷建筑设防，屋顶设避雷带和避雷网格，煤气管道做绝缘处理。

4. 施工条件

(1) 作业面：在坝场可布置办公室、职工食堂、职工宿舍和库房等临建设施及施工道路、材料堆场。

(2) 钢筋加工：现场设置钢筋堆放区、钢筋加工棚，所有进场钢筋均在现场加工。

(3) 门窗、木制品加工：均委托专业厂家加工。

(4) 混凝土搅拌：本工程全部采用商品混凝土。

(5) 水源：由甲方提供的自来水管网。

(6) 电源：从现场变压器(200kVA)引出，作为现场临电的电源。

(7) 现场排水：现场施工道路边设置排水沟及沉淀池将雨水和废水排入附近河沟。

(8) 材料运输：周围道路基本能满足材料的及时供应。

(9) 场料安排：现场场地及布局较合理，材料可按需有计划地供应。

5. 自然条件

基本风压 0.450kN/m^2，基本雪压 0.40kN/m^2，标准冻深 0.6m，环境类别属寒冷地区。地下水对混凝土和钢筋无腐蚀作用。

8.2 施工总体部署

我公司将按项目法施工的原则，针对工程需要选派精干得力、具有同类工程施工经验的管理人员和技术人员组成项目班子，成立项目经理部，精心组织施工。制定切实可行的项目施工计划，做好各项施工管理工作，创一流服务、一流质量、一流工期、一流管理的样板工程，满足业主的要求。

8.2.1 组织机构部署

建立以项目经理为首的管理层，全权组织施工，对工程项目的质量、安全、工期、成本和文明施工等实行高效率、有计划地组织协调与管理。

项目经理部管理网络图如图 8.1 所示。

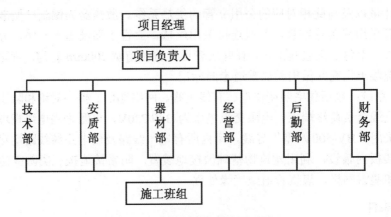

图 8.1 项目经理部管理网络图

项目经理部主要成员职能分工表如表 8.5 所示。

表 8.5 项目经理部主要成员职能分工表

序号	职 务	姓 名	职 称	学 历
1	项目经理	张宝刚	高级工程师	本科
2	项目负责人	孙贵仁	高级工程师	本科
3	土建工长	田多石	工程师	专科
4	质量员	王维护	工程师	专科
5	安全员	刘科学	工程师	中专
6	器材员	孙守营	助理工程师	中专
7	造价工程师	王准	工程师	本科
8	资料员	张仔细	助理工程师	中专
9	试验员	丁敬业	技术员	大专

8.2.2 施工现场平面布置

施工现场临时设施布置综合考虑场地情况、施工人员数量、施工机械使用情况以及施工临时设施消防要求因素，在布置上要力求节约占地、布局合理、道路畅通、美化环境。

1. 现场出入口及围墙

现场出入口设置无门楼式大门，门柱为砖砌，截面积 0.8m×0.8m，高 2.5m，外镶瓷砖。大门为滑轮式铁门，高度 2.2m，宽 8m 对开两扇。围墙使用砖砌围墙，高度 2.2m，大门口内道路一侧设有门卫室、旗杆及五牌一图。门口道路设有 50 混凝土硬化路面。

2. 临时生活设施

依据施工总平面布置图的规划，在施工现场大门口西侧，围墙以内搭建施工现场管理人员办公区及职工宿舍区，结构为庭院式彩板房，设有办公室、会议室、食堂、盥洗间、厕所、职工之家等配套设施，院内花草丛丛，环境优美。

3．临时生产设施

1) 临时道路及排水

现场入口处做厚 150mm C20 混凝土道路，场地内除绿化用地外全部做道路硬化，道路旁做排水沟，设计排水坡向和坡度，保证施工现场的排水畅通，并做收水沟和沉淀池，在大门口处设冲洗水槽，负责车辆冲洗，搅拌站废水经沉淀处理后排出，沉淀池定期清掏防止堵塞。

2) 临时电力

根据施工现场甲方提供的一台 200kVA 变压器，结合施工现场用电计划，设置符合天津市安全用电标准的施工配电箱，确保大型设备一机一箱，施工现场内施工机械采用直埋电缆供电，利用电缆竖井布置施工时用电的供电线路。

3) 临时用水

从建设单位指定位置接入水源，管径 DN100，并做水表井，施工现场临时供水管线的主干管不小于 DN80，由供水引入点设置阀门井，并分支一条管径 DN65 的消防管线，引一条管径 DN32 支管供生活区、食堂及生活用水。

4) 施工生产设备

本工程拟采用的垂直运输机械为卷扬机和垂直提升机 12 台，现场配置 3 台砂浆搅拌机，混凝土浇筑采用混凝土输送泵，钢筋、木料等材料加工设备，详见施工生产设备一览表，各种生产设备的具体位置见施工总平面布置图。

5) 现场材料加工、堆放场地

现场设置钢筋棚和木工棚，木工棚内配备消防设备，每处加工场棚如有用电设施则设置分配电箱，各种材料的堆放要按总平面布置图中设定的地点码放整齐、标识清楚。

6) 临时通信

施工现场主要项目施工管理人员配置移动电话，以便于日常工作使用。

8.2.3　劳动力需用量计划

合理又科学地组织劳动力，是保证工程顺利进行的重要因素之一。根据本工程类型及特点进行周密计划，实行动态管理，使劳动力始终处于动态控制中。项目部下设土建施工队、水电安装队、综合作业队、装修施工作业队及门窗安装作业队。具体任务划分详见劳动力需用量计划表，如表 8.7 所示。

表 8.7　劳动力需用量计划表

施工阶段 工种	基础施工	主体施工	装修施工	其　他
钢筋工	40	50	0	
混凝土工	20	40	30	
木　工	50	80	10	

施工阶段 工种	基础施工	主体施工	装修施工	其 他
瓦 工	40	50	10	
抹灰工			180	
架子工	8	10	10	
水电安装队	12	20	40	
机械工	4	8	8	
电焊工	2	2	2	
辅助工	40	50	10	
综合作业队	20	20	20	
门窗安装队			30	
合 计	236	330	350	

8.2.4 主要施工机械

本工程拟投入的施工机械详见施工机械设备配备一览表(见表 8.7)

表 8.7 施工机械设备配备一览表

序 号	机械设备名称	数 量	型 号	用 途	备 注
1	履带反铲挖土机	2 台		挖土方	
2	履带推土机	1 台		场地平整碾压	
3	运输汽车	4 辆		土方运输	
4	风镐	2 把		结构处理	
5	卷扬机	12 台		垂直运输	
6	砂浆搅拌机	3 台		砌筑墙体抹灰	
7	蛙式打夯机	6 台		地面密实	
8	平板振捣器	6 台		混凝土振捣	
9	插入式振捣棒	12 台		混凝土振捣	
10	混凝土输送泵	2 台		混凝土浇筑	
11	汽车吊	1 辆		材料装卸	
12	电焊机	6 台		钢筋焊接	
13	潜水泵	12 台		抽水	
14	电锯	1 台		木料加工	
15	钢筋切断机	2 台		钢筋加工	

续表

序　号	机械设备名称	数　量	型　号	用　途	备　注
16	钢筋调直机	2 台		钢筋加工	
17	钢筋弯曲机	2 台		钢筋加工	

8.2.5　施工进度计划

施工进度计划详见施工进度计划表。(略)

8.3　主要施工方案

爱昆花园小区工程 1＃～3＃楼，总建筑面积约 12 000m²，砖混结构，施工方案涉及建筑、装饰、给排水、采暖、电气安装、弱电系统等不同专业，在施工工艺、技术标准上各不相同。本章节就主要专业的施工方案作简要概述。

8.3.1　工程测量

1. 测量工具的选用

本工程应用的测量仪器必须经天津市法定计量检测单位检验合格，并在有效检测期间，测量仪器配置如表 8.8 所示。

表 8.8　测量仪器配置表

序　号	仪器名称	规格型号	精　度	备　注
1	经纬仪	DJD2-NA724	2″	
2	水准仪	S3	0.2″	
3	钢卷尺	50m	1/100 000	
4	水准尺	5m	0.5mm	

2. 控制点的移交

与建设单位办理坐标、水准点移交工作，并对各点进行复核填写书面移交记录。

3. 控制点的设置与应用

1) 高程控制点的设置与应用

(1) 根据业主给定原水准点经复测后引入施工现场内作为高程测量校核和恢复高程控制点用。

(2) 建筑物标高控制：根据业主提供的标高控制点，在每栋楼首层引测 4 个标高控制点

作为标高传递的依据，4 个标高控制点均设在±0.000，控制点应相互校核，标高传递一般用钢尺沿结构外墙，楼梯间向上直接传递量取。

施工层抄平前，应先校核自首层传递上来的两个标高点，其相互差值应小于 3mm，并依据两点的平均值抄测水平线。抄平时，尽量将水平仪安置在测点的中心位置，并进行一次精密定平，模板拆除后，应在每层弹出 0.5m 水平标高控制线，作为装修、安装的依据。

2）轴线控制点设置与应用

（1）根据业主提供导线，测放建筑物轴线控制桩，轴线控制桩必须置于便于查找和使用的地方，控制桩周围要加以保护，防止丢失或移动。

（2）以建筑物的轴线控制桩作为轴线观测的依据，每施工一层观测一次，将四个角部的八条轴线投测到建筑物上去，并用红油漆做好三角标记作为每层放线的基准，每次向上投测轴线时，还要测量轴线与建筑物外墙边线之间的距离，并做好记录，测量误差必须符合规范要求。测量仪器选用 DJD2-NA724 经纬仪。

4．沉降观测

（1）根据设计要求，按《建筑物变形测量规程》布置沉降观测点，观测建筑物沉降。由建设单位委托专业沉降观测单位进行观测。在建筑物首层外墙设置沉降观测点，沉降观测点设置在房屋四角、大转角处、纵横墙中部及变形缝两侧，两观测点间距离不得超过 30m。

（2）沉降观测要求：在结构施工阶段，基础完工后第一次观测，以后每施工一层测量一次沉降量；结构竣工后，第一年每两个月观测一次，第二年每四个月观测一次，第三年后每半年观测一次，至沉降基本稳定(沉降速率＜1mm/100d)终止。沉降观测过程中及时反馈沉降量信息，并按照规定做好有关记录，妥善保存，作为该工程技术档案资料的一部分。如遇异常情况及时与设计人员联系磋商。

5．测量监控与验线

测量人员必须具有有效的岗位证书，每道测量放线工序完成后，必须进行预检，有验线员、质量员、工长及放线人员共同参加，预检合格后填写《技术复核检查记录》，经监理验收合格后，方可进行下道工序的施工。

8.3.2　基础施工方案

本工程基础根据设计要求，地基采用深层水泥搅拌桩，基础由钢筋混凝土筏片和砖砌体组成。

基础施工顺序：定位测量放线→打桩→基础挖槽→破桩头→地基分部验收→混凝土垫层→基础筏板、梁及构造柱钢筋绑扎→基础筏板、梁及构造柱支模板→浇筑基础筏板、梁及构造柱混凝土→砌基础砖墙→地圈梁绑扎钢筋→基础构造柱及地圈梁支模板→浇筑基础构造柱及地圈梁混凝土→拆模→基础分部工程验收→回填房心土。

1．基础挖槽

1）施工准备

（1）制订开挖方案，确定合理的开挖方式、施工顺序和边坡防护措施，选择适当的施工机械。

(2) 做好建筑物的标准轴线桩、标准水平桩，用白灰撒出开挖线。必须经过检验合格，办理完验线手续，方可开挖。

(3) 若设计基础底面低于地下水位，要提前采取降水措施，把地下水位降至低于开挖底面 0.5m 以下，然后再开挖。

(4) 施工机具：履带式挖掘机、翻斗运输汽车、水准仪、水准尺、钢尺、手推车、铁锹、铁镐、风镐、钢钎、手锤、小线等。

2) 挖土方案

本工程住宅楼设计室外标高-0.600m，设计基底标高-2.100m。由于考虑到原现场地坪土质较差而无法承受桩机施工荷载，经与建设、监理单位商议决定：在打桩前计划采用履带式挖掘机先开挖至设计基底标高以上约 40～50cm 后进行桩基施工，待桩基施工完毕并检测结束，地下水位降至基坑底下 0.5m 时，采取人工开挖土方。

开挖到距槽底 50cm 以内后，测量人员测出距槽底 50cm 的水平标志线，然后在槽帮上或基坑底部钉上小木桩，清理底部土层时用它们来控制标高。根据轴线及基础轮廓检验基槽尺寸，修整边坡和基底。

雨期施工时，要加强对边坡的保护。可适当放缓边坡或设置支撑，同时在坑外侧围以土堤或开挖水沟，防止地面水流入。冬期施工时要防止地基受冻。

基底挖至标高并有相当的平面后，会请业主、设计、监理、勘察及质监站等单位人员验槽。对不符合要求的地基情况做出处理记录，处理完全符合要求后，参加各方会签隐蔽工程记录，并完善备案资料。随后浇筑 C10 混凝土垫层。

3) 降水施工准备

(1) 根据本工程地质勘察报告中地下水位情况及基坑开挖设计深度，制定降水方案，选择适当的施工机械。

(2) 施工机械选用：抽水设备选用泥浆泵 12 台，排水管采用 ϕ 100mm 尼龙软管，直接排入附近河沟。

(3) 施工工艺：井点定位→挖井坑→铺井底碎石砖→井壁干码砖→稳放泥浆泵→抽水检验→合格验收。

4) 降水方案

(1) 根据地表水位情况，每栋楼均设置集水井及排水沟进行降水，为确保施工顺利进行，集水井做成后，进行降水工作，并安排专人按时测量降水情况，当降水至垫层以下 0.5m 时，方能进行基槽开挖。

(2) 挖井坑达到预定深度后，井底铺碎砖 20cm 后，干砖沿井壁堆砌，厚度 240mm。稳放泥浆泵，做抽水试验，检验合格后，安排专人负责抽水，轮换值班 24h 不停，保证正常施工。

(3) 基槽开挖后在槽边设置 300×500 的排水沟，与井连通，每边留 300mm 工作面，沟内回填粒径 20～50mm 碎石，并确保水流能畅。

(4) 在基础垫层施工后向井内回填 10～30mm 碎石，并将井口用混凝土封闭。

(5) 降水过程中，应防止过分降低地下水位对周围建筑物造成影响。水位降至槽底以下 0.5m 处间歇抽水。

2. 钢筋工程

1) 施工准备

(1) 进场钢筋应有产品合格证、出厂检验报告和进场复验报告。钢筋应无老锈及油污。

(2) 核对钢筋品种、级别、规格、形状、尺寸、数量、位置是否与设计图纸及加工配料单相同。

(3) 所有的钢筋下料及加工成型均在施工现场进行。

(4) 钢筋绑扎的绑丝采用 20#~22# 铁丝。

(5) 控制混凝土保护层用的垫块采用现场预制水泥砂浆保护层垫块，应有足够的承载强度，规格尺寸根据钢筋的直径和设计的钢筋混凝土保护层厚度确定。

(6) 施工机具：钢筋弯曲机、卷扬机、钢筋切断机、钢筋钩子、撬棍、钢筋板子、绑扎架、钢丝刷、粉笔、尺子、墨斗、墨汁、小白线等。

2) 钢筋绑扎

(1) 在绑扎钢筋时，在基础垫层上弹出钢筋位置线(指主要钢筋)。梁的箍筋间距在放平的梁下层水平台钢筋上划分，柱的箍筋间距在两根对角主筋上划分。箍筋与主筋要垂直，箍筋转角与主筋交点要绑扎，箍筋的接头即弯沟叠合处沿梁(柱)主筋方向交错布置绑扎。

(2) 针对基础筏板梁及构造柱部位，先确定梁与轴的位置准确后，将梁的下部钢筋与箍筋绑扎牢固，基础柱位置摆放准确后绑扎牢固，为防止梁、柱上部钢筋变形，采用四面加料支撑以防变形及偏差，保证钢筋的稳定性。

(3) 梁的主筋接长采用闪光对焊和熔槽焊相结合的方法，有接头的面积百分率受拉区不得超过总截面积的 50%，受压区不得超过总面积的 50%，接头位置梁上部钢筋应在跨中 1/3 范围连接，下部钢筋在支座范围内连接。

(4) 构造柱接长采用搭接接头，同一截面搭接率不得超过 50%，且接头不宜设置在柱端的箍筋加密区内。

(5) 基础剪力墙钢筋按轴线位置确定。在两层钢筋网片之间要绑扎拉结筋和支撑筋，以保证钢筋的正确位置，墙体钢筋的接长采用搭接绑扎，搭接长度为 35d，绑扎接头位置应相互错开 45d。

(6) 受力钢筋的混凝土保护层采用砂浆垫块，垫块应提前制作，保证使用时达到强度要求。垫块厚度：承台梁、基础梁为 40mm，构造柱、圈梁为 30mm，垫块间距 1m，呈梅花形布置。

(7) 钢筋原材料及钢筋加工、安装工程的质量要求均要符合《混凝土结构工程施工质量验收规范》(GB 50204—2002)规定。

3. 模板工程

(1) 本工程基础模板采用竹夹板模板。模板加固采用方木、ϕ48 钢管及对拉螺杆等。

(2) 支模工作前，模板要经过校正，要求混凝土接触面平整无扭曲现象，清理干净应涂刷脱模剂。

(3) 支模时首先按图纸的设计尺寸、高度、位置弹出模板的尺寸或挂通线支模，禁止上下人踩踏模板及加固的斜向支撑，防止变形。

(4) 施工中选用的模板必须保证工程结构各部位的形状、尺寸及相互位置的正确，梁两侧模板每 1m 设置一根长同梁等宽的 ϕ12 钢筋来支撑，以保证梁的宽度尺寸，所选用的模板所具有的承载力、刚度、强度和稳定性能可靠地承受新浇筑混凝土的自重和侧压力及施工荷载。

(5) 模板安装后应仔细检查各部件是否牢固，尺寸及标高是否正确，模板接缝是否严密，预留孔位置是否准确，待检查验收合格后方可进行下一步施工。

(6) 模板的拆除时间应根据施工规范执行，梁、柱等侧模拆除时应保证混凝土表面及棱角不破损为准，现浇板、梁混凝土强度必须达到设计强度的 80% 才可以拆除底模板，悬臂构件的底模拆除时，混凝土强度必须达到设计强度的 100%。考虑到上一层梁支柱立于下一层梁面上，下层梁底模拆除后尚应立柱支顶，以利于荷载传递。模板拆除顺序遵循先支后拆，后支先拆，先拆不承重的模板，后拆承重部分的模板，自上而下，支架先拆测向支撑后拆竖向支撑的原则。

4. 混凝土工程

(1) 本工程混凝土采用商品混凝土，利用混凝土运输车及混凝土泵车进行混凝土的运输和浇筑。商品混凝土必须有出厂质量证明书，相关材料必须经过检验，合格后才准许使用。

(2) 混凝土浇筑前，要制定混凝土浇筑方案，明确浇筑顺序，由远而近的浇筑，同一区域内混凝土要先竖向结构后水平结构顺序分层浇筑，不留施工缝，要求混凝土浇筑的间隔时间不得超过混凝土的初凝时间(2h)。

(3) 混凝土的坍落度及搅拌运输时间在现场设专人监控，做好相关记录并保存好相关资料。

(4) 浇筑墙体、柱混凝土前，其底部先填 50mm 厚与混凝土配比相同的无石子水泥砂浆，用铁锹均匀入模，不得用泵管直接灌入模内，入模应根据混凝土浇筑顺序进行，随浇筑砂浆随浇筑混凝土，禁止一次将一段全部浇筑，以免砂浆凝结。

(5) 混凝土由料斗卸出进行浇筑时，其自由倾落高度一般不得超过 2m，否则要设溜槽进行浇筑。为保证混凝土质量防止泵管堵塞，喂料斗处必须设专人将大石头及杂物及时捡出。浇筑时随时清理落地灰。

(6) 浇筑过程中，要派专人随时观察模板支护情况，发现有胀模、移位等情况及时处理，以保证混凝土的结构尺寸和外观，严禁踩踏钢筋，施工人员通行处要搭设上人板。

(7) 浇筑混凝土时要设专人振捣，振捣工具选用插入式振捣棒(ϕ50，有效振捣直径375mm)。振捣方法：柱采用垂直振捣，梁、板采用斜向振捣，棒与混凝土表面成 40°～45° 角。

(8) 振捣点要求均匀分布，一般应≤50cm，在钢筋密集处或墙体交叉节点处，要加强振捣，保证密实。

(9) 振捣器的水平移动间距根据振捣棒的有效半径确定，振捣上层混凝土时，应插入下层混凝土内的深度 5～10cm，以使两层混凝土结合牢固，振捣要做到"快插慢拔"，并且要上下微微抽动，以使上下振捣均匀。在振捣时，使混凝土表面呈水平，不再显著下沉，不再出现气泡，表面泛出灰浆为止。振捣中，避免碰撞钢筋、模板、预埋件等，一旦发现有位移、变形，应及时与各工种配合处理。每一插点振捣时间一般为 15～30s。

(10) 混凝土浇筑要分层浇筑，分层厚度为振捣棒作为有效高度的 1.25 倍(一般 ϕ50 振捣

棒作用有效高度为470mm)。

(11) 根据施工规范要求各部位混凝土要按规范要求留置试块,用于检查混凝土强度。除正常留置试块外,应留置同条件养护试块,作为拆除依据。

(12) 混凝土振捣完毕,为了防止水平结构混凝土表面的干缩和自身沉实而产生表面裂纹,要适实用木抹子抹平,搓毛两遍以上,以防产生收缩裂缝。

(13) 混凝土养护:混凝土浇筑完毕后,应在12h以内加以覆盖和浇水,浇水次数应能保持混凝土有足够的湿润状态,养护期一般不少于7d。

5. 砌体工程

基础砖砌体工程所选用的材料,按设计要求砖砌体为MU10页岩多孔砖,水泥砂浆M10。

1) 施工准备

在筏板、梁上皮表面弹好轴线、墙身线、按设计标高要求立好皮树杆,砂浆按设计标号由实验室级配后的砂浆配合比通知单,现场计量搅拌。每盘料过磅,搅拌站配有配比标牌,准备好砂浆试模。

2) 砌筑方案

(1) 砖浇水。砌体用砖必须在砌筑前一天浇水湿润,一般以水侵入砖辊边1.5cm为宜,含水率为10%～15%,常温施工不得用干砖上墙,雨期不得使用含水率达到饱和状态的砖砌墙,冬期砖不得浇水,可适当增大砂浆稠度。

(2) 砂浆搅拌。砂浆配比采用重量比,每盘料均需过磅,在搅拌站配有配合比标牌。机械搅拌时间不得少于2min;加入外加剂,搅拌不少于3min。

(3) 砌砖墙。

① 组砌方法:一般采用满丁满条和梅花丁的砌筑方式。

砌砖:砌砖采用一铲灰,一块砖、一挤揉的"三一"砌砖法,砌砖时砖要放平,砌砖一定要跟线,"上跟线,下跟楞,左右相邻要对平",砌筑砂浆需随搅拌随使用。

② 留槎:砖混结构施工缝一般留在构造柱处,一般情况下砖墙不留直槎,如果不能留斜槎时,则可留直槎,但必须砌成凸槎,并应加设拉结筋,其拉结筋的数量为每120mm墙厚设一根ϕ6的钢筋,间距沿墙高不得超过500mm,其埋入长度从墙的留槎处算起,一般每边均不小于500mm,末端加90°弯钩。

③ 墙体拉结筋:墙体拉结筋的位置、规格、数量、间距均按设计规范要求留置,不得错放,漏放。

④ 构造柱做法:在构造柱连接处必须砌成大马牙槎,每一个马牙槎高度方向为五皮砖,即五进五退,先退后进,上下顺直。拉结筋按设计要求放置,设计无要求时按构造要求放置。

⑤ 砌筑要求:砌体水平缝与立缝砂浆必须密实饱满,饱满度80%以上,上下相邻层不得有纵向通缝。允许偏差,轴线位移≤10,垂直度≤5mm,表面平整度:混水墙8mm。

6. 土方回填工程

1) 施工准备

(1) 回填前,组织有关部门人员对基础工程进行检查验收并办理备案手续。

(2) 将基坑内的杂物、积水等清理干净。

(3) 施工前，做好水平高程的设置，在基础墙表面划分层线。

2) 土方回填

(1) 回填土一般选用含水量在 10%左右的干净黏性土(以手捏成团、自然落地散开为宜)。黏土粒径不得超过 50mm。

(2) 回填土要分层铺摊夯实，蛙式打夯机每层铺土厚度为 250～350mm，人工夯实时不大于 200mm，每层至少夯击三遍，要求一夯压半夯。

(3) 按规范要求环刀取样做干容重试验，每步回填合格后再进行下一步回填。

(4) 回填房心及管沟时，人工先将管子周围填土夯实，直到管顶 0.5m 以上时，在不损坏管道的情况下，方可用蛙式打夯机夯实。管道下方若夯填不实，易造成管道受力不均而折断、渗漏。

(5) 雨期施工时，防止地面水流入坑内，导致边坡塌方或浸泡基土；冬期施工时，每层回填土厚度比常温时减少 25%，其中冻土块体积不得超过总填土体积的 15%，且应分散铺摊，冻土块粒径不大于 15cm。

(6) 严禁用浇水使土下沉的"水夯法"。

8.3.3　主体结构施工方案

主要施工顺序：绑构造柱钢筋→砌砖墙→支构造柱模板→支圈梁、梁板及楼梯模板→绑圈梁、梁板及楼梯钢筋→浇筑圈梁、梁板及楼梯混凝土→混凝土养护→拆模。

1. 砖砌体砌筑

(1) 墙体采用 MU10 页岩多孔砖，砂浆标号 M10 混合砂浆。组砌方式为外墙采用梅花丁，内墙采用满丁满条，砌筑前一天黏土砖浇水湿润。砂浆按设计标号由实验室级配后的配合比，现场计量搅拌。

(2) 在砌筑墙时应具有充分的作业条件：按设计要求做好防潮层，室内外回填夯实完成，基础工程隐检手续完成，弹好轴线、墙身线，根据进入现场砖的实际尺寸弹好门窗口位置线，按实际标高立好皮数杆，间距在 15～20m 为宜。

(3) 砌筑前一天黏土砖浇水湿润一般以水浸入辊边 1.5cm 为宜，含水率为 10%～15%，在常温下不得使用干砖。砂浆配合比采用重量比，每盘料过磅，搅拌棚应有配比标盘，搅拌时间不得少于 2min。

(4) 外墙第一层摞底山墙排丁，前后檐排条，弹好门窗口如有不合模数可左右稍动，如有破活七分头或丁砖排在窗口中间，盘角每次不得超过五层，每层须按皮数杆砖层标高控制标高灰缝大小，平整垂直符合质量要求，每层挂线要拉紧线看平，使水平缝均匀一致。砌砖墙要有专人选砖，无弯曲裂纹，棱角整齐无损伤，颜色规格均匀一致。

(5) 砌墙采用：一铲灰、一块砖、一挤揉"三一"砌筑法即满铺满揉，水平缝 10mm 为宜，构造柱砌大马牙槎五进五退，先退后进上下顺直。

(6) 质量标准：砌体水平缝与立缝砂浆必须密实饱满，饱满度 80%以上。上下相邻层不得有纵向通缝。

(7) 允许偏差：轴线位移 10mm，垂直度 5mm，表面平整度：混水墙 8mm，水平缝平

整度：混水 10mm，门洞口宽±5mm。

2. 支模施工方法及要求

(1) 支模工作前模板经过校正要求混凝土接触面平整无扭曲现象，清理干净应涂刷脱模剂涂刷均匀，构造柱内部清理干净，包括舌头灰、挂的灰浆，根部清理落地灰，用水冲刷干净。可采用竹模或钢模板，应固定牢固，防止浇筑混凝土时挤涨变形，根部留置清扫口。

(2) 圈梁支模用木模板，上口弹线找平，筋绑完后宽度进行校正，并用支撑定位上口，应用卡具卡牢保证尺寸。

(3) 现浇楼板要求弹线找平，板缝严密应小于 1.5mm，可用钢管撑、木撑，下面用木板、木楔垫牢，不能用砖，并用拉杆固定牢固，首层楼板支撑下面基土必须坚实并有排水措施。

(4) 支模工程要求缝隙严密、牢固，预埋体安置牢固，预留孔留置准确，严格控制标高尺寸，表面平整，轴线位置准确。

(5) 允许偏差：标高±5mm，截面尺寸+4mm、−5mm，垂直度 3mm，表面平整度 5mm。

3. 钢筋工程施工方法及要求

(1) 钢筋施工首先应有充分的作业条件，按现场施工平面图规定的位置，将钢筋按规格、形状、尺寸堆放，并根据图纸的设计要求、配料单进行核对，进场材料要有三证，及时进行抽样送检复试，复试合格后，现场方可加工制作。

(2) 按照图纸设计做好下料单，标示牌，按下料单再下料，确保尺寸准确，制作过程中的尺寸、型号准确，无扭曲、变形现象，箍筋制作须平整、方正、弯钩角度不小于 135°，受力筋搭接时直径大于 25mm 时应采用焊接，小于 25mm 时采用搭接的方法，搭接应符合设计要求及规范要求。其搭接长度为 45d，接头应避开最大弯矩处。弯曲筋、负弯曲筋位置准确，制作钢筋弯钩朝向应正确，制作的成品应分尺寸、分型号堆放整齐，并做好标识。

(3) 钢筋绑扎前应对所有的支模板检查合格后方可绑扎，绑扎前应先弹出所绑扎钢筋线，对模板上所有的杂物清理干净。绑扎时首先把构造柱筋调正，再摆放钢筋，必须保证设计要求。

(4) 绑扎钢筋时应绑好梁板、柱、阳台筋及所有盖筋时不得上人踩踏，随时垫好砂浆垫块、钢筋的铁马凳，保证好梁、板、柱的保护层。在混凝土浇筑过程中要有专人看管钢筋，随时注意有无踩倒、位移及阳台筋的摆放位置，对不符合规范要求及设计要求的现象及时整改，在浇筑时对每根柱应调整，防止浇筑后柱位置移位现象。要严格按设计要求及规范要求施工。

(5) 质量标准：构造柱骨架宽高度最大允许偏差±5mm，构造柱骨架长度最大允许偏差±10mm，受力筋间距最大允许偏差±10mm，排距最大允许偏差±5mm，箍筋构造柱间距允许偏差±20mm。

8.3.4 屋面工程及屋面防水施工

本工程屋面为保温挂瓦块坡屋面。具体施工工艺流程为钢筋混凝土坡屋面板→干铺

110mm 厚聚苯板保温→1：3 水泥砂浆→铺贴 4mm 厚高聚物改性沥青防水卷材→淋水试验→20mm 厚 1：2.5 水泥砂浆保护层→沿坡屋面顶部及檐口处预埋 ϕ10 钢筋头，露出 180，中距 100，用 ϕ12 通长钢筋焊牢→ϕ6 钢筋垂直屋脊方向间距 500，平行屋脊方向按瓦块尺寸定，与上下预埋通长 ϕ12 钢筋焊牢→用 1：2.5 水泥砂浆卧牢→用双股 18 号镀锌铁丝挂块瓦与钢筋绑扎。

1. 施工准备

(1) 审核图纸，编制屋面工程施工方案。

(2) 屋面防水工程必须由具备相应资质等级的专业施工队施工，作业人员需持证上岗。

(3) 钢筋混凝土坡屋面板施工完毕，并经养护。

(4) 安全防护到位并经安全员验收合格。

(5) 出屋面的各种管道，避雷设施施工完毕，并经检查验收合格。

(6) 防水材料必须有出厂质量合格证，有相应资质等级检测部门出具的检测报告、产品性能和使用说明书，进场后按规定取样复试，并实行有见证取样和送检。

2. 施工工艺

(1) 清理基层。将钢筋混凝土坡屋面板表面的尘土、杂物清理干净，浇水湿润。

(2) 保温层施工。防水层施工完成并验收合格后，在防水层上干铺厚 110mm 聚苯板保温层，在檐口处设 L50×4 角钢，防止保温层下滑。保温材料必须用胶结材料连成整体，并严格按找坡顺直。保温板铺贴时应与下层紧贴，要铺平，垫稳。板接缝处要用同类材料填嵌饱满。

(3) 抹水泥砂浆找平层。水泥砂浆找平层施工时应重新做找坡控制点，既要保证坡度平整度符合要求，又要保证细部做法。如女儿墙根部，出屋面建筑，管道周围及各种阴阳角要做成圆弧(R=15cm)，水泥砂浆铺抹前要先刷一道素水泥浆，随铺随刷。水泥砂浆找平层抹平压光，并与基层黏结牢固。其平整度用 2m 靠尺检查，偏差不大于 5mm。

施工要求用木刮杠刮平，木抹子搓平，然后用铁抹子压三遍，做到不空不裂，不起砂。地面压光完工后 24h，洒水养护，保持湿润，养护时间不少于 7d。

(4) 防水层施工。

① 工艺流程：

清理基层→涂刷基层处理剂→铺贴卷材附加层→铺贴卷材→热熔封边→淋水实验

② 清理基层：施工前将验收合格的基层表面尘土、杂物清理干净。

③ 涂刷基层处理剂：基层处理剂是将氯丁胶沥青胶粘剂加入工业汽油稀释，搅拌均匀，用长把滚刷均匀涂刷于基层表面上，常温经过 4h 后，开始铺贴卷材。

④ 附加层施工：一般用热熔法使用沥青卷材施工防水层，在女儿墙、水落口、管根、檐口、阴阳角等细部先做附加层，附加的范围应在符合设计和屋面工程技术规范的规定。

⑤ 铺贴卷材：卷材的层数、厚度应符合设计要求。多层铺设时接缝应错开。铺贴时随放卷随用火焰喷枪加热基层和卷材的交接处，喷枪距加热面 300mm 左右，经往返均匀加热，趁卷材的材面刚刚熔化时，将卷材向前滚铺、粘贴，搭接部位应满粘牢固，搭接宽度满粘法为 80mm。

⑥ 热熔封边：将卷材搭接处用喷枪加热。趁热使二者黏结牢固，以边缘挤出沥青为度；

末端收头用密封膏嵌填严密。

(5) 保护层施工。保温层施工后，在其基层上铺抹 20mm 厚 1∶2.5 水泥砂浆保护层，抹平压光，并与基层黏结牢固，做到不空不裂不起砂，洒水养护。

(6) 挂瓦钢筋的预埋与焊接施工。做水泥砂浆保护层施工时，沿坡屋面顶部及檐口处预埋 φ10 钢筋头，露出保护层表面 180mm，中距 1000mm，待水泥砂浆保护层达到一定强度能上人后，用 φ12 通长钢筋与 φ10 预埋钢筋头焊牢，然后用 φ6 钢筋，垂直屋脊方向间距 500mm，平行屋脊方向间距根据瓦块尺寸定，与上下预埋通长 φ12 钢筋焊牢，施工时操作人员注意不要踩踏钢筋，用马蹬搭设木板走道进行施工。钢筋焊接施工完毕后，经检验无误，铺设 1∶2.5 水泥砂浆卧牢。

(7) 屋面瓦的施工。用双股 18 号镀锌铁丝挂块瓦与钢筋绑扎，铺瓦时应双面拉线，横平竖直，搭设合理牢固，检查合格后报验。

(8) 成品保护。

① 对已铺的防水层应采取措施进行保护，严禁在防水层上施工作业和运输，并应及时做防水层的保护层。

② 穿过屋面、墙面防水层处的管道，施工中与完工后，不得损坏变位。

③ 屋面施工时不得污染墙面、檐口及其他成品。

④ 屋面工程施工完毕，认真清理屋面一切物品，安放好出水口篦子及通气管防护帽，采取封口保护措施，防止人为破坏。

8.3.5　建筑装饰装修工程

本工程设计装饰工程其内装修除楼梯外为粗装修。

1. 内墙饰面

内墙装饰为粗装修。楼梯间为保温砂浆墙面，厚 30mm 保温砂浆分次抹平，面层刷白色乳胶漆；厨房、卫生间为水泥砂浆墙面，毛面交活；卧室、起居室、餐厅、阳台(封闭)外檐墙为保温(厚 60mm 挤塑型聚苯板)均为白色乳胶漆墙面。

1) 内墙抹灰

(1) 抹灰前应检查门窗、洞口的位置是否准确，墙体表面灰尘、污垢和油渍等应清理干净，抹灰前提前一天对墙面洒水湿润。

(2) 将混凝土墙等表面凸出部分凿平，对蜂窝、麻面、露筋、疏松部分等凿到实处，对墙面砌体凹凸不平处、缺棱掉角处以及砌凿的设备管线槽、洞等需进行分层处理修补，修补时先用水冲墙坑槽内浮尘，然后刷掺 108 胶的素水泥浆(增加黏结作用，减小砂浆的收缩应力，提高砂浆早期抗拉强度)一道，紧接着用 1∶2.5 水泥砂浆分层补平。

(3) 砖墙和混凝土墙、柱面交接处抹灰前用铁丝网搭缝，搭缝宽度从缝边起，每边不得小于 20cm，以防出现裂缝。

(4) 抹灰用的脚手架应先搭好，架子要离开墙面 200～250mm，以便于操作，搭好脚手板，防止灰落在地面，造成浪费。

(5) 抹灰前应检查基体表面平整度，以决定其抹灰厚度。做灰饼，距顶棚约 20cm 处，做上灰饼。以上灰饼为基准,吊线做下灰饼,下灰饼的位置一般在踢脚板上方 20~25cm 处,灰饼厚度即为抹灰厚度。

(6) 灰饼做好后,在灰饼附近钉上钉子,拴小白线挂水平通线,按间距 1.2~1.5m 加做若干灰饼,凡在门窗口、垛角处必须做灰饼。按灰饼厚度冲筋,冲筋宽度 6~7cm,作为墙面抹灰填平的标志。

(7) 冲筋时在上下两个灰饼中间抹一层,在抹第二遍时凸出成八字形,用与灰饼相同的砂浆冲筋,抹好灰筋后,用硬尺将灰筋与灰饼通平,并将灰筋的两边用刮尺修成斜坡,使其与抹灰层接槎顺平。冲筋后应检查灰筋的垂直平整度,误差在 0.5mm 以上者,必须修整。

(8) 抹底层灰:底层砂浆的厚度不大于灰筋厚度的 2/3,用铁抹子先将两筋之间墙上抹底层灰,由上往下抹,前后抹上的砂浆要衔接牢固,然后用木抹子搓平带毛面,在砂浆凝固之前,表面用扫帚扫毛或用铁抹子每隔一定距离交叉划出斜线。

(9) 抹中层灰:等底层灰凝结后抹中层灰,依灰筋厚度填满砂浆为准,然后用大刮尺按冲筋刮平,然后用木抹子搓抹一遍,使表面平整密实。搓平后用 2m 长靠尺检查,检查点要充足,超出质量标准者,必须重修,直到符合标准为止,墙的阴角可用阴角器上下抽动扯平,使室内四角方正。

(10) 质量要求:抹灰层厚度应通过冲筋进行控制,操作时应分层,间歇抹灰,每遍厚度宜为 7~8mm,应在第一遍灰终凝后再抹第二遍灰,切忌一遍成活。

2) 内墙涂料

(1) 作业条件:墙面应基本干燥,基层含水率不得大于 10%,抹灰作业已全部完成,墙面修补处理完毕,门窗玻璃应提前安装完毕。

(2) 操作工艺流程:修补墙面→刮腻子→磨平→喷刷头遍涂料→修补磨平→喷刷两遍涂料。

(3) 操作要求。

① 乳胶腻子配比要严格按照施工技术部门出具的数据为准,不得随意更改,成品腻子要有产品质量合格证及出厂证明。

② 如墙面有龟裂时应开缝用水石膏抹平。

③ 腻子干燥后打砂纸一遍并磨光磨平,刮腻子时注意不要污染门窗和踢脚线。

④ 喷刷第一遍涂料后,再对墙面进行一次细致的腻子修补,干燥后用砂纸均匀打磨,手感效果良好即可,然后进行第二遍涂料的喷刷。

⑤ 涂料喷刷要互相衔接,从一头开始逐渐刷向另一头,以避免出现接槎。

⑥ 涂料墙面未干前不要清扫地面,不得挨近墙面泼水,以免污染,涂料完工后要妥善保护,做好现场文明施工。

⑦ 对完成的墙面涂料进行彻底检查,重点检查阴阳角及门窗洞口无误后报验收。

2. 外墙饰面

外墙饰面为有保温功能的喷涂料外墙,外墙厚为 240mm 墙外贴保温,外保温采用挤塑式聚苯乙烯保温板厚 60mm。涂料颜色另定,外墙分隔缝除注明者外,均宽 20mm、深 10mm、深灰色。

1) 施工准备

(1) 先剔除墙面原结构上的各种杂物,包括水泥浆等,用杠尺顺一下整面墙的平整度及

垂直度，确定是否要剔凿，如需要必须在保温板施工之前进行。

(2) 保温板的规格尺寸和各项技术指标以及黏结剂的质量均须符合设计要求及有关标准。

2) 工艺流程

墙面清理及剔凿平整→墙面的冲筋及粘点的布置→粘贴条抹灰施工→向墙面粘贴保温板→板缝的处理→板面贴玻纤面→打底找平→打磨→封底漆→涂刷涂料三遍。

3) 施工工艺

(1) 基层清理：将主体结构墙面的砂浆及原结构上的木模板等及时清理干净。

(2) 在墙体表面上用砂浆黏结剂做成宽度小于 30mm，厚度为 10mm 的与板面相同尺寸的(长×宽)条带，留有 50mm 的排气口。

(3) 黏结点成两排分布，每排 5 个，黏结面积不小于板面积的 20%。

(4) 在两道墙交接处要使组砌的保温板相互咬槎，同时做一遍玻纤布的附加层，防止墙面的裂缝。

(5) 板间挤缝宽为 5mm±1，板缝用黏结剂挤实刮平，黏结牢固，要求达到与板面平整一致。

(6) 在保温板上抹黏结胶后横向满贴玻纤布一遍。

(7) 保温板上墙后黏结未达到强度前，严禁碰动保温板。

(8) 刮防水腻子找平，待干燥后用砂纸打磨光滑，手感无杂质。

(9) 封底漆，在基层上，先喷涂一遍封底漆，增加与基层的结合力，防止浮碱。

(10) 涂刷涂料三遍。涂刷第一、第二遍涂料，对墙面出现的缺陷及时修改和处理，然后进行第三遍涂抹，完活后进行检查报验。

3. 顶棚工程

本工程室内所有顶棚均涂刷白色乳胶漆。

1) 顶棚抹灰

顶棚抹灰采用水泥砂浆(或混合砂浆)打底和罩面。施工前，顶棚基层清理干净，在四角墙上弹出水平线，以墙面水平线为依据，抹灰时浇水湿润，板底刷掺 108 胶素水泥砂浆一道，顶棚四角抹 1∶3 水泥砂浆，周边找平，顶棚表面应顺平打底，待八成干后再抹 1∶2.5 水泥砂浆(或混合砂浆)罩面，抹面压光，与墙面相交的阴阳角应做成一条直线。

2) 顶棚涂料

涂料涂刷前用腻子将表面刮平，抹灰面表面含水量不大于 10%，最低成膜温度 5℃，干燥时间小于 2h，同一面层涂料应用同一批号的涂料，每遍涂料不宜施涂过厚，涂层应均匀，颜色一致，每层涂料施涂前应待上层涂料干燥后再进行，施涂罩面涂料时，不应有漏涂和流坠现象。

4. 楼地面工程

本工程楼地面施工，按设计要求除楼梯间外为粗装修。楼梯间及走道为铺花岗岩楼地面；厨房和卫生间为防水楼地面，其他为水泥砂浆地面和细石混凝土楼面。

1) 施工准备

(1) 墙上四周弹好+50cm 水平控制线。

(2) 地面防水层(防水涂料)已经做完，墙、顶抹灰做完，屋面防水做完。

(3) 穿楼地面的管洞已经堵严塞实。

(4) 楼地面垫层已做完。

(5) 立完门框，钉好保护铁皮和木板。

(6) 门口处高于楼板面的砖层应剔凿平整。

(7) 水泥、砂、石随机取样送试验室试验，试验合格后，出具细石混凝土配合比通知单。

2) 施工工艺

(1) 水泥砂浆地面。本工程首层起居室、餐厅、卧室及过道为水泥砂浆地面，厨房为水泥砂浆防水地面。水泥用 32.5 级矿渣硅酸盐水泥或普通硅酸盐水泥，砂用中砂，含泥量不大于 3%，具体施工方法如下。

① 在垫层上浇筑厚 60mm C15 细石混凝土做基层，随打随抹平。

② 根据墙上弹好的 50cm 水平控制线，将面层上皮的水平基准线弹出，确定面层抹灰厚度。拉水平线开始抹灰饼，横竖间距为 1.5～2m，灰饼上平面即为地面面层标高。如果房间比较大，还需抹标筋。灰饼砂浆与抹地面砂浆为同材料组成。

③ 铺设水泥砂浆前，基层清理干净，洒水湿润，并涂刷水泥浆一道，随刷随抹水泥砂浆面层，在灰饼之间将砂浆铺均匀，水泥砂浆面层为厚 20mm 1∶2 水泥砂浆。

④ 木抹子拍实，木刮杠刮平后用木抹子搓平，并随时用 2m 靠尺检查其平整度。

⑤ 木抹子搓平后，用铁抹子抹压，直到出浆为止，在面层凝结前拉毛，最后毛面交活。

⑥ 交活 24h 后，洒水养护 7～10d。

⑦ 水泥砂浆掺入 3%超密 1-1 型密实剂，做厨房地面面层，即为水泥砂浆防水地面。

(2) 花岗岩地面。本工程楼梯间及走道为地砖地面，材料选用水泥 32.5 级以上普通硅酸盐水泥或矿渣硅酸盐水泥，砂为中砂，含泥量不大于 3%，面砖进场验收合格后应进行挑选，分大、中、小三类挑选后分别码放在垫木上。面砖预先用水浸湿，并堆放好，铺时达到表面无明水。具体施工方法如下。

① 将基层表面的浮土或砂浆铲除掉，清理干净，用清水冲洗干净。

② 根据 50cm 水平控制线和设计图纸找出板面标高。

③ 根据排砖图确定砖缝宽度，并在基层上弹纵横控制线，检查该十字线是否与墙面平行，否则进行调整至平行，即找中找方。

④ 根据排砖原则预排砖，使之趋于合理，对称，减少破活，破活尽量排在远离门口、楼梯口及隐蔽处，四边砖宽度应大于 1/2 砖宽度。

⑤ 铺贴前在混凝土基层上涂刷素水泥浆，保证上下层结合好。

⑥ 放线后先铺若干行砖，以此为标筋拉纵横水平标高线，铺时应从里向外，从上向下(楼梯)退着操作，砖应跟线。

⑦ 在刷完素水泥浆的混凝土基层上铺 20mm 厚 1∶4 干硬性水泥砂浆结合层，铺好后用大杠尺刮平，再用木抹子拍实找平。结合层砂浆随拌随用，干硬性程度以手捏成团，落地即散为宜。

⑧ 铺贴时，应先试铺，试铺合适后，将地砖取下，在地砖背面刮水泥浆粘贴，板材四角应同时落下，并用橡皮锤拍实，铺贴随时找平找方，拨缝、修整。

⑨ 面层铺贴 24h 后进行灌浆擦缝，用棉丝团醮水泥浆揉擦砖缝，擦满擦实为止，缝格

要求横平竖直、光滑、饱满，然后及时将地砖表面的余灰清净，防止对面层造成污染。

⑩ 铺地砖完成后要对地砖洒水养护 7d 以上，养护期间不准上人。

(3) 细石混凝土楼面。本工程二层以上起居室、餐厅、卧室及过道楼面为细石混凝土楼面，厨房为防水细石混凝土楼面，毛面交活，具体施工方法如下。

① 现浇钢筋混凝土楼板，基层表面的尘土、砂浆块等杂物应清理干净，提前一天对楼板进行洒水湿润，保证第二天施工时地面湿润，但无积水。

② 浇筑前在基层表面刷一遍 1:0.4～0.45(水:水泥)的素水泥浆，要随铺随刷，防止出现风干现象，如基础表面为光滑应先将表面凿毛再刷素浆。

③ 在房间四周根据标高线做出灰饼，大房间还应该冲筋。冲筋和灰饼均应采用细石混凝土制作，随后浇筑细石混凝土。

④ 细石混凝土面层强度等级按设计要求为 C20，厚度为 40mm，坍落度应不大于 20mm，铺细石混凝土后用长杠刮平，振捣密实，补平表面塌陷处用木抹子搓平。

⑤ 拌 1:1 水泥砂子干灰面，均匀地撒在细石混凝土面层上，待灰面吸水后用长杠刮平，木抹子搓平，再用铁抹子抹压平，在面层开始凝结之前，用钢刷拉毛，毛面交活。

⑥ 面层交活 24h 后，及时洒水养护 7d 以上，养护期间禁止上人踩踏，养护要及时且严格按工艺要求进行养护。

⑦ 细石混凝土施工的环境温度不应低于+5℃，并且注意保温养护。

⑧ 厨房地面为防水混凝土楼面，在细石混凝土中掺入 3%超密 1-1 型密实剂，其余做法同细石混凝土楼面施工方法。

(4) 卫生间防水楼地面。本工程卫生间防水楼地面的防水层采用聚氨酯涂膜防水材料，防水层下基层做法为：首层厚 40mm C20 细石混凝土找平层随打随抹平，四周抹小八字角，二层以上为厚 20mm 1:3 水泥砂浆找平层，四角抹小八字角。找平层表面应抹平压光、坚实、平整，无空鼓、裂缝、起砂等缺陷，做防水层前基层含水率不大于 9%，防水层为聚氨酯涂膜防水材料刮涂三遍，厚度为 1.5mm(具体做法详见"卫生间地面防水工程")，防水层施工完毕并实干后，对涂膜质量进行全面验收，验收合格后可进行蓄水试验，24h 无渗漏，做好记录，可进行下一步施工。为保护防水层，在其表面用 1:1 的 108 胶水泥浆进行扫毛处理做结合层，在结合层上铺设厚 60mm C20 细石混凝土向地漏找坡，最薄处不小于厚 30mm，铺细石混凝土后，要振捣密实，木抹子搓平，铁抹子压平，毛面交活，交活 24h 后，及时洒水养护，养护时间不小于 7d。

5. 卫生间防水工程

本工程卫生间防水采用厚 1.5mm 聚氨酯涂膜防水材料。

1) 施工准备

(1) 楼地面找平层已完成，穿过地面及楼面的所有立管，套管已完成，并已固定牢固经过验收，管周围缝隙用 1:2:4 细石混凝土填塞密实。找平层表面应抹平压光、坚实、平整，无空鼓、起砂、裂缝等缺陷，含水率不大于 9%。

(2) 找平层与墙交接处及转角处、管根部位，均要抹成平整光滑的小圆角，凡靠墙的管根处均要抹出 5%(1:20)坡度，避免此处积水。

(3) 涂刷防水层的基层表面，应将尘土、杂物清扫干净。

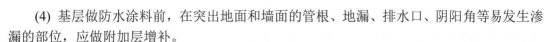

(4) 基层做防水涂料前，在突出地面和墙面的管根、地漏、排水口、阴阳角等易发生渗漏的部位，应做附加层增补。

(5) 墙面需做防水的部位(四周上卷 300mm)，墙面基层抹灰要压光，要求平整，无空鼓、裂缝、起砂等缺陷。

(6) 根据 50cm 水平控制线，弹出墙面防水高度线，标出立管与标准地面的交接线，涂料涂刷时要与此线平齐。

(7) 防水涂料一般为易燃有毒物品，储存、保管和使用时要远离火源，现场备有足够的灭火器等消防器材。施工人员要着工作服，穿软底平跟鞋。

(8) 环境温度保持在+5℃以上。

(9) 操作人员经专业培训，持证上岗。先做样板间，经检查验收合格后，方可全面施工。

(10) 材质要求：单组分聚氨酯防水涂料，要求有出厂质量合格证，有相应资质等级检测部门出具的检测报告，产品性能和使用说明书。

2) 工艺流程

基层清理→细部附加层施工→第一层涂膜→第二层涂膜→第三层涂膜→第一次试水→保护层施工→第二次试水→工程质量验收。

3) 操作工艺

(1) 基层清理。施工前，先将基础表面的灰皮铲掉，清除尘土，砂粒等杂物，基层表面必须平整，凹陷处要用水泥腻子补平。

(2) 细部附加层施工。

① 打开包装桶后先搅拌均匀。严禁用水或其他材料稀释产品。

② 用油漆刷醮防水涂料在管根、地漏、阴阳角等容易漏水的部位均匀涂刷，不得漏涂(地面与墙角交接处，涂膜防水上卷墙上 300mm 高)。常温 4h 表干后，再刷第二道涂膜防水涂料，24h 实干后，即可进行大面积施工，每层附加层厚度宜为 0.6mm。

(3) 涂膜防水施工。本工程防水涂膜厚度根据设计要求为 1.5mm 厚，分三遍进行涂膜施工。

① 第一层涂膜：将已搅拌好的防水涂料用塑料或橡胶刮板均匀涂刮在已涂好底胶的基层表面上，厚度为 0.6mm，要均匀一致，刮涂量以 $0.6 \sim 0.8 kg/m^2$ 为宜，操作时先墙面后地面，由内向外退着操作。

② 第二层涂膜：第一层涂膜固化到不粘手时，按第一遍施工方法进行第二层涂膜防水施工。为使涂膜厚度均匀，刮涂方向必须与第一遍刮涂方向垂直，刮涂量比第一遍略少，厚 0.5mm。

③ 第三层涂膜：第二层涂膜固化后，按前述两遍的施工方法，进行第三遍刮涂，刮涂量以 $0.4 \sim 0.5 kg/m^2$ 为宜。

④ 撒粗砂结合层：为了保护防水层，地面的防水层可不撒石碴结合层，其结合层可用 1∶1 的 108 胶或众霸胶水泥进行扫毛处理，地面防水保护层施工后，在墙面防水层滚涂一遍防水涂料，未固化时，在其表面上撒干净的 $2 \sim 3 mm$ 砂粒，以增加其与面层的黏结力。

(4) 涂膜防水层的验收。根据防水涂膜施工工艺流程，按检验批、分项工程对每道工序进行认真检查验收，做好记录，合格后方可进行下道工序的施工。防水层完成并实干后，对涂膜质量进行全面验收，要求满涂，厚度均匀一致，封闭严密，厚度达到设计要求(做切

片检查)。防水层无起鼓、开裂、翘边等缺陷，并且表面光滑，经检查验收合格后可进行蓄水试验(蓄水深度高出标准地面 20mm)，24h 无渗漏，做好记录，可进行保护层施工。

4) 成品保护

(1) 涂刷防水层施工时，不得污染其他部位。

(2) 涂膜防水层每层施工后，严格加以保护，在卫生间门口处设醒目的禁入标志。在保护层施工前，任何人不得进入，也不得在上面堆放杂物，以免损坏防水层。

6. 门窗工程

本工程的门窗工程，按设计要求所选用的材料为：外门窗采用双层中空玻璃塑钢窗；楼栋入口门采用可视防盗不锈钢对讲门；入户门为实木三防门；管道井检修门为成品木门；单元内门预留哑口。

1) 塑钢门窗的安装

(1) 作业条件。

① 塑钢门窗的规格、型号应符合设计要求，五金配件配备齐全，且应有产品的出厂合格证。

② 安装机具及辅料(嵌缝材料、密封胶)准备齐全。

③ 主体结构质量验收合格，各工种之间办理了交接手续。

④ 按图纸门窗位置，弹线确定塑钢门窗位置(立樘居墙中)。

⑤ 根据室内+50cm 水平标高控制线，校核门窗洞口位置尺寸及标高是否符合设计要求，如有问题应提前进行处理。

⑥ 检查门窗尺寸与墙体预留空洞位置是否吻合，并将预留空洞内杂物清理干净。

⑦ 检查塑钢门窗保护膜的完整，如有破损补粘后再安装。

(2) 塑钢窗的安装施工。

① 弹线找规矩：窗口的水平位置以楼层的+50cm 水平控制线为标准，往上返，量出窗下皮标高，弹线找直，一个房间内应保持窗下皮标高一致，同时每一楼层也应保证窗下皮标高一致。

② 塑钢窗框安装前应对外墙进行复核、找方，根据外墙大样图及窗口宽度，确定塑钢窗在墙厚方向的安装位置。

③ 根据找好的规矩安装塑钢窗，并将其吊正找直，无问题后用木楔临时固定。

④ 将窗框上的连接铁件用塑料膨胀套管进行固定，连接铁件应进行防锈处理。

⑤ 窗框固定好后，用 8mm 厚岩棉填塞框与墙体缝隙，外表面留 2mm 深槽口打密封胶，严禁用水泥砂浆直接填塞。

2) 木门的安装

本工程所需安装的入户实木三防门以及管道井维修门(木门)均为成品门。木门的型号、尺寸及质量必须符合设计要求并有出厂合格证。防火门要有防火等级证书。

(1) 作业条件。

① 木门进入施工现场必须经过检查验收，其型号、尺寸应符合要求，分类堆放，严禁露天堆放，避免日晒雨淋发生翘曲、劈裂。

② 木门安装操作人员必须经过专业培训。

③ 小五金及其配件的种类、规格、型号齐全，必须符合图纸设计要求，并与门框扇相匹配。

(2) 木门的安装施工。

① 根据楼层内 50cm 水平控制线及房间控制线，在墙上弹出门框安装位置线。

② 根据门的尺寸、标高、位置及开启方向，安装门框，要求安装牢固，并用水平尺校正水平，用线坠校正垂直。

③ 门扇的安装首先要确定扇的开启方向及装锁位置。安装时要注意检查，关上门缝隙是否合适，口与扇是否平整，开关门是否顺畅。

④ 五金安装应符合设计图纸要求，不得遗漏。

⑤ 木门安装后要逐扇进行检查验收，有问题的要及时进行修整，直至验收合格为止。

⑥ 注意成品保护，门钥匙要有专人保管。

8.3.6　建筑电气工程

本工程为砖混结构住宅楼，按设计要求包括有照明供电、有线电视、网络通信、楼宇对讲和防雷保护接地等系统，电源交流电压为 380/220V，三相五线制，电源采用电缆直埋引入方式。每栋住宅的总电源进线断路器漏电保护装置应设在室外电缆柜内。所有电器设备及管线施工均应符合《建筑电气工程质量验收规范》(GB 50303—2002)的有关规定。

1. 施工准备

1) 作业条件

随土建砌体砌筑同时进行。

2) 材料要求

(1) 电气工程所用材料必须合格，有出厂合格证，"CCC"认证标志和认证证书复印件及生产许可证，设计有特殊要求时必须符合设计要求。

(2) 材料进场时要检查其规格、型号、外观质量是否符合国家标准。

(3) 本工程照明线路均采用"BV-500V 型"导线，室内所有线路均穿阻燃型硬塑料管沿墙及楼板内暗设。

(4) 所有 PC 管采用 XS-PVC 型，KBG 管采用 XS-KBG 型。

(5) 所有防雷或接地的钢质器件均采用镀锌管件，室内接地凡焊接处均应刷沥青防腐。

(6) 避雷线均采用 $\phi 10$ 镀锌圆钢。

2. 工艺流程

预埋管→预留箱盒位置→管路连接→安装箱盒→穿线→安装电气器具→通电试运行。

3. 操作工艺

1) 预埋 PVC 阻燃管

(1) 应根据施工图的管路走向进行管路敷设，沿最近的路线敷设并减少弯曲，管子的弯曲度不应小于 90°。

(2) 管路的预埋应随土建工程的施工同时进行，要派电工值班保证线路的位置，发现问

题及时纠正。

(3) 管路应敷设在墙中位置：预埋混凝土楼板内最少有 2cm 保护层，从混凝土楼板内向上引出位置固定一根不小于$\phi 8$ 的钢筋，管口必须封堵严密。

(4) 注意成品保护，不得踩踏电线管路，不得碰撞或弯折电线管路。

2) 预留箱盒位置

(1) 现浇顶板内灯头盒应在浇筑混凝土前留置，为保证灯头盒位置准确，根据图纸要求在模板上画出位置线，在位置线上把灯头盒固定在钢筋上，灯头盒内连接好管路接头后，用废纸或其他柔性材料，将盒填塞密实，以防灰浆渗入造成管路堵塞。

(2) 为了保证箱盒位置及标高准确，在墙体内采取预留箱盒位置后安装箱盒的办法，根据设计图纸要求在箱盒位置预留一个比箱盒尺寸略大的洞口，管路进洞尺寸不超过洞口的 1/2，以利于以后的箱盒安装。

3) 管路的连接

(1) 管路与管路的连接：使用与管路配套的套管和胶粘剂，保证连接可靠、平直。

(2) 管路与箱盒的连接：本项工作应配合箱盒的安装同时进行，使用配套的盒接头和胶粘剂。根据 50cm 水平控制线，测定箱盒的位置，根据其位置截取适当长的管路，把盒接头与各管路粘连接，把盒接头的另一端插入箱盒，并与配套的锁母固定，然后把箱盒固定在合适的位置。

(3) 管路的切断：对于直径在 20mm 以下的管路可使用专用的剪管器进行剪切，不能使切断的管口变形；对于直径在 20mm 以上管路可使用钢锯锯断，需用钢锉把管口内外毛刺修整平齐，不能出现斜口。

(4) 管路的弯曲：对直径在 25mm 以下的管路，使用配套的弯管弹簧；直径在 25mm 以上的管路，可以使用热煨使管路弯曲。

4) 安装箱盒

(1) 根据预留洞尺寸先将箱盒找好标高及水平尺寸进行弹线定位。

(2) 根据箱盒的标高和水平尺寸核对入箱的管路长短是否合适，否则应及时进行调整。然后根据管路的入箱位置进行连接锁定。完毕，将箱盒按标定的位置固定牢固，然后用水泥砂浆填实周边并抹齐全。

5) 穿线

(1) 根据图纸要求，正确选择导线规格、型号和数量，穿入管内的绝缘导线按色标进行分色。

(2) 带线用$\phi 1.2 \sim 2.0$mm 铁丝，头部弯成不封口的圆圈，以防止在管内遇到管接头时被卡住，带线在管路两端留有 20cm 余量。如在管路较长或转弯时，可在结构施工敷设管路时将带线一并穿好并留有 20cm 余量，固定好，防止被人随便拉出。

(3) 按照管口大小选择护口，并将护口套入管口上，不得遗漏。

(4) 穿线前，根据图纸要求对导线品种、规格、质量进行核对，两人穿线时，一拉一送，配合协调。

(5) 不同回路、不同电压和交流与直流的导线，不得穿入同一根管子内。同一交流回路的导线必须穿于同一根管内，导线在管内不得有接头和扭结，其接头应在接线盒内连接。

6）电气器具安装

(1) 首先将箱盒内残存的灰块清除掉，用湿布将盒内灰尘擦净。

(2) 交直流或不同电压的插座安装在同一场所时，应有明显的区别，且应配套使用，不能互相代用。

(3) 接线时，在配电回路中的各种导线连接，均不得在开关、插座的端子处以套接压线方式连接其他支路。

(4) 开关、插座及灯座的安装位置及操作工艺应按设计要求及国家标准执行。

(5) 安装电气器具应注意成品保护，不得碰坏墙面；安装完毕不得再次进行喷浆，其他工种施工时不要碰坏开关、插座等。

4．安全与接地

(1) 利用建筑物基础做接地装置，防雷接地、电器设备接地共用接地极，要求接地电阻不大于 1Ω。

(2) 本工程采用总等电位联结，总等电位由黄铜板制成。应将建筑物内保护干线、设备进行总管、建筑物金属构件进行联合，总等电位联结线采用 BV-1×25mmPC32，且联结均采用各种型号的等电位卡子。

(3) 本工程接地保护型式为 TT 接地系统。

5．防雷接地

本工程按三类防雷建筑设防，屋顶设避雷带和避雷网络。具体做法按设计要求及国家标准施工。

8.3.7　建筑给水、排水及采暖工程

本工程给水系统由市政管网供水，供水压力 30m 水柱。生活排水系统为合流制排放系统，设有伸顶通气管，雨水排水系统均为外排水系统，采暖系统住宅部分采用集中供暖，热交换站的温度为 80/60℃。

1．给水工程

1）施工准备

(1) 地下管道铺设必须在房心土回填夯实或挖到管底标高，沿管线铺设位置清理干净，管线穿墙处已留管洞或安装套管，其洞口尺寸和套管规格符合图纸要求，其坐标、标高正确。

(2) 立管安装在主体结构完成后进行，支管安装应在墙体砌筑完毕墙面未装修前进行。

(3) 按照"先地下，后地上；先主干立管，后分支和设备连接"的顺序施工。

2）材料要求

(1) 生活给水管采用 PPR 给水管，水表为旋翼湿式水表，水嘴采用铜镀铬陶瓷磨片水嘴。

(2) 所用材料需有出厂合格证、产品质量合格证及相关检测报告。符合设计要求及国家规范标准。

(3) 不得使用国家限制使用和淘汰的建材产品。

3) 工艺流程

安装准备→预制加工→干管安装→立管安装→支管安装→管道试压→防腐保温→管道冲洗→通水试验。

4) 操作工艺

(1) 安装准备：管道安装前仔细审核图纸，并到安装现场实测实量，并做好记录。

(2) 预制加工：根据实测后的数据进行断管下料，并进行试组对后做好标记。

(3) 管道(干管、立管、支管)安装：根据图纸要求，按照预制加工做好的标记安装，PPR管采用热熔连接，熔接温度及时间严格按照厂家的安装说明书进行。管道系统安装过程中，应防止沥青、油漆等有机熔剂与 PPR 管材、管件接触。管道的固定方式，支吊架的安装位置、类型及安装方法必须符合设计要求和国家规范标准。

(4) 管道试压。

① 根据设计要求，塑料给水管试验压力为 0.6MPa，1h 内压力下降不大于 0.05MPa，然后将压力降至 0.28MPa 状态下，稳压 2h，压力降不超过 0.03MPa，同时各连接处不渗漏视为合格。

② 管道试压前，通知业主或现场监理工程师，保证出席全部管道的最后试验。水压试验应严格按设计要求进行。

③ 水压试验的试验压力表应位于系统或试验部分的最低部位。

(5) 防腐保温：保温防腐施工均应符合设计要求及国家验收规范。

(6) 管道冲洗：给水管道在系统运行前需用水冲洗，冲洗时以系统内最大设计流量或以不小于 1.5m/s 的流速进行冲洗，直到出水口的水色和透明度与进水目测一致为合格。

(7) 通水试验：交工前，按国家质量验收规范要求做给水系统通水试验，按设计要求同时开启最大数量的配水点，能否达到额定流量，分系统分区段进行。试验时按立管分别进行，每层配水支管开启 1/3 的配水点，节门开到最大，观察出水流量是否很急，以手感觉到有劲为宜。

2. 排水工程

1) 施工准备

(1) PVC-U 管道埋设：应开挖沟槽，沟槽要平直，必须有坡度，沟底要夯实、房心回填到管底或稍高的高度。

(2) 管线穿过建筑基础的管洞按设计要求已预留。

(3) 核对各种管道的标高、坐标的排列有无矛盾，预留孔洞、预埋件已完成。

(4) 按照"先地下，进行闭水试验合格后，再地上立支管，后与设备连接"的顺序施工。

2) 材料要求

(1) 生活污水管采用硬聚氯乙烯微泡低噪声 PVC-U 排水塑料管。

(2) 洗衣机旁地漏采用洗衣机两用制品。

(3) 所有材料须有出厂合格证、产品质量合格证及相关检验报告，符合设计要求及国家规范标准。

(4) 不得使用国家限制使用和淘汰的建材产品。

3) 工艺流程

安装准备→预制加工→干管安装→立管安装→支管安装→卡件固定→封口堵洞→灌水试验→满水排泄试验→通球试验。

4) 操作工艺

(1) 安装准备。

① 认真熟悉图纸，核对各种管道的坐标标高是否有交叉，管道排列所占空间是否合理，有问题与设计者联系洽商。

② 根据设计图纸检查、核对预留空洞大小是否准确，将管道坐标、标高位置画线定位。

(2) 预制加工。根据图纸要求并结合实际情况，按预留口位置测量尺寸，根据量好管道尺寸进行断管，并做好编号。

(3) 干管安装。

① 采用托吊管安装时应按设计坐标、标高、坡向做好托及吊架。将预制管材按编号运至安装部位进行安装。管道支架或管卡应固定在楼板上或承重结构上。

② 地下埋设管道回填时应先用细砂回填至管上皮 100mm，回填土过筛，夯实时勿碰损管道。

③ 污水立管与横管及排出管连接时采用 2 个 45°弯头。

(4) 立管安装。

① 安装立管时，按设计要求安装伸缩节。

② 排水立管检查口距地面或楼板面 1m。

(5) 支管安装。

① 横支管上伸缩节安装于三通汇流处上游端。

② 将预制好的支管按编号运至场地，按图纸要求将支管安装到位。根据管段长度调整好坡度，合适后用卡架固定。封闭各预留管口和堵洞。

③ 厨厕内给排水管路均明装，管卡固定牢固。

(6) 灌水试验。隐蔽或埋地的排水管在隐蔽前必须做灌水试验，其灌水高度应不低于底层卫生器具的上边缘或底层地面高度。满水 15min 水面下降后，再灌满观察 5min，液面不下降，管道及接口无渗漏为合格。排水主立管及水平干管均应做通球试验，通球球径不小于排水管径的 2/3，通球率必须为 100%。

(7) 满水排泄试验。排水管冲洗以管道通畅为合格。

3. 采暖工程

住宅的户内系统为一户一热表的分户热计量以及与此相对应的公用立管的供热系统。公用立管、热计量表、过滤器以及锁闭调节阀等设置于每层房外公共空间的管井内，便于维护检修。

1) 施工准备

(1) 立管安装前，地面标高应确定并有 50 水平控制线。

(2) 后浇层施工时，在暖气管道位置预留 200mm 宽的沟槽。

(3) 在管道穿墙、楼板、梁预留大两号钢套管，穿楼板套管应高出地面 50mm，管子与套管之间用石棉绳填实。

2) 材料要求

(1) 散热器为铝制柱型散热器。单片散热量为 111.5W/片(在 ΔT=64.5℃条件下)，散热器工作压力 0.6MPa。散热器的型号、规格、使用压力必须符合设计要求，并有产品质量合格证及相关的检验报告。散热器不得有沙眼、对口面凹凸不平、偏口、裂缝和上下中心距不一致等现象。

(2) 散热器的组对零件均应符合质量要求。

(3) 各单元供回水总立管采用预制直埋保温管；分户管道采用交联铝复合管。

(4) 埋地的采暖管道采用预制直埋保温管(为高密度聚乙烯外壳聚氨酯直埋保温管)。

(5) 位于管井内的采暖管道保温采用 30mm 复合铝箔离心玻璃棉管壳。

(6) 各种管材、阀门、调压装置、计量表、绝热材料等应有产品质量合格证和材质检验报告，热力表应有计量检定证书等。

3) 工艺流程

安装准备→预制加工→卡架安装→干管安装→立管安装→散热器安装→支管安装→水压试验→冲洗→防腐保温→调试。

4) 操作工艺

(1) 安装准备。

① 认真熟悉图纸，配合土建施工进度，预留槽洞及安装预埋件。

② 按设计图纸画出管路安装位置施工草图。

③ 多种管道交叉时的避让原则：冷水让热水，小管让大管等。

(2) 预制加工。按照施工草图进行管段的加工预制，包括断管、套丝、上零件、调直、核对尺寸，按环路分组编号，码放整齐。

(3) 卡架安装。按设计要求或规定间距，在墙上画出管道定位线，作为卡架安装的基准线。

(4) 管道安装。

① 各单元供回水总立管采用热镀锌钢管，管道连接采用丝接，立管下端设泄水丝堵。分户管道用 PPR 塑料管 De25×3.5，接散热器管道为 De20×2.8，热熔连接。

② 分户管道在后浇层预留管道位置铺设时，应保证管材管壁无破损，接口无堵塞，管道外包聚苯乙烯泡沫塑料薄膜，管道试压合格后再浇筑豆石混凝土填充并做出明显管道走向标志。

③ 在卫生间地面垫层内的塑料管道，尽量短距离敷设。在土建施工中设备专业应配合预留穿墙孔洞，穿垫层防水时应设硬塑料套管，穿越结构墙时应设金属套管，管道的弯曲半径不宜小于 6 倍的管外经，管道的安装参照厂家的样本要求。

④ 塑料管道安装时环境温度不宜低于+5℃，安装过程中应防止油漆、沥青或其他化学溶剂污染管材，管道安装间断或完毕的敞口处，应随时封堵。

(5) 散热器安装。

① 安装前对各种成组散热器分别进行水压试验，试验压力为工作压力的 1.5 倍。

② 每组散热器进水口安装温控阀，出水口安装同径铜制球阀，每组散热器均设手动放气阀。

③ 散热器底距地面 100mm，卫生间散热器距地面 800mm。

④ 按设计要求及操作工艺将安装散热器的托钩固定在墙上，将散热器轻放在托钩上找直找正，将固定卡摆正拧紧。

(6) 水压试验。系统设计工作压力为 0.6MPa，在埋地管道与散热器安装完毕后，厚浇层回填以前，应以 0.8MPa 的压力对各层进行水压试验，试压时，系统在试验压力下 10 分钟内压力降不大于 0.02MPa，降至工作压力下不渗不漏为合格。试验合格后方可回填，回填时管道应充压，压力为设计压力。

(7) 冲洗。系统投入使用后必须用清水冲洗，冲洗时以系统能达到的最大压力和流量进行，直到出水口水色和透明度与入水口目测一致为合格。

(8) 防腐保温。设在地沟内及管道井内的管道均应做保温，保温材料按设计要求选取。管道保温应在水压试验合格后，防腐已完成，方可施工。镀锌钢管表面缺损处刷防锈漆一道，银粉二道。

8.3.8　脚手架工程

本工程为六层砖混结构，建筑檐口高度 17.670m，架体距墙 1.2m。主要用于外檐装修的施工和主体工程施工外围护。

1. 材料要求

(1) 脚手架架管采用外径 ϕ48 钢管，壁厚 3.5mm，斜撑剪力撑用架管同上，其颜色为红白相间，作为醒目的警示标志。

(2) 扣件采用可锻铸铁，用于架体的连接。

(3) 木脚手脚板使用松木制成，板厚 50mm，板长 3～4m，板宽 250mm，两端用 2mm 厚铁皮绑紧，以防开裂。

(4) 所用材质均应符合国家规范规定的技术要求。

2. 构造形式

脚手架立杆间距为 1.5m，第一步架高 1.8m，以上每步架高为 1.5m。

3. 搭设步骤

固定立杆→大横杆→小横杆→抛杆→斜杆→剪刀撑。

4. 脚手架的基础处理

脚手架基础应分步夯实至自然地坪，水准抄平，立杆不能直接立在地面上，应加设底座和垫板，垫板厚度不小于 50mm，使用 2m 板平行于墙面放置，每隔 10m 板设一排水口。

5. 安全措施

(1) 脚手架使用应注意安全，脚手板应铺满铺稳，离开墙面不超过 200mm，作业层端部脚手板探头长度为 150mm，两端均与支撑杆可靠固定，脚手架外侧设安全网(密目网)全封闭。首层 3.2m 处设置一道平网，三层设置一道平网应随楼层施工进度上升，满挂于脚手架上。

(2) 人员必须是经过特种作业考核合格的专业架子工，须持证上岗，作业人员必须戴安

全帽、系安全带、穿消防鞋，作业中必须遵守和执行架子工操作规程。

(3) 由工地项目负责人组织工地安全员及架子组长对外脚手架的安全防护情况进行定期检查，发现问题及时整改落实。

6．检查与验收

脚手架搭设完毕，首先进行班组自检，自检合格后上报监理公司进行整体验收，验收合格后方可进行施工。

7．脚手架拆除

(1) 拆除时划分作业区，周围设警示标志，地面设专人监护，禁止非作业人员入内。

(2) 拆除专业必须由上而下逐层进行，先搭后拆，后搭先拆的原则。

(3) 拆下的物料不得随意抛掷，注意建筑物的成品保护，不得碰撞外檐墙面、门窗、玻璃、雨水管等。

8．施工方案

搭设脚手架前应编制详细的《脚手架搭设施工方案》，审核通过后严格按施工方案搭设脚手架。

8.3.9　采用新工艺、新技术、专利技术

(1) 多层竹夹板用于楼板、梁、柱以及楼梯的支模，整体性强，操作简捷，保证混凝土的外观质量。

(2) 同一楼层结构楼板、梁、柱以及楼梯的混凝土工程一次性浇筑，保证混凝土结构的整体性，加快施工进度，提高工程质量。

(3) 混凝土泵送应用技术：浇筑混凝土时采用混凝土输送泵，可加快施工进度，提高工程质量。

(4) ±0.000以上砌筑用混合砂浆拟掺加粉煤灰，可节约水泥和改善混合砂浆的黏塑性。粉煤灰选用二级磨细粉煤灰，掺量由试验室出配合比通知单。

8.4　质量目标及质量保证措施

工程质量的优良是施工企业赖以生存的基石，保证工程质量也是施工企业应尽的义务，我们追求最大限度满足业主，最主要的是满足业主对工程质量的需求。交付业主一项质量优良的满意工程是我们追求的最高目标。

8.4.1　质量目标

我们制定工程质量目标，并将在工程施工中采取有效的保证措施予以保证，确保目标的实现。

工程质量目标：以施工图为准，按照国家检评标准，工程质量达到国家验收合格标准。

8.4.2　质量保证体系

在工程施工中重视工程质量，贯彻"百年大计，质量第一"的方针，在以往的工程中积累了丰富的经验，建立和健全了一套完善的质量体系，可分为施工质量管理体系和施工质量控制体系。

1. 施工质量管理体系

施工质量管理体系是整个施工质量能加以控制的关键，而本工程质量的优劣是对项目班子质量管理能力的最直接的评价。同样，质量管理体系设置的科学性对质量管理工作的开展起到决定性的作用。

1) 施工质量管理组织

施工质量的管理组织是确保工程质量的保证，其设置的合理、完善与否将直接关系到整个质量体系能否顺利运转及操作。

2) 质量管理职责

根据质量管理体系图，建立岗位责任制和质量监督制度，明确分工职责，落实施工质量控制责任，各行其职。

施工质量管理体系的设置及运转均要围绕质量管理职责、质量控制来进行，只有在职责明确、控制严格的前提下，才能使质量管理体系落到实处。本工程在管理过程中，将对这个方面进行严格的控制。

2. 施工质量控制体系

质量保证体系是运用科学的管理模式，以质量为中心所制定的保证质量达到要求的循环系统，质量保证体系的设置可使施工过程中有法可依，但关键在于运转正常，只有正常运转的质保体系，才能真正达到控制质量的目的。而质量保证体系的正常运作必须以质量控制体系来予以实现。

1) 施工质量控制体系的设置

施工质量控制体系是按科学的程序运转，其运转的基本方式是 PDCA 的循环管理活动，它是通过计划、实施、检查、处理四个阶段把经营和生产过程的质量有机地联系起来，以形成一个高效的体系来保证施工质量达到工程质量要求的保证。

以我们提出的质量目标为依据，编制相应的分项工程质量计划，这个分项目标计划应使项目参与管理的全体人员熟悉了解，做到心中有数。

在目标计划制订后，施工现场管理人员应编制相应的工作标准在施工班组实施，在实施工程中进行方式、方法的调整，以使工作标准完善。

在施工过程中，无论是施工工长还是质检人员均要加强检查，在检查中发现问题要及时解决，以保证在今后或下次施工时不出现类似问题。

2) 施工质量控制体系运转的保证

项目领导班子成员应充分重视施工质量体系运转的正常，支持有关人员开展的围绕质

保体系的各项活动。质量检查人员作为质保体系中的中坚力量，项目部应提供必要的资金，添置必要的设备，以确保体系运转的物质基础。制定强有力的措施、制度，以保证质保体系的运转。每周召开一次质量分析会，以使在质保体系运转过程中发现的问题进行处理和解决。全面开展质量管理活动，使本工程的施工质量达到一个新的高度。

3) 施工质量控制体系的落实

施工质量控制体系主要是围绕"人、机、物、环、法"五大要素进行的，任何一个环节出了差错，则势比使施工的质量达不到相应的要求。故在质量保证计划中，对这施工过程中的五大要素的质量保证措施必须予以明确地落实。

3. 施工质量控制管理措施

施工质量控制措施是施工质量控制体系的具体落实，其主要是对施工各阶段及施工中的各控制要素进行质量上的控制，从而达到施工质量目标的要求。

1) 施工阶段性的质量控制措施

施工阶段性的质量控制措施主要分为三个阶段，并通过这三阶段来对本工程各分部分项工程的施工进行有效的阶段性质量控制。

(1) 事前控制阶段。

事前控制是在正式施工活动开始前进行的质量控制，事前控制是先导。事前控制主要是建立完善的质量保证体系和质量管理体系，编制《质量保证计划》，制定现场的各种管理制度，完善计量及质量检测技术和手段。对工程项目施工所需的原材料、半成品、构配件进行质量检查和控制，并编制相应的检验计划。进行设计交底、图纸会审等工作，并根据本工程特点确定施工流程、工艺及方法。

对工程将要采用的新技术、新结构、新工艺、新材料均要审核其技术审定书及运用范围。检查现场的测量标桩，建筑物的定位线及高程水准点等。

(2) 事中控制阶段。

事中控制是指在施工过程中进行的质量控制，事中控制是关键。主要有：完善工序质量控制，把影响工序质量的因素都纳入管理范围。及时检查和审核质量统计分析资料和质量控制图表，抓住影响质量的关键问题进行处理和解决。

严格进行工序间交接检查，做好各项隐蔽验收工作，加强交检制度的落实，对达不到质量要求的前道工序决不交给下道工序施工，直至质量符合要求为止。对完成的分部分项工程，按相应的质量评定标准和办法进行检查、验收。审核设计变更和图纸修改。同时，如施工中出现特殊情况，隐蔽工程未经验收而擅自封闭，掩盖或使用无合格证的工程材料，或擅自变更替换工程材料等，项目工程师有权向项目经理建议下达停工令。

(3) 事后控制阶段。

事后控制是指对施工过的产品进行质量控制，是事后把关。按规定的质量评定标准和办法，对完整的单位工程、单项工程进行检查验收。

整理所有的技术资料，并编目、建档，在保修阶段，对本工程进行维修服务。

2) 各施工要素的质量控制措施

(1) 施工计划的质量控制。

作为总承包商在编制施工总进度计划、阶段性进度计划、月施工进度计划等控制计划时，应充分考虑人、财、物及任务量的平衡，合理安排施工工序和施工计划，合理配备各施工段上的操作人员，合理调拨原材料及各周转材料、施工机械，合理安排各工序的轮流作息时间，在确保工程安全及质量的前提下，充分发挥人的主观能动性使工程按期完工。

(2) 施工计划的质量控制。

施工技术的先进性、科学性、合理性决定了施工质量的优劣。发放图纸后，专业技术人员会同施工工长先对图纸进行深化、熟悉、了解，提出施工图纸中的问题、难点、错误，并在图纸会审及设计交底时予以解决。同时，根据设计图纸的要求，对在施工过程中质量难以控制，或要采取相应的技术措施、新的施工工艺才能达到保证质量目的的内容进行摘录，并组织有关人员进行深入研究，编制相应的作业指导书，从而在技术上对此类问题进行质量上的保证，并在工程实施中予以改进。

施工工长在熟悉图纸、施工方案或作业指导书的前提下，合理地安排施工工序、劳动力，并向操作人员做好相应的技术交底工作，落实质量保证计划、质量目标计划，特别是对一些施工难点、特殊点，更应落实到班组每一个人，而且应让他们了解本次交底的施工流程、施工进度、图纸要求、质量控制标准，以便操作人员心里有数，从而保证操作中按要求施工，杜绝质量问题的出现。

(3) 施工操作中的质量控制措施。

施工操作人员是工程质量的直接责任者，故从施工操作人员自身的素质以及对他们的管理均要有严格的要求，对操作人员加强质量意识培养的同时加强管理，以确保操作过程中的质量要求。

(4) 施工材料的质量控制措施。

① 物资采购。

施工材料的质量，尤其是用于结构施工的材料质量，将会直接影响到整个工程结构的安全，因此材料的质量保证是工程质量保证的前提条件。

为确保工程质量，施工现场所需的材料均由材料部门统一采购，对本工程所采购的材料进行严格的质量检验控制。

② 产品标识和可溯性。

为了保证本工程使用的物资设备、原材料、半成品、成品的质量，防止使用不合格产品，必须以适当的手段进行标识，以便追溯和更换。

8.4.3　分项工程质量保证措施

1. 土方工程质量控制

(1) 基坑土方开挖中应采用分层开挖的施工方法，避免一次开挖至设计标高。

(2) 土方开挖过程中应使用水平仪监测开挖后的基底标高，避免超挖和扰动基底土体。

(3) 土方开挖前制定开挖方案和开挖路线图，保证施工中对工程桩的保护。

(4) 基坑开挖过程中设置基坑排水设施，保证基坑不被地下水浸泡。在基坑垫层混凝土施工前应继续进行基坑降水。

2. 钢筋工程质量控制

(1) 施工用钢筋进场在监理工程师见证取样后，送试验室检验合格方可使用。

(2) 钢筋料表要经过技术主管复核无误后方可下料加工。钢筋的构造节点做法要满足图纸要求和规范的规定。

(3) 钢筋搭接接头的位置、搭接长度、锚固长度、钢筋直径间距、保护层厚度等要严格按照设计图纸施工。

(4) 大直径的钢筋接头，主要采用焊接接头，操作时必须选派技术过硬的焊工施焊，焊接接头要按照规定抽样试验合格方可进行下一道工序的施工。

(5) 在预埋管线和模板加固时不可任意切割绑扎好的钢筋。

3. 模板工程质量控制

(1) 本工程采用的模板为竹夹板，施工中严格按照模板加固方法加固，保证混凝土浇筑过程中不跑模、胀模。减少由于施工人员操作误差对工程质量的影响。

(2) 模板支撑体系经过技术工艺标准确定，在施工中严禁随意更改支撑体系的搭设方法、减少支撑数量。加固好的模板上不允许进行焊接和切割作业，防止损坏模板。加大模板工程的检查频率，确保"无剔凿混凝土"目标的实现。

(3) 电施工中需在模板上开洞时必须与主管模板的技术人员配合，保证开洞对目标体系无影响。

4. 混凝土工程质量控制

(1) 商品混凝土生产厂家的选择应同时满足质量、供应能力、信誉、成本等多方面的要求。

(2) 在混凝土施工期间技术部门安排专人不定期到混凝土搅拌站监督混凝土拌制过程，抽查混凝土拌和用原材料的使用情况，保证混凝土在出厂前的质量满足设计和规范要求。

(3) 混凝土在泵送浇筑前试验员负责检查本批混凝土的强度等级、配合比、使用部位、外加剂掺量等指标是否与本次浇筑相符，并随机抽查混凝土坍落度，保证浇筑混凝土的质量。

(4) 混凝土浇筑以前，由技质部组织现场混凝土施工技术交底，对于混凝土浇筑顺序、混凝土振捣、混凝土养护、混凝土拆模等技术要求现场讲解。必要时可安排技术好的操作工人现场示范。

(5) 混凝土浇筑过程中要设置一名调度员，保持与混凝土搅拌站的联络，随时调整混凝土运输车辆的多少，以满足现场混凝土浇筑的需要。混凝土供应必须保证连续性，楼面混凝土浇灌时，要根据泵送能力，严格控制浇筑宽度，防止混凝土出现冷缝。

(6) 对钢筋密集的梁、梁柱接头部位要采用细振捣棒等措施来保证混凝土振捣质量。

(7) 加强成型混凝土的养护，强化养护是混凝土强度增长的必需条件。设专人负责，坚持按规范要求进行养护。

(8) 按规定留置同条件养护试块和标准养护试块，以同条件试块的强度来确定拆模时间。

5. 装饰工程质量控制

(1) 推行样板制，凡装修项目均要先做样板间，经设计、业主和监理单位认可后再展开大面积施工。

(2) 在装修施工阶段涉及施工工序多，必须安排专业技术人员负责施工管理，坚持隐蔽检查。对于没有进行隐检的施工项目，要严肃处理、并要求本施工项目返工重做。

(3) 在装饰施工阶段要加强现场生产协调的作用，并利用生产协调会传达装饰设计人的设计意图，将设计意图全面的展现到实物上。

(4) 加强装饰材料的质量管理，使用环保材料施工，对于没有环保标识的材料不得在工程中使用。

(5) 注意装饰工程的成品保护，装饰工程施工中最容易受到破坏和污染，因此应由各专业施工队负责看管。

(6) 装饰施工中应注意防止火灾发生，避免经济损失。

6. 门窗工程质量控制

(1) 门窗的规格、型号应符合设计要求，五金配件配套齐全，并具有产品合格证。门窗的抗封压、抗空气渗透性能、抗雨水渗透性能等应符合国际标准。

(2) 主体结构工程经验收合格，方可进行门窗安装施工，各工种之间办理交接手续。

(3) 确定统一的窗台高度，防止同一层内窗台高低不一。确定墙厚度方向的安装位置，保证同一房间内窗台板宽度一致。门窗固定牢固，门窗装入洞口保证横平竖直。

(4) 门窗工程重点抓好后塞口问题。塞口质量直接影响外墙的防水功能，塞口应有专人负责，固定班组作业，工序完成后应认真检查，合格后方可进行下道工序施工。

8.4.4　各工序的协调措施

先基础后主体，先结构后装修，结构施工与安装配套同时配合进行的原则组织施工。

结构按从下到上的顺序施工，主体结构施工完第三层组织建设单位、监理及质检部门进行首次结构验收，即插入室内装修；所有主体结构施工完后组织建设单位、监理及质检部门进行再次结构验收，即全面插入装修及水暖电气安装工程。

土建与安装工长要互相配合，做好各工种的协调工作，保证施工顺利进行。

8.5　安全目标及安全保证措施

安全生产长期以来是我国的一项基本国策，是保证劳动者安全健康和发展生产力的重要工作，抓好安全生产对于维护社会安定有着十分重要的意义。我们努力在施工过程中为员工提供安全、卫生、舒适的工作环境，始终贯彻生产服从安全的原则。

8.5.1 安全目标的制定

管理方针：始终贯彻"安全第一，预防为主"的方针，以安全促生产，以安全保目标。

安全目标：杜绝重大人身伤亡事故和机械事故，轻伤频率控制在 1.5%以下。

8.5.2 建立安全保证体系

本着管生产必须管安全的原则建立项目安全保证体系，并建立相应的安全管理制度，充分发挥安全管理人员的作用，建立项目安全管理目标责任制，工作中进行绩效考核。

1. 组织机构

建立以项目经理为首，有执行经理，安全负责人、项目工长以及各专业施工单位负责人、兼职安全员等各方面的管理人员组成的本工程安全管理组织机构，如图 8.2 所示。

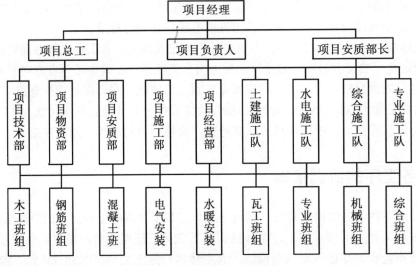

图 8.2　安全管理组织机构

2. 安全管理体系建立原则

(1) 始终贯彻"安全第一，预防为主"方针，建立健全的安全生产责任制，确保项目施工过程中人身和财产安全。

(2) 坚持目标管理的原则，明确安全管理目标，避免盲目安全管理。

(3) 坚持管生产同时管安全，明确安全生产管理与项目生产息息相关。

(4) 坚持全员管理的原则，确定安质部门监督的第一责任人的地位，必须做到全员、全方位管理。

(5) 坚持过程控制的原则，通过对施工过程的控制，达到预防和消除事故发生的目标。

(6) 坚持持续改进原则，在安全管理过程中总结办法和经验，从而提高安全管理水平。

3. 安全保证体系运行

(1) 充分发挥安全员的工作积极性，对项目安全实施全方位、全天候监督。

(2) 施工班组安全员每天做到对班组进行班前安全教育并进行安全教育记录。

(3) 施工队兼职安全员负责每日一次的安全巡查和每周一次的安全例会，检查施工班组安全管理工作。

(4) 项目安质部负责编制专项安全管理方案，做好安全管理资料的收集整理工作。

(5) 项目安质部负责特殊工种持证上岗的监督工作，编制项目安全教育培训计划，定期组织实施安全教育培训，加强安全宣传教育。

(6) 每月一次进行安全联合检查，下达安全隐患整改通知，并督促整改工作的落实。

8.5.3　安全生产设施

项目施工前按照施工设计和施工总平面图的规划，布置施工现场的安全防护设施，保证安全防护设施齐全，实现有效防护。

(1) 基础施工期间基坑四周设置钢管防护栏杆，栏杆高度 1.5m。

(2) 主体一层施工完毕后应开始搭设脚手架，架外挂密目安全网，脚手架下端满铺脚手板。

(3) 建筑物出入口均按施工规范搭设防护棚。

(4) 卷扬机、龙门架等施工机械应经安检部门的验收后方可投入使用。

(5) 施工用小型机械布置合理，所有设备均应定期进行检查和维修。

(6) 施工用电缆、电线等应选择质量可靠的产品，施工用配电箱应选用经天津市安检部门认可的单位产品。

(7) 施工现场按照施工平面图布置消防器材，消防器材的配置应符合天津市有关规定。

(8) 主体施工期间，楼梯间应随工程进度，逐层搭设楼梯间防护栏杆，并在水平方向隔层悬挂安全网。

(9) 按照有关规定现场设置安全标识，标识设置力求醒目合理，并对安全标识实行动态管理。

8.5.4　安全教育

安全教育是安全管理工作的重要环节，安全教育的目的是提高全员的安全素质和安全意识，从而提高安全管理水平，实现安全生产。

(1) 坚持进场施工人员的安全教育。

(2) 进行安全生产的思想教育，提高全体员工对安全管理的认识。

(3) 加强对劳动纪律的教育，提高职工的劳动纪律观念，避免违章指挥和违章操作。

(4) 加强安全知识和安全技能教育，使全体员工掌握基本安全常识，防止由于误操作等造成安全事故。

(5) 加强特殊作业人员的培训上岗和在岗培训，特种作业人员上岗前应经过安全培训，

考试合格后才准许上岗。

8.5.5 安全生产措施

1. 土方工程安全措施

(1) 土方开挖的顺序从上而下分层分段依次进行，禁止采用挖空底脚的操作方法。

(2) 使用机械挖土前，要先发出信号，配合机械挖土的人员及任何人不得在挖掘机回转半径下工作。

(3) 向汽车上装土时，禁止铲斗在汽车驾驶室上越过。

(4) 在基坑开挖过程中，机械设备严禁碰撞工程桩露出地面部分，严禁用挖掘机将工程桩挖断。

(5) 机械开挖过程中安排专人负责指挥施工机械。

(6) 人工清理槽底时，人员的横向间距不得小于 2m，纵向间距不得小于 3m。

(7) 基坑开挖时，必须在边沿处设立护身栏杆。基坑四周夜间设红色标志灯。

(8) 人员上下基坑应从搭设好的上下坡道通过，不得攀爬坑壁上下。

2. 施工用电安全措施

(1) 所有电力线路和用电设备，必须由持证电工安装，并负责日常检查和维修保养，其他人员不得私接电线。

(2) 现场使用的用电线路，一律采用绝缘导线，移动线路必须使用胶皮电线。导线要架空设置，不得捆绑在脚手架上。电缆接头必须按规范操作，包扎严密、牢固、绝缘可靠。

(3) 湿环境、高度低于 2.4m 的房间和各种通道内作业时应使用 36V 的安全照明；油料及易燃易爆物品仓库内使用防爆灯具。严禁使用移动式碘钨灯。

(4) 配电箱必须作防雨罩，并上锁，钥匙由值班电工统一管理；总配电箱和分配电箱均设漏电开关，开关箱内的漏电开关动作电流不大于 30mA，所有用电设备均采用"一机一闸一漏电"。

(5) 电系统采用 TN-S 接零保护系统，PE 线截面不小于 1/2 相线。所有出线电缆末端均做重复接地，接地电阻不大于 10Ω。电力设备的外壳及所有金属工作平台均与 PE 线相接。

(6) 现场的电动机械设备，作用前必须按照规定进行检查、试运转，作业后切断电源、锁好电闸箱，防止发生意外事故。

3. 防高空坠落和物体打击的安全措施

本措施以"四口"防护、临边防护、外架子的防护为主。

(1) "四口"防护：电梯井口设 1.2m 高钢筋防护门，井内每隔一层设一道水平封闭层；水平洞口边长大于 1.5m 的设防护栏杆，下面挂水平安全网，边长小于 1.5m 用打膨胀螺栓固定钢筋网的方法，钢筋直径不小于 ϕ16mm，间距不大于 150mm。边长在 300mm 以下的小洞，盖木夹板，板上标志出洞口字样。各种通道入口处，必须搭设防护棚，采用钢管支架，梁板双层防护。快速提升架在各层楼层的出入口处必须设置钢筋栅栏门。

(2) 临边防护：建筑物各层的四周及屋面四周，做临时防护栏杆封挡，并使用正式工程的窗台、女儿墙做防护，楼梯间沿梯段方向通长设置临时钢管护栏。基坑周边做钢管防护栏杆，并涂以鲜明标志，夜间设红色标志灯。

(3) 外脚手架防护：外脚手架必须与建筑物有可靠的拉结，外侧满布密目安全网，架内满铺双层架板。

(4) 高处作业人员要穿紧口工作服、防滑鞋，戴安全帽，系安全带。

(5) 高处作业的工具应装入工具袋，随用随拿，严禁将工具和材料空中抛掷、传递。上下要通过爬梯、人货电梯和安全通道，严禁攀爬架子、阳台等。

4. 混凝土作业安全措施

(1) 采用泵送混凝土浇筑，输送管道的接头应紧密可靠不漏浆，管道的支架要牢固，输送前要试送，检修时必须卸压。

(2) 浇筑雨篷、阳台的混凝土时，应搭设操作平台，并有安全防护措施，严禁直接站在模板或支撑上操作，以避免踩滑或踏断而发生坠落事故。

振捣器电缆不得在钢筋网上拖行，电缆长度不应超过 30m。

(3) 混凝土运输车辆要遵守交通法规，防止发生交通事故。

(4) 运输车和混凝土输送泵运转中，严禁修理和保养，不准用工具伸到罐内扒料。

(5) 混凝土运输车卸料后，应待操作人员离开放料位置后，才准许启动车辆。

5. 安装作业安全措施

(1) 吊装作业必须由专人指挥，执行规定的统一信号。遇有恶劣天气影响施工安全时应停止起重吊装作业。

(2) 吊具、吊钩、钢丝绳等必须符合有关技术规定。

(3) 高空作业的工具、垫块、螺栓、焊条等应装入工具袋，防止坠落，严禁由高空向下抛掷料具和杂物。

(4) 现场机械设备必须有书面操作规程，必须由持有操作证的人员操作，并实行定机定人。机械设备管理人员必须经常检查机械设备的安全防护装置，定期保养。各种机械设备操作人员必须严格按照操作规程操作，不得带病或酒后作业。

(5) 高大机械设备、脚手架等要做好可靠的防雷接地，接地电阻不大于 4Ω。

6. 治安保卫措施

(1) 工地建立治安保卫组织，由我单位派驻治安保卫责任人，同当地派出所取得联系。建立施工现场治安保卫工作台账，同施工队伍签订治安责任书。

(2) 配备足够力量的保安人员，昼夜值班巡视，做好工地物品的防盗工作，对现场材料、设备、车辆的进出必须进行验证。严格控制非施工人员进出。

(3) 工地上设有仓库，对贵重材料、小型生产工具等要实行入库管理，责任到人。

(4) 在施工现场严禁打架斗殴，扰乱正常的生产、工作和生活秩序，对于违反规定的人员给予严肃处理，情节严重的报公安机关处理。

(5) 全体施工人员必须自觉遵纪守法，严禁在工地聚众赌博，偷盗公私财物。

(6) 施工队伍要指定治安责任人，签订治安管理责任书。并对所有进场工人登记造册，报单位保卫部门及所在地公安机关备案。

8.5.6 施工现场消防安全措施

1. 消防安全目标

根据本工程的特点及"消防法"的要求，特制定可靠的消防安全措施，确保本工程无火灾隐患和消防事故，创市安全文明工地。

2. 保证措施

(1) 成立以项目经理为组长的消防领导小组，制定各级消防管理责任制，以我单位驻工地治安保卫责任人为主，成立义务消防队，负责日常消防工作，如图 8.3 所示。

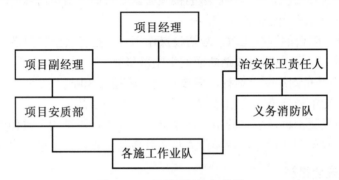

图 8.3　项目消防组织机构图

(2) 建立逐级防火责任制，确定相应的负责人负责各自职责范围内的消防安全工作。严格执行消防安全规定，消除安全隐患，预防火灾事故的发生；进入施工现场的单位要建立防火安全组织，责任到人，确定专(兼)职现场防火员。

(3) 发动和依靠全体员工做好消防工作，经常进行有计划有目的的消防教育和训练，确保工地防火安全。

(4) 根据生产操作的特点制定相应的消防制度、公约及必需的安全操作规程。

(5) 定期进行防火检查，发现隐患必须及时处理；设立用火作业区，易燃易爆区与仓库、生活区分离；上述之间设立规范的防火间距。

(6) 施工现场夜间要有足够的照明设施，道路必须畅通。

(7) 各种电气设备管线必须做有绝缘可靠的接地设施，必需做到一机一闸一漏保。

(8) 严格控制火源，不得任意点火作业。

(9) 各种建筑材料按天津市有关规定及设计要求尽量采用耐火材料。

(10) 施工现场执行用火申请制度，如需要动用明火、电焊、气焊等必须实行项目经理或其委托人审批制度，办理用火许可证；在用火操作时，引起火花应有控制措施。

3. 现场消防安全措施

1) 一般要求

(1) 施工现场严禁吸烟。

(2) 在库房、办公区、宿舍、食堂、木工棚设立消防器材处，配置符合要求的灭火器、铁锹、扒钩、桶等，并配置一定数量的干粉灭火器，消防器材处设置明显标志，夜间设红色指示灯，消防器材须垫高放置，周围 3m 内不准存放任何物品。

(3) 现场设立专门吸烟室。

(4) 在生产和生活区、办公区、库房间留有隔离区，临时施工道路宽度在 4～6 米，四角设立回转区，且保证畅通。

2) 电气设备安全防火措施

(1) 临时电杆要架设牢固，电线应当用瓷珠瓷夹架设整齐，与其他金属物、硬物要保持适当的距离。

(2) 各种电气设备和线路不应超负荷工作，而且要接点牢靠，绝缘良好；设备必须有合格的保险装置。

(3) 当临时线路穿过墙、楼板或其他物体时，应在电线上套有瓷管或钢管等加以隔绝。

(4) 电气发生火灾时应先切断电源，使用沙土、干粉灭火器灭火，严禁使用水及泡沫灭火器，避免触电事故的发生。

(5) 使用移动式照明灯具时，应使灯具远离可燃物，并做好接地。

(6) 电气设备在工作结束时，确认无误后，要切断电源，方可离开。

3) 焊接、切割作业消防安全措施

(1) 操作人员必须持证上岗，经过培训后方能作业。

(2) 氧气与乙炔气瓶应分别放置，间距不得少于 10m 且乙炔瓶不得平放。

(3) 在地面与楼面进行电焊、气割工作时，应当与可燃物保持一定的安全距离，且应设隔离板；在高空作业时，下面或旁边的脚手架、安全网要用非燃烧的隔板遮盖。在操作下方设置火星接收盘或水盆，并有人监护。

(4) 每日作业完毕或转移工位时，必须确认用火已熄灭，周围无隐患，电闸已拉下，并已锁好，确认无误后方能离开。

(5) 焊、割作业不准与油漆、喷漆、木料加工等易燃易爆作业同时上下交叉进行。

4) 木工加工区消防安全措施

(1) 木工加工区内严禁吸烟，严禁进行动火作业。

(2) 各种加工设备要安全可靠，旋转部位必须要有防护罩。

(3) 平、压刨、电锯下不得有过多的刨花、锯末，应及时清理。

(4) 加工区材料应堆放整齐，应留有较宽松的通道。

(5) 加工区内不得做饭及其他使用明火的现象。

(6) 消防器材不得改做其他用处，消防设施应经常加以检查保养。

5) 库房消防安全措施

(1) 库房内严禁吸烟和动火作业，不得将容易引起燃烧、引爆的物品带入库房。

(2) 易燃易爆材料不得在同一库房内储存。

(3) 带有油类物品不得接触氧气瓶及附件，且氧气与乙炔必须保持安全距离。

(4) 库房要求要有良好的通风及排水措施，易燃易爆废弃物及其他杂物应随时清理，不得留置库房内。

(5) 库房内、外的消防器材不得随意挪动，应经常保养，保证正常使用。

(6) 下班前应清点危险品的发送数额，无误后，再检查门锁、电源开关，确认后方可锁门封库。

6）生活区内食堂、宿舍消防安全措施

(1) 不得在宿舍内乱拉乱接电源，严禁使用电炉。

(2) 食堂内所有的电气设备需有专人负责，其他人不得乱动；如发生故障，必须有专业电工处理。

(3) 生活区内不得堆放易燃易爆物品，垃圾要随时清理，运到指定地点。

(4) 生活区内不得进行明火作业，如需作业，必须经过审批。作业时有专人监护，作业完毕后及时清理现场，不留安全隐患。

8.6　工期保证措施

本工程施工合同要求总工期自 2006 年 3 月 1 日至 2006 年 9 月 1 日，历时 184 天，在总工期确定的条件下，如何安排合理的施工进度，提供可靠的物资和资金保障，进行有效的施工进度控制，是保证工期的关键。

8.6.1　工期目标

工期目标：实现计划工期，争取提前完工。

8.6.2　工期保证措施

1. 加强施工计划管理

(1) 计划的编制：根据对业主的承诺，我们编制工程总进度控制计划，根据总进度计划由项目工程部编制月进度计划，施工专业队编制周进度计划报项目工程部审批，现场施工工长编制日进度计划，于每天生产例会上提出，经各专业队平衡认可后方能作为第二天计划，发给有关执行人。

(2) 计划的执行与控制：建立每日生产例会制度，定期限检查计划落实情况，解决实际存在的问题，协调各专业工作。如有延误找出原因制订追赶计划，如仍不能完成计划并延误关键日期者将处以罚款，直至解除该部分任务承担者的施工资格。为保证计划的实施，编制施工进度计划的同时也应编制相应的人力、资源需用量计划，如劳动力计划、现金流量计划、材料及构配件加工、装运等计划，并派人追踪检查，确保人力资源满足计划执行的需要，为计划的执行提供可靠的物质保证。

2. 施工组织管理

(1) 为了充分利用施工空间、时间，应用流水段均衡施工工艺，合理安排工序，在绝对保证安全质量的前提下，充分利用施工空间、科学组织结构、设备安装和装修三者的立体交叉作业。

(2) 对各专业分包实施严格的管理控制。各专业分包进场前必须根据项目部进度计划编制专业施工进度计划报项目经理部，各分包队伍必须参加项目工程部每日召开的生产例会，把每天存在的问题及需协调的问题当天解决。如因专业分包延误影响总进度关键日期，项目经理部要求其编制追赶计划并实施，否则对其处以罚款直至解除合同。

(3) 严格各工序施工质量，确保一次验收合格，杜绝返工，以一次成优的良好施工获取工期的缩短。

(4) 建筑施工综合性强，牵涉面广，社会经济联系复杂，有可能由于难以预见的因素而拖延工期，尤其在装修阶段。为保证工期，自结构施工阶段总包方就必须开始进行装修的做法认定、材料选定及样板的确定。

(5) 充分发挥群众积极性，开展劳动竞赛，对完成计划好的予以表扬和奖励，对完成差的予以批评和处罚。

3. 工序管理

为最大限度地挖掘关键工序的潜力，各工序施工时间尽量压缩。结构施工阶段水电埋管、留洞随时插入，占用工序时间，装修阶段各工种之间建立联合签认制确保空间、时间充分利用，同时保证各专业良好配合避免互相破坏或影响施工，造成工序时间延长。同时加强成品保护。

4. 劳动力及施工机械化对工期的保证

(1) 为确保工期完成，我公司将选择优秀的施工队进场承担施工任务，所选队伍具有施工资质，是我公司多年的固定劳务分包队伍，且施工人员相对固定不会因节假日或农忙季节而导致劳动力缺乏，能够保证连续施工。

(2) 生产工具代表着生产力，为缩短工期，降低劳动强度，我公司将最大限度地采用机械作业，各专业配备专用中、小型施工机具，同时对机械设备定期保养。

5. 资金材料对工期的保证

(1) 本工程执行专款专用制度以避免施工中因为资金问题而影响工程进展，充分保证劳动力、机械的充足配备、材料的及时进场。随着工程各阶段关键日期的完成及时兑现各专业队伍的劳务费用，这样既能充分调动他们的积极性，也使各劳务作业队为本工程安排作业人员。

(2) 本工程主要材料由项目部统一采购，在资金保证的前提下，材料供应能够保证。进厂后需复试检测的材料如钢材、水泥等必须提前到场。需业主认定、选定的装修材料应提前告知业主。为此项目部必须认真做好材料供应计划，随工程进度提前进场，提前订货确保现场连续施工。

6. 施工技术对工期的保证

(1) 积极推广应用新工艺、新材料，从科技含量上争取工期缩短，混凝土施工中采用梁、柱、板一次整体浇筑工艺，既缩短了工序占用时间又保证了施工质量；钢筋工程也是占用工期总时间的主要工作程序，充分利用公司现有加工机具的能力优势。

(2) 现场技术负责人配合总工及时解决施工中出现的各种技术问题。

(3) 采用新材料，压缩工序流水节拍。

7. 良好外围环境对工期的保证

(1) 积极主动和工程所在地村委会、派出所、交通队等政府主管部门联系，与他们交朋友，得到他们的支持帮助，为施工提供方便。

(2) 做好不扰民工作，取得周围单位和居民的理解和支持，保证工程项目能顺利施工。

8. 完善的季节性施工措施对工期的保证

该工程施工阶段历经冬季和夏季，做好冬期和雨期施工措施是保证工期的关键，为此必须有完善的季节性施工措施。

8.7　季节性施工方案

该工程施工期间历经冬季和夏季，因此编制季节性施工方案，对于保证施工进度和工程质量有着十分重要的意义。

8.7.1　冬期施工措施

天津市地处祖国北方，根据多年资料记载和以往施工经验，本地区于 11 月 15 日将进入冬季施工，至来年 3 月 15 日结束，根据施工进度安排，冬期施工将安排基础施工和主体结构施工。

1. 基础土方工程的冬期施工措施

(1) 挖土方开槽时随铺盖塑料薄膜及草帘子，以使基土在基础施工前不被冻结。

(2) 每层回填土厚度比常温时减少 25%，其中冻土块体积不得超过总填土体积的 15%，且应分散，冻土粒径不大于 15cm，室内坑槽不得用含有冻土块的土回填。

2. 混凝土工程冬期施工措施

(1) 施工现场搭设钢筋棚，棚四周应封闭，注意防风。

(2) 混凝土采用商品混凝土，混凝土在搅拌过程中应掺入防冻剂，并使用热水搅拌。

(3) 混凝土运输车辆应加保温被服，减少运输过程的热能损失。

(4) 混凝土浇筑前应在现场利用运输车充分搅拌，并派专人测量混凝土出灌温度和入模温度。

(5) 混凝土浇筑完毕后，立即用保温材料覆盖，严禁浇水。测量混凝土温度时，测温表采取措施，与外界气温隔离，测温表留在测温孔内的时间不得小于 3 分钟，全部测温孔编号，绘制测温孔布置图，做好测温记录。

(6) 混凝土试块留置，按冬期施工规范要求留置。

3. 砖砌体工程冬期施工措施

(1) 材料要求：水泥用 32.5 普通硅酸盐水泥，砂浆使用时温度不低于 5℃，负温度下选用合格的抗冻剂。砖在负温度下砌筑时不可浇水。

(2) 砌筑要求：砂浆的灰缝应不大于 10mm，砌筑方法用"三一"砌法，不允许铺大片灰，每天砌筑的高度差及临时间断处不得大于 1.2m。每天施工后，要用保温材料覆盖在墙顶上，以保护砌体质量。

(3) 现场搅拌站搭设保温棚，棚内具有 5℃以上温度，备有供应热水的设备。

8.7.2　雨期施工措施

(1) 成立以项目经理为组长的防洪领导小组，建立工作记录，随时待命，随时准备抢险，排除危险隐患。

(2) 场地硬化时合理布置排水坡度和流向，确保场地排水畅通，现场四周设排水明沟并与沉淀池相连接，安排专人定期清掏排水沟槽和沉淀池。

(3) 水泥、骨料等材料堆放场地按照要求加高，水泥等材料要有防潮措施、钢筋堆放下有垫木，并加以苫盖，严防钢筋被泥水污染。

(4) 定期检查设备、防雷接地安全措施及基础附墙设备，确保安全。

(5) 掌握当地气象局预测的一周气象情况，在雨期及汛期前进行一次全面大检查，对基坑支护、材料库、脚手架、配电箱、开关、漏电保护及卷扬机、提升机等重点检查，发现问题及时解决，雨后进行全面复查，满足施工需求后方可进行工作。

(6) 专人负责收集天气预报，尽量避开大雨、暴雨天气浇筑混凝土。混凝土浇筑过程中遇雨时混凝土运输车设置防雨设备，已浇筑的混凝土要及时覆盖塑料膜，防止雨水冲刷浸泡。阵雨过后，混凝土终凝前及时提浆压面。

(7) 钢筋焊接宜在室内进行，室外作业时，防止焊接接头未冷却前被雨水冲淋。

(8) 雨期施工期间，建筑物应增加沉降观测次数，做好观测记录。

8.8　文明施工及环保方案

坚持按照国家住房和城乡建设部和天津市主管部门关于创建安全文明施工的管理规定和要求，认真执行 JGJ59—2011 住建部安全检查标准和 ISO-14000 环境保护标准，维护场容的整洁和安全有序，确保施工现场做到规范化、标准化、制度化，树立企业的良好形象，创造一个良好的施工环境，确保实现天津市安全文明施工标准化达标工地。

8.8.1　文明施工设施设计

1. 施工现场临时围墙

施工现场临时围墙采用砖砌 240mm 墙，高度 2.2m，围墙外侧抹水泥砂浆并刷涂料，墙面绘制文明施工宣传口号，要求简洁明快，围墙顶面预留插彩旗杆孔洞。

施工现场入口处浇筑 50m 长、150mm 厚 C20 混凝土硬化路面，并设置水冲设施、收水沟及沉淀池；大门采用钢板及钢管焊接制作，非通透的，大门主题色彩为"蓝色"，并体

现"绿色工程"的主题，门柱采用砖砌筑，镶贴瓷砖，截面尺寸 800×800，总高度为 2.5m，柱顶安装球形照明灯。

2. 门前工程项目简介

在围墙大门口外侧两侧墙面上镶贴工程项目简介，内容包括：工程名称、施工单位、建设单位、设计单位及监理单位等。

3. 五牌一图设计

施工现场主办公室对面醒目处设置五牌一图，内容包括：工程概况牌，项目管理网络牌，消防保卫牌，安全生产牌，文明施工牌及施工总平面布置图，规格尺寸统一设置，版面字体采用电喷工艺。

4. 临时设施设计

(1) 施工区与非施工区分开设置，非施工区中的生活区与办公区分开设置。

(2) 临时设施中包括工地办公室、会议室、门卫室、职工之家、食堂、宿舍、厕所、淋浴室、垃圾站等，满足生活与办公的需要。

(3) 搭建临时设施的建筑材料采用装备式活动板房，装饰样式统一，厕所设置水冲式独立厕位和封闭式化粪井。

(4) 办公区地面硬化，周围种植草木，美化环境。

(5) 施工临时道路全部硬化，4～6m 宽，单侧排水，设置排水沟和沉淀池。

5. 统一标识

管理人员及施工人员佩带统一制作的工作卡，标明单位、部门、姓名、职务、工种、编号等。

8.8.2　文明施工管理措施

1. 现场施工平面布置的管理

根据施工现场实际情况进行平面布置，要求施工生产、生活设施严格按平面布置图进行搭建，各种材料按平面布置图堆放，并设立标示牌，做到整齐美观，循序取用，保证场区道路畅通。

2. 现场文明施工管理

(1) 成立以项目经理为组长的现场文明施工管理小组，建立岗位责任制，制定文明施工规划及奖惩措施，由项目经理监督实施，每月进行一次全面检查，奖优罚劣。

(2) 施工现场设分区卫生负责人，派专人进行管理，负责到人，建筑及生活垃圾区分堆放并及时清运。

(3) 搅拌设备放在搅拌棚内，减少声尘污染。

(4) 合理安排时间，降低噪音污染。

(5) 办公区和生活区在有限的地方种植花草绿化，美化环境，生活区宿舍增设通风设施，减少流行疾病传播概率。

(6) 在主次入口处设洗车带，所有进出场地车辆，均需对车轮进行冲洗，完毕后方可上路。

3. 施工现场食堂等卫生管理

(1) 工地设置职工食堂，在申领卫生许可证后方可使用，并符合卫生标准，食堂工作人员必须有健康合格证。

(2) 生活垃圾日产日清，分类堆放。

(3) 施工现场设电开水炉，供应开水，饮水器具要卫生。

(4) 夏季施工有防暑降温措施，发放防暑降温药品。

(5) 定期组织操作人员进行体检，给职工健康提供保障。

4. 现场安全保卫管理

(1) 建立现场安全保卫制度，制定岗位责任制，派专人负责。

(2) 与当地治安民警建立联合治安保卫小组，共同维护现场治安。

(3) 建立来访登记制度，工地不准留宿闲杂人员。

(4) 经常对职工进行法制宣传和文明教育，严禁在施工现场打架斗殴、酗酒及进行黄、赌、毒等非法活动。

8.8.3　环保方案及措施

1. 环境管理目标

(1) 噪声排放达标：结构施工，昼间＜70dB，夜间＜55dB；装修施工，昼间＜65dB，夜间＜55dB。

(2) 防大气污染达标：施工现场扬尘、生活用锅炉烟尘的排放符合要求，扬尘达到国家二级排放规定，烟尘排放浓度＜400mg/Nm^3。

(3) 生活及生产污水达标：污水排放符合《天津市水污染物排放标准》。

(4) 防止光污染：夜间照明不影响周围社区。

2. 环境管理因素分析

根据本工程的实施情况，在施工过程中出现的环境管理因素主要有：噪声排放、粉尘排放、烟尘排放、施工垃圾排放、夜间照明污染。

3. 环境管理的实施方案及措施

1) 施工现场防大气污染措施

(1) 施工现场防尘措施。

施工垃圾使用封闭的专用垃圾通道或采用容器吊运，严禁随意凌空抛散造成扬尘。施工垃圾要及时清运，清运前，要适量洒水减少扬尘。

施工现场要在施工前做施工道路规划和设置，尽量利用设计中永久性的施工道路。道路及其余场地地面要硬化，闲置场地要绿化。

水泥和其他易飞扬的细颗粒散体材料应尽量安排库内存放。露天存放时要严密苫盖。运输和卸运时防止遗洒飞扬，以减少扬尘。施工现场要制定洒水降尘制度，配备专用洒水设备及指定专人负责，在易产生扬尘的季节，施工场地采取洒水降尘。

(2) 搅拌站的降尘措施。

本工程混凝土采用商品混凝土，零星混凝土现场搅拌，为降低扬尘，要搭设封闭的搅拌棚。

(3) 大灶的消烟除尘措施。

茶炉采用电热开水器。食堂大灶使用液化气。

2) 施工现场的水污染防止措施

(1) 现场搅拌机前台及运输车辆清洗处设置沉淀池。排放的废水要排入沉淀池内，经二次沉淀后，方可排入污染管线或回收用于洒水降尘。未经处理的泥浆水，严禁直接排入城市排水设施。

(2) 乙炔发生罐污水排放控制，施工现场由于气焊使用乙炔发生罐产生的污水严禁随地倾倒，要求专用容器集中存放，倒入沉淀池处理，以免污染环境。

(3) 食堂污染的排放控制，施工现场临时食堂要设置简易有效的隔油池，产生的污水经下水道排放要经过隔油池。平时加强管理定期掏油，防止污染。

(4) 油漆油料库的防漏控制，施工现场要设置专用的油漆油料库，油库内严禁放置其他物品，库房地面和墙面要做防渗漏的特殊处理，储存、使用和保管要专人负责，防止油料的跑、冒、滴、漏，污染水体。

(5) 禁止将有毒有害废弃物用作土方回填，以免污染地下水和环境。

3) 施工现场防噪声污染的各项措施

(1) 人为噪声的控制措施：施工现场提倡文明施工，建立健全控制人为噪声的管理制度，尽量减少人为的大声喧哗，增强全体施工人员防噪声扰民的自觉意识。

(2) 强噪声作业时间的控制：凡在居民稠密区进行强噪声作业的，严格控制作业时间，晚间作业不超过 22:00，早晨作业不早于 6:00，特殊情况需连续作业(或夜间作业)的，应尽量采取降噪措施，事先做好周围群众的工作。

(3) 强噪声机械的降噪措施：产生强噪声的成品加工、制作作业，应尽量放在工厂、车间完成，减少因施工现场加工制作产生的噪声。尽量选用低噪声或备有消声降噪设备的施工机械。施工现场的强噪声机械(如搅拌机、电锯、电刨、砂轮机等)要设置封闭的机械棚，以减少强噪声的扩散。

(4) 加强施工现场的噪声控制：加强施工现场环境噪声的长期监测，专人管理的原则，要及时对施工现场噪声超标的有关因素进行调整，达到施工噪声不扰民的目的。

4) 其他污染的控制措施

(1) 木模通过电锯加工的木屑、锯末必须当天进行清理，以免锯末刮入空气中。钢筋加工产生的钢筋皮、钢筋屑及时清理。

(2) 建筑物外围立面采用密目安全网，降低楼层内风的流速，阻挡灰尘进入施工现场周围的环境。

(3) 探照灯尽量选用即满足照明要求又不刺眼的新型灯具或采取措施使夜间照明只照射施工区域而不影响周围社区居民休息。

(4) 项目经理部要制定水、电、办公用品(纸张)的节约措施，通过减少浪费、节约能源达到保护环境的目的。

(5) 对于有害材料的控制：为了防止对人体有害的任何材料进入现场，总承包方将委派一名具有丰富经验的建材专业工程师负责对全部进场材料的检验，对于那些对人体有害的或给使用人带来不适感觉的任何材料和添加剂，坚决拒绝其进入施工现场。

8.8.4　成品保护措施

1. 成品保护管理原则

为确保本工程顺利进展，确保工期、质量目标实现，根据中华人民共和国"建筑法"、"消防法"等有关文件精神要求，特制定下列管理细则。

(1) 建立一套严格的管理制度，成立以项目经理牵头，施工技术部、安质部为主的成品保护小组，分区、分片包干管理，做好成品保护，做到每个成品都有人负责。安排人员日夜巡视，并掌管房门钥匙，无论何专业、何工种进房施工必须有工长签字的施工单，清点房内成品及成品状况，施工完毕必须由值班人员验收，如有损坏、丢失要追究施工人员的责任。

(2) 在施工人员进场时，对全体施工人员进行成品保护思想教育，晓之以理，在施工过程中做到自觉自律。每天的调度会由项目经理或项目总工对各班组负责人进行教育，班前会要求班组长强调职工的成品保护意识，提高员工的职业道德和职业素养。

(3) 各专业、各项目单独编制分项工程成品保护措施，责任到人，严格管理，认真落实。

(4) 建立工序交接施工制度，各工种间相互做到互不破坏互不污染，确有相互干扰和更改的要争求总工程师和项目经理同意，拿出具体的方案。各工种进行施工前要进行现场交接，后施工的各工种和工序，不得破坏上道工序的和其他工种的成品，并把责任落实到班组长。

(5) 加强总承包方与分包方之间的联系，避免相互干扰，相互影响。不得不破坏成品时，由项目部统一协调相互关系，把损失减小到最低限度。

(6) 加大成品保护的宣传工作，增强成品保护意识。

2. 分项工程产品保护细则

为本工程质量最终达到合格的质量目标，各管理部门必须增强成品保护意识，确保工程交验成品合格率。建筑产品的成品保护是单位工程顺利竣工交付的可靠保证，既减小了不必要的浪费，又是一个建筑企业文明施工水平和管理水平的具体体现。

1) 主体工程

(1) 钢筋绑扎完成后，在混凝土浇筑前，要搭设木脚手板通道，作为混凝土浇筑时施工人员操作和通行用，避免直接踩踏钢筋，加强钢筋的成品保护。浇筑混凝土时须有专职人员看守成品钢筋和模板，发现问题及时解决。

(2) 混凝土浇筑完毕后，严禁施工人员踩踏刚刚浇筑的混凝土板面，待混凝土表面强度≥1.2N/mm^2 才可上人施工。在混凝土楼板上搭设脚手架时，所有脚手管下均铺垫垫木，防止破坏混凝土面层。

(3) 柱及梁的侧模在混凝土强度能保证其表面及棱角不因拆模而受损坏后即可拆除，拆模时不得用钢棍或铁锤猛击乱撬，以防混凝土外观及内部受损，严禁使拆下的模板自由坠落于地面或向下抛掷，应随时堆码整齐。未经主管技术人员通知，任何人员不得随意拆除模板、支撑及加固系统。

(4) 浇筑完混凝土后，如果遇到下雨，则应及时用塑料布对其进行覆盖，以免砂浆流失，影响强度。

(5) 已拆模的钢筋混凝土成品工程，如楼梯踏步、柱角等采用护角板对其易损坏部位加以保护，以免损伤。

(6) 砌体工程等第二次结构施工中，要求水电安装等各相关专业积极配合，不得遗漏砌体结构中的预留预埋管线，防止因漏埋造成砌体结构的剔凿。

2) 楼地面工程

(1) 地砖地面施工完后，应清扫干净，不得有砂浆等尖锐物，且七日内严禁上人，以免造成空鼓。在地面上施工的马蹬、架子及手推车脚要用木块或软胶皮垫好，包裹好，以避免各种坚硬物体碰坏面层；严禁穿带铁掌皮鞋进入已贴好地砖的房间。

(2) 水泥砂浆地面完成后，严禁在地面上直接拌和或堆放砂浆。

(3) 厨、卫间地面施工时，应注意杂物堵塞地漏。

(4) 水电安装工程的管道油漆工程施工应在施刷管道的下方铺垫塑料布，防止油污污染已经施工完的楼地面。

3) 门窗工程

(1) 门窗进场时应贴保护膜或裹保护纸，避免机械损伤和污染；运输、装卸时严禁拖拉、磕碰、丢摔。宜竖向堆放，码放整齐；若水平放置，不得超高堆放，更不得压放重物，防止型材翘曲变形。

(2) 玻璃侧立堆放，支撑稳固。镀膜面不得伤损。

(3) 木门、窗等装卸时应轻拿轻放，防止磕碰；为防雨、防潮将木门、防火门等水平放置在库房内，不得超高堆码和重物压放，且门、窗底垫木高度不得低于100mm。

4) 装饰工程

(1) 抹灰时，最容易污染门窗等成品，要采用围挡措施加以保护。一旦门窗等成品被污染时，就要马上采取措施清理，并应注意不应损伤保护层。

(2) 为了保护产品，顶棚施工时注意保护已完的门窗、地面、墙面、窗台，防止损坏。

5) 屋面工程

(1) 施工现场严禁烟火。

(2) 工具、材料严禁乱放，操作人员工作时一律穿软底鞋，以保护成品半成品。

(3) 马凳、架子及手推车脚要用木块或软胶皮垫好，包裹好，以避免各种坚硬物体碰坏，轧坏涂膜防水层。

6) 其他

严格管理楼内电气焊操作。现场需要施焊时，要对成品进行保护，确认安全后方可操作施工；割、焊完毕后，电焊工必须对施工面进行全面认真检查，在没有隐患存在的情况下方可离开。

8.9 地下管线、地上设施、周围建筑保护措施

建立健全各项规章制度，项目经理在施工过程中定期组织施工人员进行入场教育及相关法律知识学习。

(1) 在施工总平面图布置策划时，应考虑公共设施中地下管线、地上设施及周围建筑，在高压线下方规定范围内不得堆放物料及搭设临建设施，不得停放机械设备。

(2) 在临近街道、居民区施工时，要搭设可靠的防护棚或采取切实有效的防护措施，确保行人和居民的安全。

(3) 施工现场内各种设施应设置明显标志色标，任何人不准擅自拆动，在施工中因施工需要必须拆动时要经工地负责人同意后方可拆动。

(4) 对于公共设施未经相关部门批准不准擅自进行挪动与拆改，如在施工中发生与公共设施(指地下管线、地上设施)冲突的情况下，必须及时通知建设部门及相关部门，制定相应方案，在相关部门允许并由其指导的情况下，按方案进行施工。

(5) 基础施工排水阶段，排出的水必须经过沉淀后再排入市政管线，以防淤泥排入市政管网将其堵塞，影响市政排水网络。

(6) 在主体工程施工中，拆除的模板等材料必须由送料口垂直运输，不得从高空抛物，以防砸坏周围设施。

(7) 进入装修后期施工时，栋号工长应对施工人员进行交底，清理出的废土等物不准从窗口处抛出，以防尘土殃及周围建筑。

(8) 在施工中应定期对周围建筑进行观测，做好记录，发现沉降问题及时汇报相关部门。

8.10 工程验收后的服务措施

8.10.1 工程交付

为保证业主的投资尽快产生效益，工程及时投入使用，我单位把工程交付这项工作作为我们工作的重点来实施，在按计划完成竣工验收后十日内完成撤场，及时恢复占用业主的场地，除留下必要的维修人员和材料外其余一律退场。

8.10.2 回访程序

(1) 在工程保修期内至少要回访一次，一般在交工后半年内，每三个月回访一次，以后每隔半年回访一次。

(2) 工程回访或维修时，由生产主管部门建立本工程的回访维修记录，根据情况安排回访计划，确定回访日期。

8.10.3　回访组织

(1) 本工程将由我单位总经理其授权人带队，单位总工、技术负责人、工程部长、安质部长参加。

(2) 在回访中，对业主提出的任何质量隐患和意见，我方将虚心听取，认真对待，同时做好回访记录。对凡属于施工方面质量问题，要耐心解释，并热心为业主提出解决办法。

(3) 在回访工程中，对业主提出的施工质量问题，应责成有关单位、部门认真处理解决，同时应认真分析原因，从中找出教训，制定纠正措施及对策，以免类似质量问题的出现。

8.10.4　工程服务及保修

我单位不仅重视施工过程中的质量控制，而且也同样重视对工程的保修服务。从工程交付之日起，我方的工程保修工作随即开展。在保修期间。我方将依据保修合同，本着"对用户服务，向业主负责，让用户满意"的认真态度，以有效的制度、措施做保证，以优质、迅速的维修服务维护用户的利益。

1. 保修范围

我单位作为工程的总承包方，对整个工程的保修负全部责任，部分分包商所施工的项目将由我方责成其进行保修。

(1) 维修任务的确定：当接到用户的投诉和工程回防中发现的缺陷后，应自通知之日后两天内就发现的缺陷进行进一步的确认，与业主商议返修内容。可现场调查，也可电话询问，将了解的情况填入维修记录表，分析存在的问题，找出主要原因制定措施，经部门主管审核后，提交单位主管领导审批。

(2) 工程维修记录由工程部门发给指派维修单位，尽快进行维修，并备案保存。维修人员一般由项目经理专门派人前往维修，工程部门主管应对维修负责人员及维修人员进行技术交底，强调保修服务原则，要求维修人员主动配合业主单位，对于业主的合理要求尽可能满足，坚决防止和业主方面的争吵发生。

(3) 维修人员按维修任务书中的内容进行维修工作。当维修任务完成后，通知单位质量部门对工程维修部分进行检验，合格后提请业主、用户验收并签署意见，维修负责人要将工程管理部门发放的工程维修记录返回工程部门。

2. 保修记录

对于回访及维修，我单位均要建立相应的档案，并由工程部门保存维修记录。

模块五　施工管理软件

　　某教学楼工程，建筑面积 1434m^2，为框架结构，地下一层，层高 4.2m，室内地坪标高为 ±0 正负零，地上四层，一层层高 4.2m，二、三层层高为 3.3m，顶层层高 3m，屋顶为坡屋顶形式，其余尺寸及做法详见施工图。利用施工管理软件建立教学楼模型，编制出工程进度网络图、横道图及施工平面布置图。

单元 9   施工管理软件应用

内容提要

本单元将以斯维尔项目管理软件为例全面介绍项目管理软件的各类功能特点，系统讲述软件的具体操作流程与操作步骤。

技能目标

- 清晰地掌握软件的具体操作步骤，并对软件在实现项目管理功能方面有更加深刻的理解。
- 熟练使用软件编制项目进度计划横道图、双代号时标网络图、资源图表。
- 能使用软件对进度计划进行优化。

9.1   软件在施工组织设计中的应用概述

【学习目标】

了解工程项目管理软件的特点及基本操作流程。

工程项目管理软件将网络计划技术、网络优化技术应用于建设工程项目的进度管理中，以国内建设行业普遍采用的双代号时标网络图作为项目进度管理及控制的主要工具。在此基础上，通过挂接建设行业各地区的不同种类定额库与工料机库，实现对资源与成本的精确计算、分析与控制，使用户不仅能从宏观上控制工期与成本，而且还能从微观上协调人力、设备与材料的具体使用，并以此作为调整与优化进度计划，实现利润最大化的依据。

9.1.1   软件特点

(1) 控制方便。可以方便地进行任务分解，建立完善的大纲任务结构与子网络，实现项目计划的分级控制与管理。

(2) 制图高效。系统内图表类型丰富实用，并提供拟人化操作模式，制作网络图快速精美，智能生成施工横道图、单代号网络图、双代号时标网络图、资源管理曲线等各类图表。

(3) 输出精美。满足用户对输出模式和规格的任何要求，保证图表输出美观、规范，并可以导出到 Excel，实现项目信息的共享。

(4) 灵活实用。系统提供"所见即所得"的矢量图绘制方式及全方位的图形属性自定义功能，与 Word 等常用软件的数据交互，极大地增强了软件的灵活性。

(5) 接口标准。该软件提供与 Microsoft Project 2000 的数据接口，确保快捷、安全地从 Microsoft Project 2000 中导入项目数据，可迅速生成国内普遍采用的进度控制管理图表——双代号时标网络图。

9.1.2　主要功能

(1) 项目管理。以树型结构的层次关系组织实际项目并允许同时打开多个项目文件进行操作。

(2) 数据录入。可方便地选择在图形界面或表格界面中完成各类任务信息的录入工作。

(3) 视图切换。可随时选择在横道图、双代号、单代号、资源曲线等视图界面间进行切换，从不同角度观察、分析实际项目。同时在一个视图内进行数据操作时，其他视图动态适时改变。

(4) 编辑处理。可随时插入、修改、删除、添加任务，实现或取消任务间的四类逻辑关系，进行升级或降级的子网操作，以及任务查找等功能。

(5) 图形处理。能够对网络图、横道图进行放大、缩小、拉长、缩短、鹰眼、全图等显示，以及对网络图的各类属性进行编辑等操作。

(6) 数据管理与导入。实现项目数据的备份与恢复以及导入 Project 2000 项目数据、各类定额数据库数据、工料机数据库数据等操作。

(7) 图表打印。可方便地打印出施工横道图、单代号网络图、双代号网络图、资源需求曲线图、关键任务表、任务网络时间参数计算表等多种图表。

9.1.3　软件的基本操作流程

软件基本操作流程如图 9.1 所示。

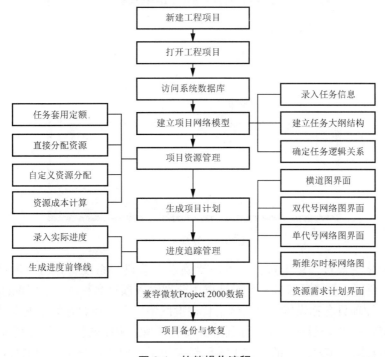

图 9.1　软件操作流程

9.2 横道图的编制

【学习目标】

能够结合项目管理软件的功能，按照编制工程进度计划的规范做法，编制出工程进度横道图。

9.2.1 启动项目管理

直接双击桌面快捷按钮启动智能项目管理软件，如图 9.2 所示。

图 9.2 启动软件图标

9.2.2 新建工程项目

启动智能项目管理软件后，便可弹出如图 9.3 所示的新建对话框。

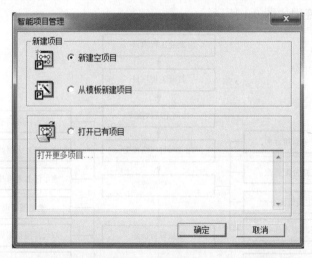

图 9.3 新建对话框

选中"新建空项目"单选按钮，单击"确定"按钮，系统将弹出"项目信息"对话框，如图 9.4 所示。在"项目信息"对话框中分别输入项目名称和开始时间(指某项目工期开始的时间)，如项目名称设置为"实例工程进度网络图"，开始时间设置为"2009 年 8 月 10 日"，状态时间(指项目的工作进行到某阶段的时间，例如做垫层了，而现在才开始做这个项目的工期安排，实际前面的土方工程已经完毕了，但还是整个工程项目内的内容，所以叫作"状态时间"。这个时间在建工程文件时并不重要，可以不予理会，可填可不填)这里设置为"2009 年 8 月 10 日"，单击"确定"按钮即完成了新建一个项目的操作。

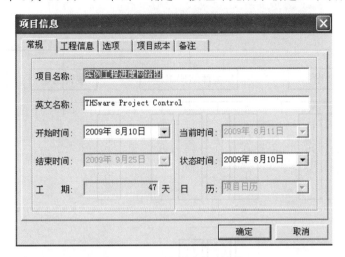

图 9.4 "项目信息"对话框

9.2.3 工程项目结构分解

新建项目完成后，系统默认打开横道图编辑状态，如图 9.5 所示。

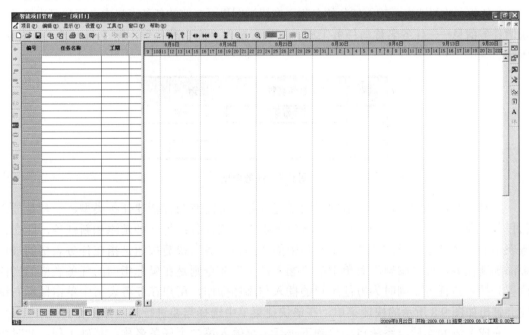

图 9.5 横道图编辑界面

类似以前手工编制进度计划的表格。按照编制进度计划的规范，首先要进行工程结构分解(WBS)，WBS 是将一个项目分解成易于管理的一些细目，它有助于确保找出完成项目所需的所有工作要素，是项目管理中十分重要的一步。例如可将本住宅楼工程具体分解为

如图 9.6 所示的等级树形式。

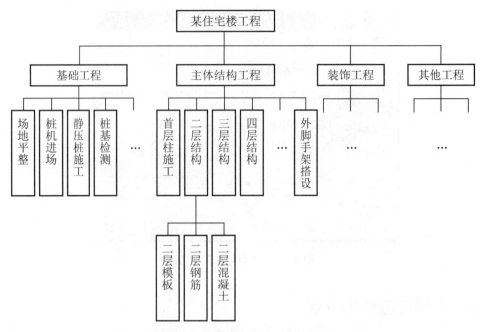

图 9.6　某住宅楼工程的 WBS 结构

在任务名称栏双击，输入任务的名称，在横道图界面左侧的任务表格中，用户可直接录入新增任务信息——任务名称与任务工期。例如：录入"施工准备"，按 Enter 键，如图 9.7 所示。

编号	任务名称	工期	
1	施工准备	5天	

图 9.7　任务表格

同时需要注意的是，在横道图界面新建任务时可能有两种新建任务类型，一种是插入新任务，即在鼠标选中的当前任务表格位置插入新的任务；另一种是添加新任务，即在任务表格的最尾部添加新的任务。工具栏中的"添加任务"快捷按钮是指在任务表格的最尾部添加新任务，而"编辑"菜单中的"插入任务"命令则是在鼠标指向的任务表格的当前位置处插入新任务。同时为方便用户的插入与添加操作，用户在任务表格中单击鼠标右键便会弹出如图 9.8 所示的快捷菜单，在该快捷菜单中选择需要进行的具体操作。

完成上述操作后，系统自动移到下一行，再输入第二个任务名称：基础工程，此时可以不必考虑开始日期、结束日期等其他内容，接下来输入基槽人工挖土，由于基础工程包括基槽人工挖土和其他工序，因此需要利用左边工具条中的 ➡ 命令，把基槽人工挖土和其他工序降一级，变为基础工程的子任务，同样，也可以利用 ⬅ 命令给任务升级，下面的操作同样，直至完成整个工程的工程结构分解(WBS)，工程结构分解(WBS)不能分解的太粗，太粗起不到控制的作用，也不能分解得太细，分解的太细同样会导致无法控制，建议分解到可以对工程进行控制的阶段为止。任务分解如图 9.9 所示。

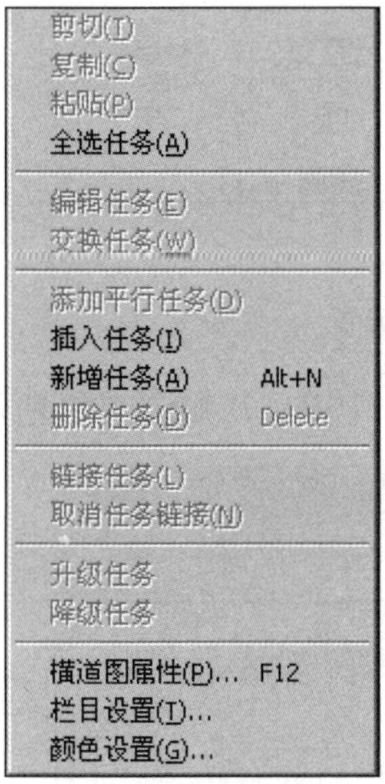

编号	任务名称
1	施工准备
2	⊟ 基础工程
3	基槽人工挖土
4	基础混凝土垫层
5	独立基础、基础梁
6	基槽、室内回填土
7	⊟ 主体工程
8	地下室主体
9	一层主体
10	二层主体
11	三层主体
12	屋面工程
13	⊟ 砌筑工程
14	地下室砌筑
15	一层砌筑
16	二层砌筑
17	三层砌筑
18	⊟ 室内粗装修工程
19	地下室粗装修
20	一层粗装修
21	二层粗装修
22	三层粗装修
23	⊟ 室内精装修工程
24	地下室精装修
25	一层精装修
26	二层精装修
27	三层精装修

图 9.8 任务表格界面中的快捷菜单

图 9.9 任务分解

9.2.4 确定任务时间和前置任务

工程结构分解(WBS)完成后，确定每项任务所需要的时间，一种是采用定额计算法，另一种是采用"三时估计法"。定额计算的方法是基于对该工作的工作量已经进行了合理的估算，并且从事该项工作的相关人员也已经确定，在此基础上套用相关的劳动力定额或产量定额，得到工作的持续时间；当工作的持续时间不能运用定额计算法进行计算时，便可采用"三时估计法"进行计算，三时估计法又称为 PERT 估计法，是计划评审技术的核心。三时指的是工作的乐观(最短持续)时间估计值、工作的悲观(最长)时间估计值、工作的最可能持续时间估计值。每个任务分别有"工期"，"开始时间"和"结束时间"三个时间参数，本软件允许设定任何两个时间参数自动生成第三个时间参数。设置时间的方法是双击任务的某个时间参数，系统会变为设定时间参数状态，图 9.10 为工期设置，图 9.11 为开始时间、结束时间设置。

编号	任务名称	工期
1	施工准备	5

图 9.10 工期设置

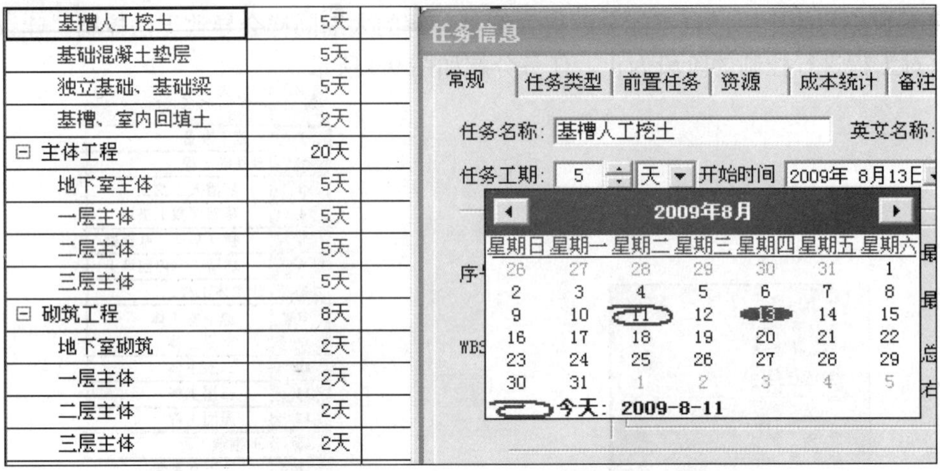

基槽人工挖土	5天
基础混凝土垫层	5天
独立基础、基础梁	5天
基槽、室内回填土	2天
□ 主体工程	20天
地下室主体	5天
一层主体	5天
二层主体	5天
三层主体	5天
□ 砌筑工程	8天
地下室砌筑	2天
一层主体	2天
二层主体	2天
三层主体	2天

图 9.11　开始时间、结束时间设置

也可以双击任务名称，在弹出的"任务信息"对话框中设置，如图 9.12 所示。

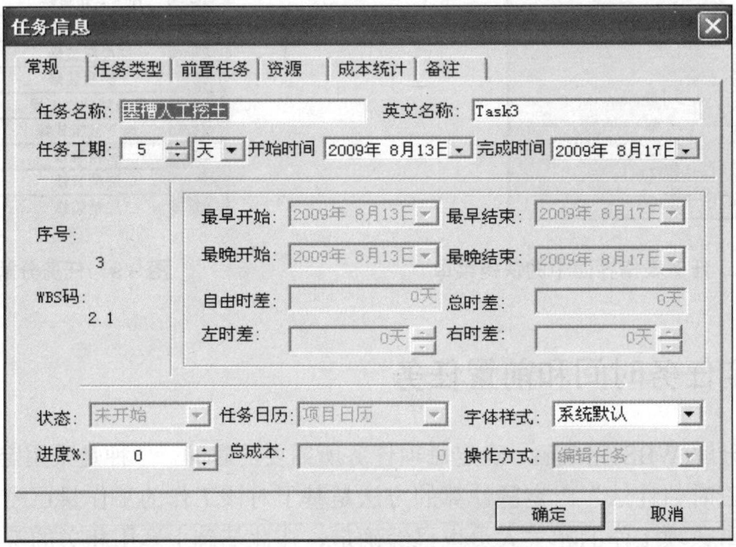

图 9.12　"任务信息"对话框

工作之间的逻辑关系在"任务信息"对话框中的"前置任务"选项卡中设置。首先启动"任务信息"对话框，在"前置任务"选项卡中单击下方表格中的任务名称，系统会自动弹出本工程项目所有的任务名称供选择，选择任务名称后，单击类型，选择任务搭接的类型，任务间的逻辑关系共有四种：完成-开始(FS)类型、完成-完成(FF)类型、开始-开始(SS)类型、开始-完成(SF)类型。由于双代号网络图只直接支持完成-开始(FS)类型，如果需要自动生成双代号网络图，建议尽量少用其他搭接类型，除非必须需要。由于本软件也提供了先进的横道图自动转换双代号网络图功能和强大的双代号网络图编辑功能，可以放心使用。任务间关系存在时间延迟的还需要设置搭接时间间隔。搭接时间可正可负，也可是零。

下面我们以基础工程为例来具体说明前置任务的设置，首先进入"基槽人工挖土"

的任务信息对话框，选择任务名称为"施工准备"，并指定类型为"完成-开始(FS)"，如图 9.13 所示。

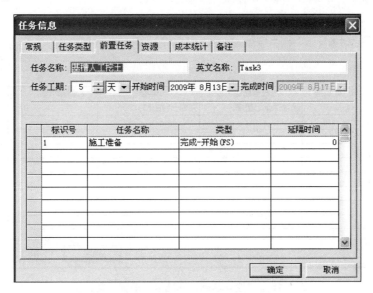

图 9.13 "基槽人工挖土"前置任务设置

第二步进入"基础混凝土垫层"的任务信息对话框，选择任务名称为"基槽人工挖土"，并指定类型为"完成-开始(FS)"，当然也可以选择其他的类型，如图 9.14 所示。

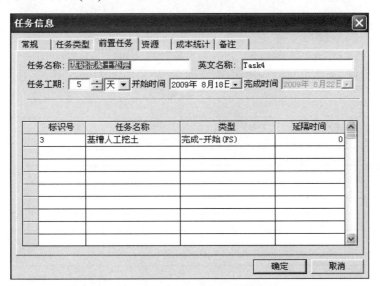

图 9.14 "基础混凝土垫层"前置任务设置

第三步进入"独立基础、基础梁"的任务信息对话框，选择任务名称为"基础混凝土垫层"，并指定类型为"完成-开始(FS)"，如图 9.15 所示。

图 9.15 "独立基础、基础梁"前置任务设置

最后进入"基槽、室内回填土"的任务信息对话框，选择任务名称为"独立基础、基础梁"，并指定类型为"完成-开始(FS)"，如图 9.16 所示。

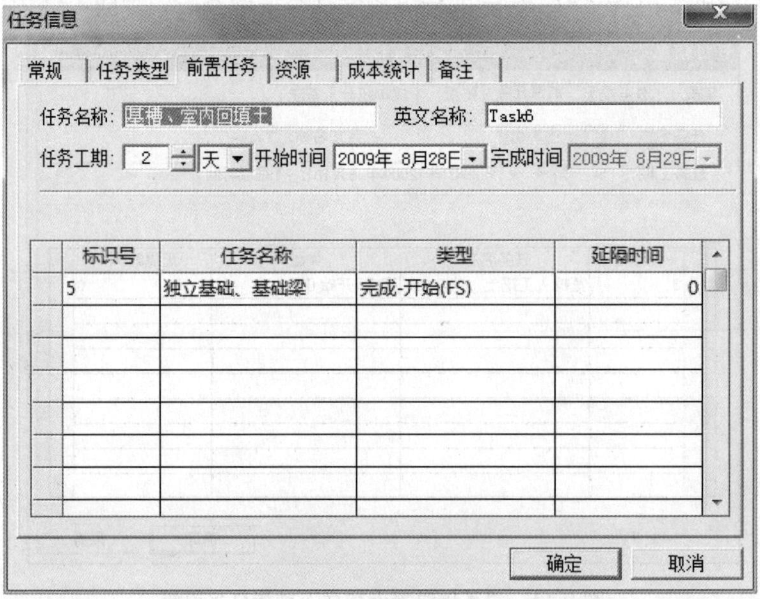

图 9.16 "基槽、室内回填土"前置任务设置

重复以上操作，将主体工程、砌筑工程等所有任务的时间和前置任务设置完成，系统根据任务搭接关系自动计算任务的开始时间和总工期，如图 9.17 所示。

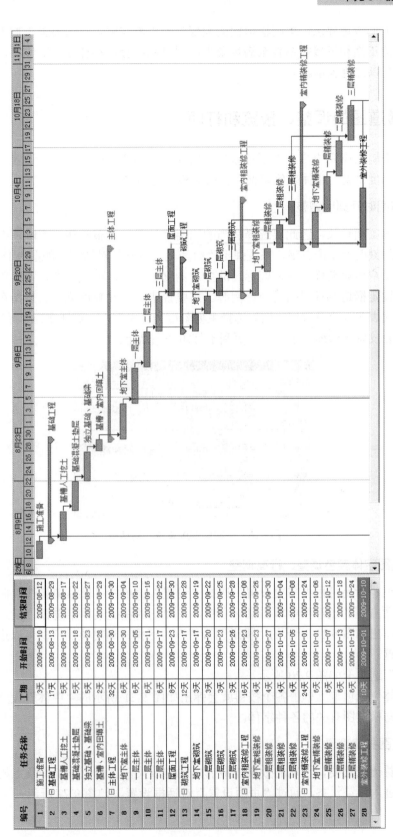

图 9.17　横道图

如果总工期满足要求，编制横道图的大部分工作就完成了。如果总工期不符合要求还要调整任务的工期和搭接关系直至满足要求，同时系统会自动计算关键线路，关键线路上的关键工作会以红色表示。

9.2.5　横道图的调整、预览和打印

横道图编制工作完成后，为了打印美观的横道图还要进行一些调整设置。这些工作主要包括时间刻度调整、字体颜色调整、行高调整及打印设置。

1. 横道图时间刻度调整

由于工程工期较长，因此要选择适当的比例来显示。调整时间刻度时，把鼠标放在右边图形上方的刻度上单击右键，系统弹出"时间刻度设置"对话框，如图 9.18 所示，通过该对话框，用户可设置横道图时间标尺的主次刻度的单位、标签内容、计数单位、对齐方式等，并可设定横道图标尺的缩放比例等。需要说明的是计数单位，它是指在横道图标尺中单位刻度代表多少个单位值。例如选择主要刻度为"年"，次要刻度为"月"，单击"确定"按钮，会发现图形缩短了很多，更利于打印在图纸上。

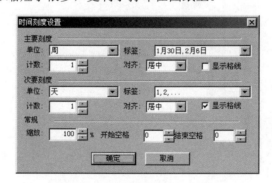

图 9.18　"时间刻度设置"对话框

2. 横道图字体颜色调整、行高调整

字体颜色、行高可根据需要设置。选择"设置"菜单的"横道图属性"命令，或直接在横道图界面右侧的条形图中单击鼠标右键，在弹出的快捷菜单中选择"横道图属性"命令，系统将弹出如图 9.19 所示的"横道图设置"对话框，通过该对话框可以进行横道图样式的具体设置。

"字体"选项卡如图 9.20 所示。

在"字体"选项卡上单击各个按钮就会弹出如图 9.21 所示的"字体"设置对话框，从而可以设置与横道图有关的各种字体。

3. 横道图打印设置

打印设置比较重要，预览的效果是最后出图的效果。选择上方工具条上的打印预览按钮，系统进入预览状态，通过"页面设置"对话框设置，如图 9.22 所示。

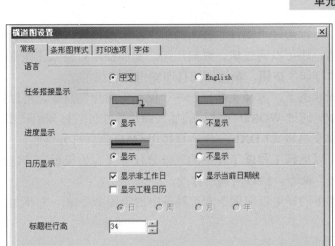

图 9.19　"横道图设置"对话框

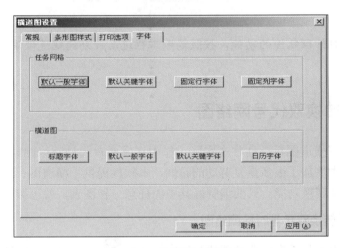

图 9.20　"字体"选项卡

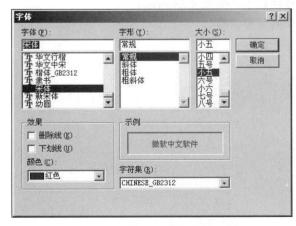

图 9.21　"字体"设置对话框

图 9.22　"页面设置"对话框

在预览状态下可以通过"属性"按钮对整个图形做设置，无须再返回编辑界面，这是本系统的一大优点，还可以通过横、纵向压缩、延伸操作对整幅图做整体调整，直至满意为止。最后单击"打印"按钮，横道图的打印输出就完成了。

在横道图编辑状态下，选择"项目"→"保存为图片"命令，可以把横道图保存为图片、EMF 文件格式，通过 WORD 等软件的插入图片功能可直接调用该图片；也可以保存为 AUTOCAD 的数据交换格式*.DXF 文件，直接用 CAD 软件打开修改。

如果需要还可以把该工程或工程中的一部分任务保存为模板，方法是执行"项目"→"另存为项目模板"命令，供以后调用修改。

在横道图状态下同样可以应用下方工具条中的绘图命令 ，对横道图做一些标注，或插入图片。

9.3 双代号时标网络计划的编制

【学习目标】

能够结合项目管理软件的功能，按照编制工程进度计划的规范做法，编制出工程进度网络图。

9.3.1 智能转换双代号网络图

上一节编制好横道图后，往往在实际工作中还需要双代号网络图或单代号网络图，重新编制网络图大大增加了很多重复劳动的时间，本软件提供了横道图、双代号时标网络图、单代号网络图智能转换功能。只要编制好其中的任意一种图表，就可智能转换为其他两种。

1. 由横道图转换双代号时标网络图

鼠标单击下方工具条中的普通双代号网络图命令 ，系统自动切换到双代号时标网络图界面，一副完整的双代号网络图已经转换好了，如图 9.23 所示。

为了网络图更加美观，有时需要做一些简单调整。

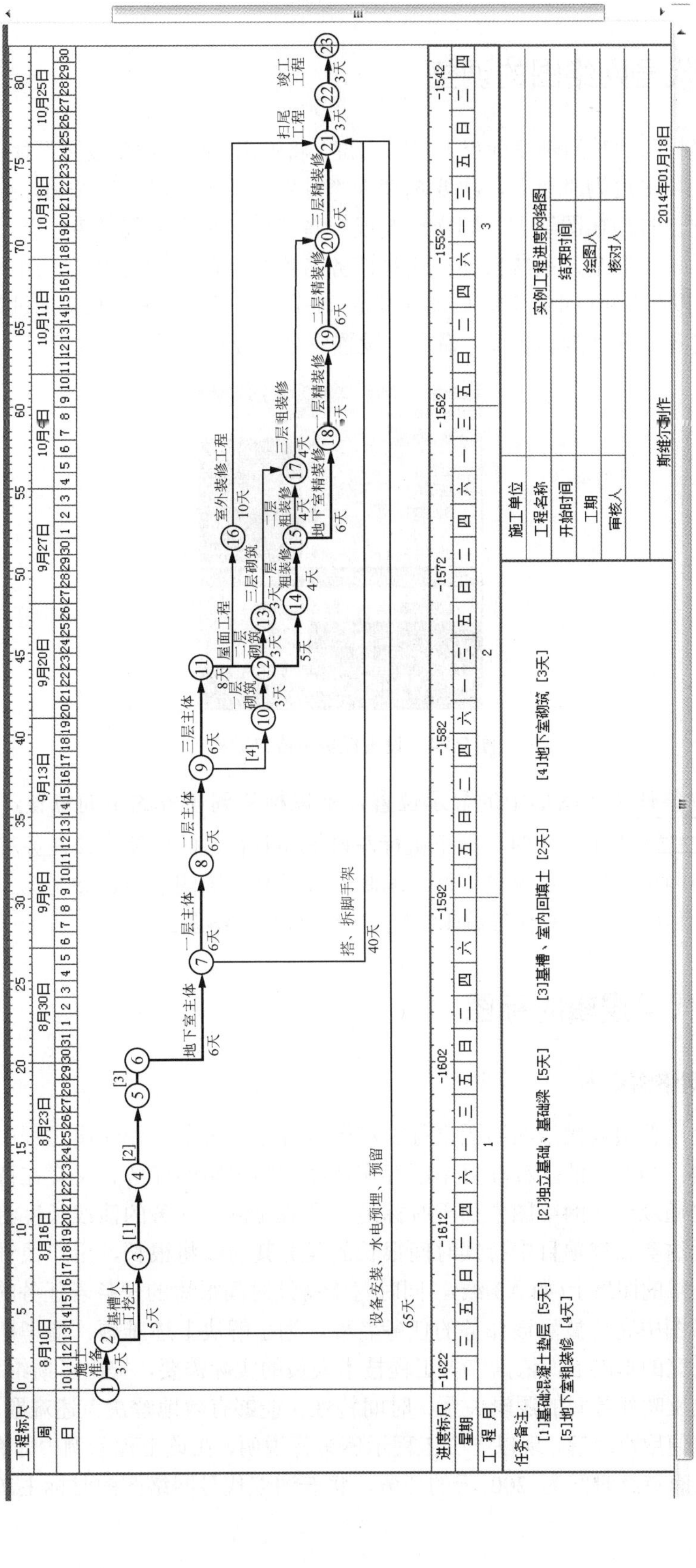
工程标尺
周
日
进度标尺
星期
工程月
施工准备
基槽人工挖土
地下室主体
一层主体
二层主体
三层主体
屋面工程
一层砌筑
二层砌筑
三层砌筑
室外装修工程
一层粗装修
二层粗装修
三层粗装修
地下室精装修
一层精装修
二层精装修
三层精装修
扫尾工程
竣工工程
设备安装、水电预埋、预留
搭、拆脚手架
任务备注:
[1]基础混凝土垫层 [5天]
[2]独立基础、基础梁 [5天]
[3]基槽、室内回填土 [2天]
[4]地下室砌筑 [3天]
[5]地下室粗装修 [4天]
施工单位
工程名称
实例工程进度网络图
开始时间
结束时间
工期
绘图人
审核人
核对人
斯维尔制作
2014年01月18日

图 9.23　双代号网络图

9.3.2　双代号网络图的调整

首先把鼠标移到时间刻度标尺上单击右键，将弹出"时间刻度设置"对话框，如图 9.24 所示。选择主要刻度为"年"，次要刻度为"月"，单击"确定"按钮，会发现图形缩短了很多，更利于打印在图纸上。同样也发现一些工作名称变为代号表示了，这是由于任务名称过长，显示不完全，系统自动把这些任务名称显示在备注栏中了，用鼠标拖动左右滚动条往右，可以在备注栏中看到。如果觉得显示在图上效果好一些，可以通过菜单"显示"→"任务名称对齐"→"自动换行"命令，设置成名称分几行显示。

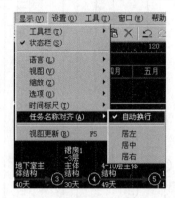

图 9.24　设置任务名成自动换行

接下来调整任务在图形中的显示位置，把鼠标移到任务的中间位置，当使光标变为上下箭头时，按下鼠标左键拖动到合适的位置，该任务就被移动了。

除了转换网络图外，系统也提供了编制双代号网络图的功能，参考第三部分双代号编辑功能介绍，利用强大的双代号编辑功能编辑双代号网络图。

9.3.3　双代号逻辑时标图

1. 时标网络图概述

用户在使用普通双代号网络图进行工程图纸打印、进度计划输出过程中，经常会遇到这样一个难题：当用户的工程项目中既存在持续时间很短的任务、又存在持续时间很长的任务时，在普通双代号网络图中由于时标是完全成比例，任务的箭线长度将反映任务的持续时间。因此这类工程项目中持续时间很长的任务其箭线将很长，用户很难将图形清晰地输出至一张正常的图纸上（如 A3 纸），同时对于持续时间很短的任务若任务的名称很长，则也很难在网络图中完全显示该任务的任务名称。为了解决上述难题，清华斯维尔软件公司在充分调查研究的基础上，依据广大工程技术人员的实际需要，提出了斯维尔逻辑时标图，其既能清晰地反映任务间的逻辑关系、时间特性又能够有效地解决上述难题。

为更加方便用户理解，现以一个工程示例进行说明，在该工程示例中即有持续时间为 2 天的任务、又有持续时间为 200 天的任务，将普通双代号网络图的时标主次刻度分别设置为月、旬后，项目的普通双代号图如图 9.25 所示。

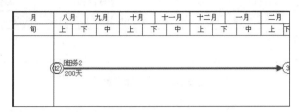

图 9.25　双代号图 1(任务 1 没有完全显示)

注意由于此时持续时间为两天的任务在网络图中已经无法完全显示，因此在普通双代号网络图中将不可能清晰的打印。将普通双代号网络图的时标主次刻度分别设置为周、日后，已压缩至最小值，仍无法在一张常规的图纸上显示，必须要多页进行打印，或图纸的尺寸特别大。

通过选择"显示"菜单中"视图"子菜单的"逻辑时标网"菜单命令，或直接单击界面下方视图工具栏的"逻辑时标网"快捷按钮，将网络图切换至斯维尔逻辑时标网界面，通过该图既可以清晰地反映任务间的逻辑关系、时间关系，同时又很好地满足了广大工程技术人员的实际需求，如图 9.26 所示。

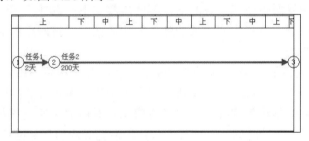

图 9.26　双代号图 2(任务 1 完全显示)

2. 时间标尺调整

在逻辑时标图中，由于在默认设置下，时间刻度是由程序自动计算的，因此用户不能自己改变时间刻度。如需要改变时间刻度，应首先将"显示"菜单下的"时间标尺"里的"刻度自动适应"设为没选中状态，如图 9.27 所示。

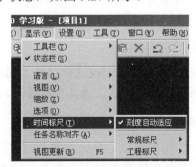

图 9.27　时间标尺设定

然后在逻辑时标图中，将鼠标放在绘图区上方的时间标尺的分割线上，在鼠标样式变为如图所示的形状后，就可以通过移动鼠标来改变时间标尺的刻度，如图 9.28 所示。

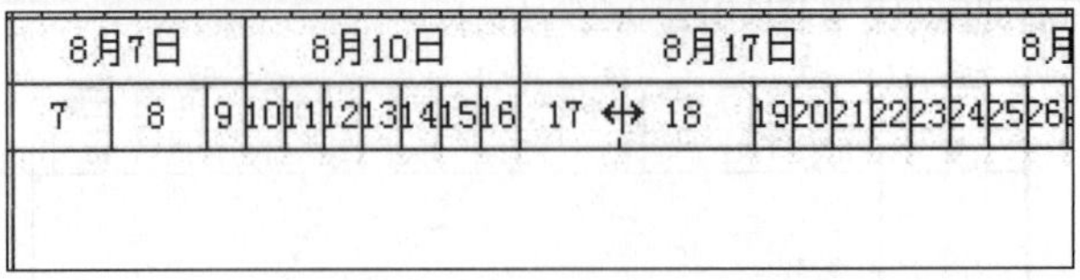

| 8月7日 | | 8月10日 | | | | | | | | 8月17日 | | | | | | | | | 8月 |
| 7 | 8 | 9 | 10 | 11 | 12 | 13 | 14 | 15 | 16 | 17 | ↔ | 18 | 19 | 20 | 21 | 22 | 23 | 24 | 25 | 26 |

图 9.28　时间标尺显示

与在普通双代号网络图里面不同的是，在逻辑时标图中，修改的是单个的时间标尺刻度，而在普通双代号里，所有的时间标尺刻度相同，因此修改了一个后，全部都改变了。

9.3.4　转换单代号功能与双代号同样操作

1. 单代号网络图添加任务

用户可在网络图操作界面中方便地添加工作任务，选择"编辑"菜单的"添加任务"命令，或直接单击工具栏中的"添加任务"快捷按钮，将网络图的当前编辑状态设定为"添加任务"状态。

在单代号网络图界面中新建任务的操作具体步骤如下：选择"编辑"菜单的"添加任务"命令，或直接单击工具栏中的"添加任务"快捷按钮，将网络图的当前编辑状态设定为"添加任务"状态。

在单代号网络图界面中，在需要添加任务的位置，单击鼠标左键，按住鼠标左键不放，同时拖拽鼠标，界面中将出现一个在单代号网络图中用来表示任务的矩形框，然后放开鼠标左键，此时系统将弹出该新建任务的"任务信息"对话框，通过该对话框用户可输入新建任务名称，修改任务开始时间、工期等操作，最后完成新建任务的任务信息录入工作。

2. 单代号网络图编辑/查询任务

要在单代号网络图界面中查阅/编辑任务，有两种方法：将鼠标移动至待查看任务图框上(单代号网络图中默认情况下用矩形框表示任务)，双击鼠标左键；先在视图中选择一个任务，然后单击工具栏上的"编辑任务"按钮或者选择"编辑"菜单下的"编辑任务"命令。

用上面两种方法执行后，系统将弹出该任务的"任务信息"对话框，通过任务信息对话框，用户可完成对任务的各类信息的查询或编辑操作。

3. 单代号网络图删除任务

选中需要删除的任务后单击 DELETE 键或选择菜单"删除任务"，软件将执行删除任务操作，删除前软件将进行删除操作的确认，确认要删除时将最终完成任务的删除操作。

4. 单代号网络图调整任务与节点

在单代号网络图编辑界面，用户可以方便地调整节点在网络图中的位置，单代号网络图界面中的调整任务操作与双代号网络图界面十分类似，具体操作如下。

按照前述的方法，将单代号网络图操作界面的编辑状态设定为"调整任务"状态。

将鼠标移动到需要调整位置的任务图框上(默认单代号网络图中默认情况下用矩形框表示任务)，光标将变为如图 9.29 所示的"＋"型光标形式。

图 9.29　"＋"型光标

此时用户可以按住鼠标左键不放，同时移动鼠标，将任务图框移动至需要的位置。此时软件将自动调整相关节点与箭线的位置，并保证网络图的整体美观。

9.4　网络图的调整、预览和打印

任务的位置调整满意后，单击"预览"按钮，系统切换到打印预览状态，双代号的预览调整要比横道图麻烦一些，由于图纸大小的限制，往往要通过调整页面设置中把"打印方向"调整为"横向"，页边距中的上下左右值调小一些，可为 0，缩放比例调整为 70，缩放比例要根据所选图纸大小，从大往小试，直至比例满意为止。由于调整了缩放比例，任务名称字体也会缩小，选择"保持文字大小不变"选项，再做稍微调整，即可打印出图。

双代号网络图同样可以保存为图片、模板和 CAD 格式，可以利用"绘图"命令在图上做标注解释。

9.5　编制资源需求图

在新建项目或从菜单"设置"→"项目信息"命令弹出的"项目信息"对话框中设置定额库，定额库可以根据自己的需要选择，如图 9.30 所示。

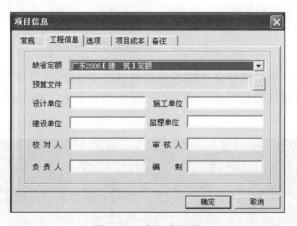

图 9.30　定额库设置

双击一项任务，在弹出的"任务信息"对话框中选择"资源"选项卡，单击添加定额，双击"选择定额"选择，在弹出的定额库对话框中选择相应的定额子目，输入工程量，按

Enter 键。系统根据定额的含量自动分配资源的需求量，也可以修改和增加工料机的数量，如图 9.31 所示。

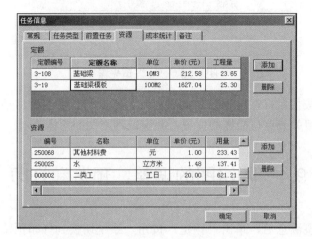

图 9.31　资源分配

选择右边工具条的资源曲线设置命令，选择所需要表达的资源名称，可以选择多项，同时也可以对该资源显示的格式进行参数调整，如图 9.32 所示。

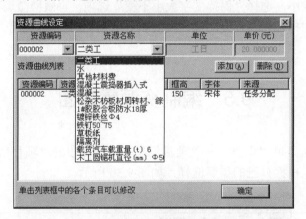

图 9.32　资源曲线设置

单击下方工具条资源双代号命令或资源曲线图命令，资源曲线显示如图 9.33 所示。资源曲线可以和双代号显示在一幅图中，可以单独显示，也可以同时显示几种资源的曲线图。

图 9.33　资源负荷曲线图

另外一种方式是手工绘制资源曲线图。这个功能在投标的时候特别方便，因为根据经验可以估计出一项任务在一段时间内所需要的资源量，编制资源曲线图速度快而且调整方便。

系统还提供了 16 种类型从各方面反映整个工程资源、进度的报表，为全面掌握整个工程项目的情况提供了报表数据，如图 9.34 所示。

资源需求汇总表

序号	(主要)资源名称	资源类型	单位	总需求量	2004年		2005年
					上半年	下半年	上半年
1	二类工	人工	工日	417.72	268.88	147.79	1.05
2	水	材料	立方米	268.04	177.53	90.51	0.00
3	其他材料费	材料	元	439.92	292.13	140.88	6.91
4	混凝土震捣器插入式	机械	台班	58.31	38.39	19.92	0.00
5	混凝土	附项	M3	471.16	310.21	160.95	0.00
6	松杂木枋板材周转材，综合	材料	立方米	7.87	7.87	0.00	0.00
7	1#胶胶合板防水18厚	材料	平方米	197.59	197.59	0.00	0.00
8	镀锌铁丝Φ4	材料	KG	977.34	977.34	0.00	0.00
9	铁钉50~75	材料	KG	997.83	997.83	0.00	0.00
10	草板纸	材料	张	759.00	759.00	0.00	0.00
11	隔离剂	材料	KG	253.00	253.00	0.00	0.00
12	载货汽车载重量(t) 6	机械	台班	6.58	6.58	0.00	0.00
13	木工圆锯机直径(mm) Φ500	机械	台班	37.95	37.95	0.00	0.00
14	镀锌铁丝Φ2.2	材料	KG	0.60	0.00	0.33	0.27
15	膨胀螺丝5×50	材料	100个	22.00	0.00	12.10	9.90
16	平联结网宽200	材料	M	44.20	0.00	24.31	19.89
17	角联结网宽300	材料	M	20.20	0.00	11.11	9.09
18	U型封存边网宽280	材料	M	10.00	0.00	5.50	4.50
19	L型U型钢固定卡	材料	个	22.00	0.00	12.10	9.90
20	钢筋码 Φ10内	材料	KG	5.00	0.00	2.75	2.25
21	钢丝网架聚苯乙烯夹心墙75	材料	平方米	21.00	0.00	11.55	9.45
22	其他机械费	机械	元	9.20	0.00	5.06	4.14

图 9.34　资源报表

对于资源需求汇总表中的单位，本软件既能用文字表示又能用字符表示，如图 9.35 所示。

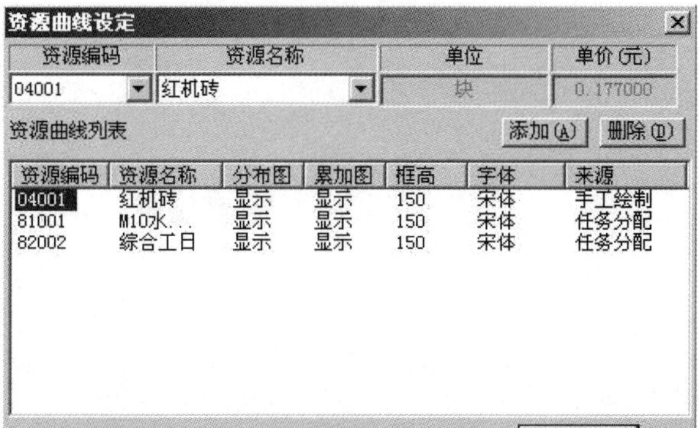

图 9.35　资源曲线设置对话框

参 考 文 献

[1] 全国一级建造师执业资格考试用书编写委员会. 建设工程项目管理[M]. 北京：中国建筑工业出版社，2007.

[2] 丁士昭. 工程项目管理[M]. 北京：中国建筑工业出版社，2006.

[3] 王辉. 建筑施工项目管理[M]. 北京：机械工业出版社，2009.

[4] 韩国平. 施工项目管理[M]. 南京：东南大学出版社，2006.

[5] 中国建设监理协会. 建设工程进度控制[M]. 北京：中国建筑工业出版社，2008.

[6] 尹军，夏瀛. 建筑施工组织与进度管理[M]. 北京：化学工业出版社，2005.

[9] 陈伟珂. 工程项目风险管理[M]. 北京：人民交通出版社，2008.

[10] 危道军. 建筑施工组织[M]. 北京：中国建筑工业出版社，2004.

[11] 蔡雪峰. 建筑施工组织[M]. 武汉：武汉理工大学出版社，2002.

[12] 中华人民共和国建设部. 建设工程项目管理规范(GB/T 50326—2006)[S]. 北京：中国建筑工业出版社，2006.

[13] 田振郁. 工程项目管理实用手册[M]. 北京：中国建筑工业出版社，2000.

[14] 项建国. 建筑工程施工项目管理[M]. 北京：中国建筑工业出版社，2005.

[15] 宫立鸣. 工程项目管理[M]. 北京：化学工业出版社，2005.

[16] 深圳市斯维尔科技有限公司. 项目管理与投标工具箱软件高级实例教程[M]. 北京：中国建筑工业出版社，2009.